普通高等教育"十三五"规划教材

超算、云计算与大数据技术专业

多核并行高性能计算 OpenMP

雷 洪　胡许冰　编著

北 京

冶金工业出版社

2018

内 容 提 要

本书主要介绍了共享内存并行编程 OpenMP 的基本原理，采用实例方式讲解在 Fortran 语言环境中 OpenMP 并行程序的编写和运行，并综合评述了高性能计算编程中遇到的常见问题和解决方案。本书面向实际应用，简洁易学，使读者能够亲身感受到并行计算的魅力。

本书为计算机专业本科教材、高性能计算领域的理工科高年级本科生和研究生的并行计算课程教材，也可以作为从事并行计算研究、设计和开发的教师和工程师的专业参考书。

图书在版编目（CIP）数据

多核并行高性能计算：OpenMP/雷洪，胡许冰编著 . —北京：
冶金工业出版社，2016.5（2018.5 重印）
普通高等教育"十三五"规划教材
ISBN 978-7-5024-7249-8

Ⅰ.①多… Ⅱ.①雷… ②胡… Ⅲ.①并行程序—程序设计—高等学校—教材 Ⅳ.①TP311.11

中国版本图书馆 CIP 数据核字（2016）第 105741 号

出 版 人 谭学余
地 址 北京市东城区嵩祝院北巷 39 号 邮编 100009 电话 （010）64027926
网 址 www.cnmip.com.cn 电子信箱 yjcbs@cnmip.com.cn
责任编辑 刘小峰 杜婷婷 美术编辑 吕欣童 版式设计 吕欣童
责任校对 李 娜 责任印制 李玉山
ISBN 978-7-5024-7249-8
冶金工业出版社出版发行；各地新华书店经销；固安华明印业有限公司印刷
2016 年 5 月第 1 版，2018 年 5 月第 2 次印刷
787mm×1092mm 1/16；17.75 印张；429 千字；272 页
49.00 元
冶金工业出版社 投稿电话 （010）64027932 投稿信箱 tougao@cnmip.com.cn
冶金工业出版社营销中心 电话 （010）64044283 传真 （010）64027893
冶金书店 地址 北京市东四西大街 46 号（100010） 电话 （010）65289081（兼传真）
冶金工业出版社天猫旗舰店 yjgycbs.tmall.com
（本书如有印装质量问题，本社营销中心负责退换）

前　　言

近年来，大规模集成电路的迅猛发展，促进了以多核处理器为基础的高性能计算机的飞速发展，与之休戚相关的并行计算技术也得到了长足进步。高性能计算机是一个国家经济和科技实力的综合体现，也是促进和提高经济、科技、国防安全水平的重要工具，已经成为世界强国争相发展的战略制高点。一个国家的高性能计算技术水平，取决于计算机专业人才，也取决于广大科技工作者的应用。现阶段计算应用和数据处理的状况是：大多数工程技术人员所面对的是计算服务器、多核微机这样的硬件系统，设备潜力没有被充分挖掘；同时，大多数工程计算是多物理场的耦合计算问题，计算量相对来说并不巨大。大多数科技工作者往往更加关注自身行业的技术发展，而对并行计算技术缺乏深入了解。充分发挥计算机技术的优势，让工程技术人员从高性能计算中获益，是一个急需解决的实际难题。因此，要求适合工程技术人员进行并行计算的软件系统必须简单、易学并且具有较高的并行效率。

作者长期从事钢铁冶金过程的数值模拟，由于科研工作需要，一直关注于并行计算技术的发展。由于现有相关著作大多数是由计算机专家编著，著作中大量的计算机专业术语难以被其他专业工科学生和广大科技工作者所理解，而且大多数著作是以 MPI 作为基本的并行计算语言进行推广。但因 MPI 存在学习困难、调试困难等诸多问题，使并行计算技术一直未能在工科专业普及。近年来，多核计算机和共享内存编程 OpenMP 的出现，使并行计算在工科专业的推广成为可能。为此，作者编写本书，目标是给从事较大规模工程计算的工程师提供一本多核心体系结构计算系统的实用参考书，为我国并行计算普及工作略尽绵薄之力。

本书分析了当前流行的并行计算技术，从中遴选出适合大多数工程科技人员应用的 OpenMP 并行计算技术，从实例入手阐明程序运行过程，清晰而简洁地展示 OpenMP 并行计算原理、编程特点和方法。同时，结合工程实际，采用实例剖析高性能计算程序的完整实现途径。希望本书能够帮助工程技术人员了解并掌握并行计算知识，并在实际工作和学习中顺利运用，从而避免作者在获取这些经验时所犯的类似错误。

随着高性能计算技术迅速的发展，国家急需具备并行计算专业技能的高科技人才，已有高校开设云计算与大数据处理技术专业方向。本书可以作为高等院校计算机专业 OpenMP 并行计算应用课程的教材，也可以作为其他理工科专业并行计算和数据处理技术的教材。

Fortran 是一门历史悠久的计算机语言，在数值计算中最为常用，已积累了非常丰富的计算程序。充分利用这些已有的计算资源，可以事半功倍地完成好高强度的科研任务。但相对于 C 语言而言，有关 Fortran 编程的著作较少，而 Fortran 方面的并行计算著作则更为罕见。鉴于此，本书以 Fortran 语言作为主要编程语言，兼顾 C/C++ 语言，介绍 OpenMP 的基本用法。实际上，OpenMP 编程在 Fortran 语言和 C/C++ 语言方面是互通的，本书的大多数程序稍加修改即可应用于 C/C++ 语言。

全书共分为 10 章和 7 个附录。主要内容如下：

第 1 章概述并行计算的发展历程，介绍并行计算概念和 Fortran 的发展历史。

第 2 章阐述 OpenMP 的语法，掌握 Fortran 程序编写、编译和执行的完整过程。

第 3 章阐明数据环境，研究共享变量和私有变量，全局变量和局部变量的联系和差异。

第 4 章讲解并行区域的构造方法，探讨线程组和子线程数量的确定方式。

第 5 章剖析不同并行结构的差异，实现负载平衡。

第 6 章揭示多线程同步的不同机制，防止数据竞争的出现。

第 7 章明晰运行环境要素，探究不同的时间函数和锁函数差异，避免死锁的发生。

第 8 章解析 OpenMP3.0 的重要指令 TASK，领悟 OpenMP3.0 的新特征。

第 9 章讨论循环的并行方案，体验提高任务粒度的途径。

第 10 章研讨高性能程序方案，商榷程序调试方法，确定程序优化措施。

附录给出 Linux 下常用命令及程序编辑和调试方法，了解 Fortran 的安装和编译优化。

本书各章节相互独立，部分内容略有重复，供读者根据需要选择阅读。阅读本书之前需对 Fortran 语言编程有所了解，才能深入体会 Fortran 语言在并行计算方面的优势。

阅读本书时，如果您对高性能计算感兴趣，建议阅读第 1 章。如果您是初学者，那么需要关注第 1 章中编译器部分、第 2 章和附录 1 至附录 4。

本书的核心部分是第 3 章到第 9 章，其中第 3～6、8 章是 OpenMP 的编程基础，学习之后基本能够编写大部分的 OpenMP 程序。第 7 章锁操作十分复杂，且 OpenMP2.5 和 OpenMP3.0 之间存在较大差异，因此读者需注意自己实际使用的编译器版本。第 8 章是 OpenMP3.0 的精华。而第 9 章则是 OpenMP 应用中常见问题的解决方案。

如果您想对串行程序和并行程序进行优化，进行高性能计算，那么需要关注第 10 章及附录 5 和附录 6。如果您是 C/C ++ 用户，那么需要关注附录 7，并根据其内容查阅本书相关章节。

东网科技有限公司胡许冰老师为本人学习和应用 OpenMP 提供了很多指导和帮助。胡许冰老师有超过 20 年的 IT 架构和系统设计经验，主导东网科技高性能计算、云计算和空间信息等平台产品的研发和东北区域超算中心的设计建设工作，是国内云计算和大数据领域的资深技术专家，在图像处理、分布式文件系统、数值计算以及机器学习领域有着深厚的技术积累。同时，深深感谢东北区域超算中心提供的计算平台及开发测试环境。

在本人学习和应用 OpenMP 的过程中，得到了许多老师和同行的帮助，在此特向东北大学计算中心刘小峰老师、大连理工大学张永彬博士、东网科技有限公司王兴老师、英特尔亚太研发有限公司黄飞龙工程师和周姗工程师表示由衷的感谢。在本书的撰写过程中，参考了其他同行的文章、课件和研究资料，还引用了许多专家和学者的工作。在此一并感谢并向他们所做的工作表示深深的敬意。本书中的所有程序代码可登录冶金工业出版社网站 www.cnmip.com.cn 下载。

本书的出版得到了辽宁省百千万人才工程培养经费（2013921073）和国家自然科学基金委员会－宝钢集团有限公司钢铁联合研究基金（U1460108）的资助。在书稿准备与出版过程中，冶金工业出版社的编辑人员也给予了大力支持，在此一并表示感谢。

尽管作者在编写本书的过程中投入了大量的精力，但受计算机专业水平所限，书中难免存在不当之处，恳请专家和读者给予批评指正。

雷洪于东北大学

2016 年 4 月

目　　录

1 并行计算概论

计算机是人类解决大负载科学计算问题任务的强有力工具。随着微电子工业的发展，计算机中央处理器（CPU）的运行速度越来越快，一方面，随着计算机硬件的不断提高，人们解决问题所需的时间消耗越来越少；另一方面，人们希望求解的问题规模[1]不断扩大，现有的计算能力远远不能满足需要。这样，单纯依靠一颗 CPU 来解决这些计算问题是不现实的，必须使用多颗 CPU 来共同完成一个计算任务。这就是并行计算的由来。

并行计算的优点是具有强大的数值计算和数据处理能力，能够被广泛地应用于国民经济、国防建设及科技发展中具有深远影响的重大课题，如石油勘探、地震预测、天气预报、新型武器设计、天体和地球科学等等。而并行计算系统既可以是专门设计的、含有多颗 CPU 的超级计算机，也可以是以某种方式互连的若干台独立计算机构成的集群。在这样的背景下，对编程人员提出了更高的要求。通常，编程人员需要对现有的串行程序进行修改，对 CPU 之间的通信和控制进行协调从而解决并行程序所带来的数据竞争、同步等潜在问题，实现并行程序的高稳定性和高并行加速比。

并行计算离不开硬件和软件两大系统，如图 1-1 所示。硬件系统中 CPU 和存储器的连接形式决定了科技人员采用的并行方式。绝大多数科技人员使用的是个人计算机、服务器和工作站，这一类的硬件系统均可采用 OpenMP 进行并行。

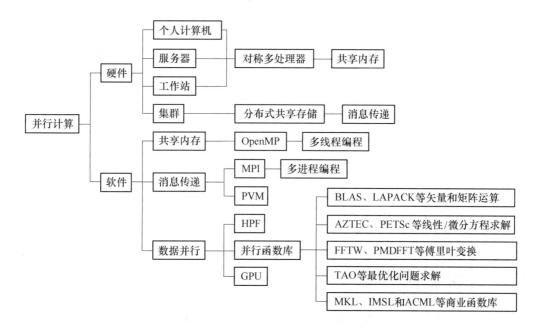

图 1-1　并行计算所需硬件和软件

1.1　多核 CPU

计算机运算速度的提高能够有效地提高科研人员的工作效率。在过去的几十年里，个人计算机 CPU 的主频一直依照摩尔定律发展。但是当单核 CPU 的主频达到 3GHz 以后，过高的功耗和高散热问题成为瓶颈限制了 CPU 频率的提高。虽然单核 CPU 的性能可能接近了极限 4GHz，但是多媒体、大规模科学计算等多个应用领域却对处理器性能不断地提出了更高的需求。现代电子工业的发展使芯片上晶体管的密度仍可以不断增加，于是各主流处理器厂商将产品战略从提高芯片的时钟频率转到了多内核的研发。因此，多核处理器的出现是应用需求和科技进步的时代产物。

多核处理器，又称为片上多处理器或单芯片多处理器（Chip Multi-Processor，简写为 CMP），是指在一个芯片上集成多个处理器核，而各种处理器核一般都具有固定的逻辑结构：指令级单元、执行单元、一级缓存（L1）、二级缓存（L2）、存储器及其控制单元、总线接口等。多核处理器的出现和发展十分迅猛，仅经历了 20 年的历史。1996 年，美国 Stanford 大学首先提出片上多处理器和首个多核结构原型。2001 年，IBM 公司推出第一个商用多核处理器 POWER4。2005 年，Intel 和 AMD 多核处理器的大规模应用，使多核成为市场主流。目前常见的多核芯片有 2 个、4 个、6 个或 8 个核，并且核的数目随着新一代 CPU 的出现而不断增加[2-4]。

多核处理器利用在一个芯片上集成的多个功能完整的核心可以对外提供统一服务并提高程序的并行性，它具有如下优点：

（1）多核 CPU 利用集成的多个 CPU 核心可以成倍地提高整个处理器同时执行的线程数，从而提升处理器的并行性能，更有效地执行各项计算任务，提高计算性能。

（2）多个核心集成在一个芯片上，极大地缩短了核心之间的互连线，降低了核心之间的通信延迟，同时提高了通信效率和数据传输带宽。

（3）多核结构可以有效地共享芯片上的资源，动态地调整频率和电压，提高资源利用率，降低功耗。

（4）多核处理器结构比较简单，采用成熟的单核处理器作为处理器核心，设计和验证周期短，优化容易，扩展性强，可以有效地降低研发成本。

1.2　并行计算与分布式计算

并行计算的目的是利用多个 CPU（或多个 CPU 核）的协同来求解同一个问题，从而实现由于单核 CPU 计算能力或内存容量限制而无法提供的性能。它的实质是将一个待求解的问题分解成若干个子问题，各个子问题均由独立的 CPU 同时进行计算。这样，各 CPU（或 CPU 核）在并行计算过程中往往需要频繁地交换数据，具有细粒度和低开销的特征。并行计算的重要特征是短的执行时间和高的可靠性，它主要是指以高精度浮点运算为主的科学计算。

而分布式计算的目的是提供方便，这种方便性主要体现在可用性、可靠性以及物理分布三个方面。在分布式计算中，CPU（或 CPU 核）之间并不需要频繁地交换数据，具有粗粒度的特征。分布式计算的重要特征是长的正常运行时间，它主要是指以整数运算为主同时具有少量简单的浮点运算的事务处理型计算。

在实际应用中，并行计算与分布式计算是十分相似的概念。它们之间的界限十分模糊，并行计算与分布式计算都是指在同一时刻同时有若干个指令序列（或指令集合）在运行。在单核单处理器计算机设备中，这种同时处理实际上取决于操作系统的调度，它是通过时间片轮转执行机制来实现的。而在多核心或多处理器设备中，操作系统通过将不同的任务调度到不同的 CPU（或 CPU 核心）上从而实现真正的同时执行[5]。

1.3　并行计算机的种类

并行计算机通常包含多颗自带高速缓存（Cache）的 CPU，而且这些 CPU 需要一定数量的内存才能工作。同时，这些 CPU 通常需要借助于网络传递数据从而实现 CPU 之间的协同工作。因此，并行计算机通常可分为三大部件：CPU、存储器和网络。通常，并行计算机的种类可通过 CPU 与存储器的连接方式、数据的通信方式以及指令和数据之间的工作方式来进行划分[3,6-8]。

1.3.1　CPU 与存储器的连接方式

根据存储器与 CPU 的连接方式可分为共享存储系统和分布存储系统[2,9]。在共享存储系统中，所有 CPU 共同使用同一个存储器和输入输出（I/O）设备，并且一般通过总线连接，如图 1-2 所示。这种方式适合于实验室常见的计算服务器系统。目前一般采用 2 颗或 4 颗多核 CPU。在共享存储系统中，内存空间是统一编址的，可以被 CPU 所共享；CPU 之间数据通信依靠 CPU 对具有相同地址的内存单元的访问来实现。但是当多颗 CPU 对同一地址的内存单元进行读写操作时，会出现访问冲突，即数据竞争。这种连接方式一般用于小型多 CPU 系统。如果采用多总线，CPU 的数量一般不超过 16 个。

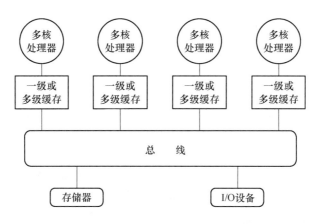

图 1-2　共享存储系统的基本结构

图 1-3 给出了分布存储系统的结构。通常，每颗 CPU 均具有各自的存储器和输入输出设备，它们组成了一个计算节点；多个计算节点通过网络相互连接形成了分布存储系统。这种方式适合于实验室常用的集群系统。由于每颗 CPU 都有自己的存储器，因此可以保

证 CPU 访问存储器速度，不会出现访问冲突。另外，在网络中增加计算节点比较方便，即系统的可扩展性能好。但是各节点间必须借助于网络相互通信，因此数据通信比较困难，必须借助于专门的通信方法。

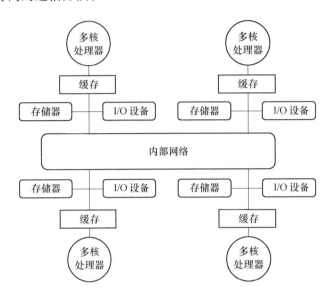

图 1-3　分布存储系统的基本结构

1.3.2　数据的通信方式

根据数据通信方式，可以将并行计算系统分为共享地址空间系统和消息传递系统两大系统。

在共享地址空间系统中，存储器的地址空间是统一的，因此可称为单地址系统或共享存储多处理器（Shared Memory Multiprocessors，简称 SMM）系统。根据 CPU 与存储器的连接方式可将共享存储器多处理器系统进一步进行分类。如果存储器是集中式的，那么所有的处理器能够以相同的速度访问内存，这种系统称为对称共享内存多处理器系统（Symmetric Shared-memory Multiprocessors 或 Symmetric Multiprocessors，简称 SMP）或均匀存储访问系统（Uniform Memory Acess，简称 UMA）。如果内存是分布式的，那么 CPU 访问内存的速度就与内存的位置有关。毫无疑问，CPU 访问本地内存的速度最快。换言之，由于处理器访问内存的速度是不一样的，因此称为分布式共享内存系统（Distributed Shared-Memory，简称 DSM）或非均匀存储访问系统（Nonuniform Memory Acess，简称 NUMA）。

在消息传递系统中，每个计算节点都是一个独立的计算机系统，而每个节点的存储器均单独编址，因此同一个地址对应于多个存储器。这样，节点间数据的传递不能通过本地节点的处理器直接访问其他节点的存储器来实现，而必须通过节点之间相互发送含有数据信息的消息来实现。这种通过发送包含数据的消息来实现数据通信的系统称为消息传递系统。它可分为大规模并行处理机系统（Massively Parallel Processor，MPP）和集群系统（Cluster）。大规模并行处理机系统是指由几百或几千台处理机组成的大规模并行计算系统。此系统的很多硬件设备是专门设计制造的，它的网络传输速度较高但扩展性稍差，开发十分困难，通常标志着一个国家的综合实力。而集群系统是相互连接的多个同构或异构的独立计算机的集合体，节点之间通过高性能互联网相连接。每个节点都有自己的存储器、I/O 设备和操作系统，可以作为单机使用；并行任务的完成则需通过各节点之间的相互协同工作来完成。近 10 年以来，集群系统以高性价比、高可扩展性和结构的灵活性在多个领域得到了广泛应用。

1.3.3 指令和数据之间的工作方式

根据指令和数据之间的工作方式可分为四大类[2,3]。第一类是单指令流单数据流系统（Single Instruction Single Data，SISD），具有一个单处理器核的个人计算机可归为此类。第二类是单指令多数据流系统（Single Instruction Multiple Data，SIMD），它是指在多颗 CPU 上运行相同的指令，但是每颗 CPU 所处理的数据对象并不相同。今天的图形处理器（Graphics Processing Unit，GPU）已经不再局限于 3D 图形处理了，它在通用计算技术的发展可归为 SIMD 类。第三类是多指令单数据流系统（Multiple Instruction Single Data，MISD），在实际应用中，这种系统是不存在的。第四类是多指令多数据流系统（Multiple Instruction Multiple Data，MIMD），它是指每颗 CPU 上执行的指令和处理的数据各不相同。目前常见的多核个人计算机和集群计算机可归为此类。

1.4　并行编程模式

并行编程是使用程序语言显式地进行说明，从而实现将计算任务中不同部分分配给不同的 CPU 同时执行。并行编程模式按通信方法可分为共享内存模式、消息传递模式和数据并行模式[2,10]。

目前，工程技术人员常用的编程语言是消息传递接口（Message Passing Interface，简称 MPI）和直接控制共享内存式并行编程的应用程序接口（Open Multi-Processing，简称 OpenMP）。当采用 MPI 进行并行化计算时，每个进程都有各自独立的存储器。当进行全局共享数据的读写操作时，需进行计算机之间的通信从而实现数据的搬迁。因此 MPI 需要明确划分数据结构并重构源程序，编程困难并且开发周期长；但是它具有较好的可移植性和扩展性，以及较高的并行效率。OpenMP 是 1997 年 10 月由计算机硬件和软件厂商联合发表的共享内存编程应用程序接口的工业标准协议。它主要是针对循环进行并行，能有效地克服并行编程的可移植性和扩展性能差的缺点。近年来，实验室用微机、工作站和服务器纷纷采用多 CPU 共享内存技术，为研究者使用以 OpenMP 为基础的并行计算方法提供了必要的硬件条件。

一个成功的并行程序应具备如下特征：

（1）正确性。如果将串行程序并行后得到的结果与串行结果存在较大的差异，则串行程序的并行化也就失去了意义。当然在计算过程中，由于截断误差、随机数的调用等因素在某些情况下会造成并行程序与串行程序结果存在细小差异，这是允许的。因此，并行计算结果与串行计算结果的比较是并行编程中的重要一环。

（2）高性能。并行计算的一个重要目标是追求较短的计算时间。如果并行计算时间大于串行计算时间，并行计算也就失去了意义。并行程序的计算性能的衡量指标一般采用并行加速比和并行效率两个重要参数。

（3）可扩展性。以前，用户是针对个人使用的双核 CPU 微机进行编程。但是随着硬件的发展，八核 CPU 或更多核的 CPU 也会相继出现。在硬件快速变化的情况下，用户迫切希望不要因为新硬件的出现而不得不大幅度地修改并行程序。要避免此状况的出现，在程序设计开始就应考虑到可扩展性。这样，所编写的并行程序将具有较长的生命周期，从而极大地节省人力和财力。

目前在实验室比较常见的计算系统，大体上可以分为两类：一类是共享内存系统（SMP），例如个人计算机、工作站和服务器，其特点是多颗 CPU 拥有物理上共享的内存；一类是分布存储系统（DMP），如集群系统，其特点是系统由多个物理上分布的计算结点组成，每个计算结点拥有自己的内存，结点之间通过高速以太网或专用高速网络连接。它们各自的特点见表 1-1。

表 1-1　实验室常见的计算系统特点及并行计算方式

计算系统	个人计算机	集　群	服务器和工作站
硬件系统	单一主机，单颗 CPU，每颗 CPU 有多个核心	多台主机，有各自的一颗或多颗 CPU，每颗 CPU 有多个核心	单一主机，多颗 CPU，每颗 CPU 有多个核心
操作系统	单一	多个	单一
高性能计算系统	对称多处理器（SMP）	分布式共享存储（DMP）	对称多处理器（SMP）
常用并行开发模式	共享内存模式	消息传递模式	共享内存模式

并行程序的编程模型、运行环境、调试环境等都要比串行程序复杂得多。提供良好的高性能计算开发环境，一直是学术界和工业界所追求的目标。

1.4.1　共享内存模式

共享内存存储，是指对多颗 CPU 都访问一个共享存储器。在图 1-4 中，计算系统中共有 4 颗 CPU，每颗 CPU 有 4 个核心。因此，整个计算系统共有 16 个核心，这些核心均能够访问（进行读定操作）内存中的同一个位置（变量的值）。

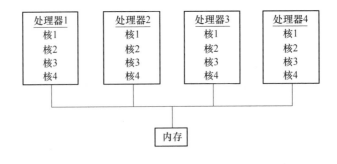

图 1-4　共享内存存储系统示意图

在共享内存模型中，一个并行程序由多个共享内存的并行任务组成，数据的交换通过隐式地使用共享数据（即线程间的通信通过对共享内存的读写操作）来完成。在大多数情况下，此编程模式的主要任务是对循环进行并行处理，而计算与数据的划分和任务之间的通信则由编译器自动完成。

目前，共享内存模式的主流开发标准是 OpenMP，它是一种用于共享内存并行系统的多线程程序设计的一套指导性注释（Compiler Directive）。OpenMP 支持的编程语言包括 C 语言、C++语言和 Fortran 语言；而支持 OpenMP 的编译器主要包括 Sun Compiler 和 Intel Compiler，以及开放源码的 GNU Compiler 等。OpenMP 提供的这种对于并行描述的注释语句降低了并行编程的难度和复杂度，这样编程人员可以把更多的精力投入到并行算法本身，而不关注其具体实现细节。OpenMP 是一种基于数据并行的编程模式，即将相同的操作同时作用于不同的数据，从而提高问题求解速度。这种方式可以高效地解决大部分科学与工程计算问题。同时，OpenMP 也提供了更强的灵活性，可以较容易地适应不同的并行系统配置。线程粒度和负载平衡等是传统多线程程序设计中的难题，但 OpenMP 可以帮助编程人员完成这两方面的部分工作。这样编程人员只需要简单地指明希望执行的并行操作以及并行操作对象，就能实现程序的并行编程，从而大幅度地减少了编程人员的工作量。

但是，OpenMP 并不适合需要复杂的线程间同步和互斥的场合，而且不能在非共享内存系统（如计算机集群）上使用。对于非共享内存系统，建议使用消息传递模式如 MPI 进行并行编程。

1.4.2 消息传递模式

消息传递模式是针对多地址空间进行的多进程异步并行模式。在消息传递模式中，一个并行程序是由多个并行任务组成，并且每个并行任务拥有自己的数据并对其进行计算操作。其基本特征是进程的显式同步、通过显式通信完成任务之间数据的交换、显式的数据映射和负载分配。目前，广泛使用的消息传递模式有两种：并行虚拟机（Parallel Virtual Machine，PVM）和消息传递界面（Message Passing Interface，MPI）[7]。

PVM 是一种基于局域网的并行计算环境。它通过将多个异构的计算机有机地组织起来，形成一个容易编程、易于管理并且具有良好扩展性的并行计算环境。目前，PVM 支持 C 语言和 Fortran 语言。编程人员首先参照消息传递模式编写好并行程序，然后将编译后的程序以任务为单位在网络中特定类型的计算机上运行。PVM 能够在虚拟机中自动加载任务并运行，并且还提供了任务间相互通信和同步的手段。这种将所有的计算任务都分配到合适的计算节点上进行多节点并行运算模式实现了任务级的并行。PVM 的免费、开放和易于使用的特性，使得它成为一个被广泛接受的并行程序开发环境。

MPI 是为开发基于消息传递模式的并行程序而制定的工业标准，其目的是为了提高并行程序的可移植性和易用性。目前，MPI 已经发展成为消息传递模式的代表和事实上的工业标准[10]。

PVM 与 MPI 所提供的功能大致相同，但是它们各自的侧重点不同。MPI 比较适合于在同构集群上的并行应用。它的通信方便，可以直接在进程组内进行矩阵的运算操作，十分有利于科学计算；但 MPI 不提供容错的机制，因此当一个错误发生后，整个应用全部失败。PVM 更适合于异构的集群系统。PVM 强调在异构环境下的可移植性和互操作性，但程序之间的通信相对较差，并支持动态的资源管理和一定程度的容错。在大规模的科学计算中，计算环境提供容错能力是很重要的。例如在一个计算机集群上运行一个需要几周才能完成的算法，当其中某个计算机结点因某种原因而失败时，如果不提供相应的容错机制，用户将不能确定当前的应用程序已经停止或失败。在 PVM 下，当虚拟机中增删结点或任务失败时，已登记的任务将收到相应的消息，从而能够采取相应的策略，重新调度任务的分配或重新生成一个相应的任务。需要提出的是，目前几乎所有的高性能计算系统都支持 PVM 和 MPI。

1.4.3 数据并行模式

数据并行是指对源集合或数组中的元素同时（即并行）执行相同操作的情况。在数据并行操作中，将对源集合进行分区，以便多个线程能够同时对不同的片段进行操作。此种并行模型的优点在于编程相对简单，串并行程序一致。缺点是程序的性能在很大程度上取决于所使用的编译系统和用户对编译系统的了解，并行粒度局限于数据级并行，粒度较小。常见的数据并行有高性能 Fortran[7,11]、并行库[11] 和 GPU 并行计算[5,12]等。

1.4.3.1 HPF

1993 年，高性能 Fortran（High Performance Fortran，简称 HPF）诞生。此语言综合了 1988 以来在 Fortran77 上并行程序语言扩展方面的多年研究成果。HPF 属于数组程序设计语言，是以结构化的语言制导形式出现的。它的并行思想与 OpenMP 类似，都是通过定义编译指导语句来帮助编译器生成并行代码。但是，HPF 的目标计算系统与 OpenMP 不同，它支持分布式共享存储系统。因此，除了指定并行性的编译指导语句外，HPF 还有指定数据划分的编译指导语句。HPF 与消息传递模式的区别在于：HPF 借助编译器生成通信语句，不需要编程人员手工编写。但是，HPF 的缺陷是缺乏灵活性，所适用的应用程序类型有限，并且对于某些问题无法得到与手工编写的消息传递程序相同的性能。

1.4.3.2 并行函数库

使用并行函数库开发高性能计算程序的基本思想是：用户不需要自己编写通用的并行算法代码，而由程序库提供并行算法，并对用户透明。用户只需要根据自己的需求，调用相应的库函数，就可以编写出并行程序。由于库函数的编写者一般经验丰富，而且库函数采取较为优化的算法，并进行优化编译，使得库函数的执行效率很高。对于大量使用通用计算算法的用户来说，使用并行库是一种高效的开发模式。并行库的缺点是无法帮助那些需要自己书写非通用并行算法的用户。

图 1-1 给出了目前存在常见并行函数库。例如，PBLAS（Parallel Basic Linear Algebra Subroutines），以及建立在其基础上的 LAPACK 和 ScaLAPACK，这些并行库提供了一些线性代数问题的并行求解算法，如求特征值、最小二乘问题等。其中，LAPACK 主要针对 SMP 系统，而 ScaLAPACK 主要针对 DMP 系统。另外一个需要提及的并行库是 PETSc。PETSc 是一套基于 MPI 的数据结构和库函数，主要用于解决基于偏微分方程的典型科学计算问题。

1.4.3.3 GPU

GPU 是图形处理单元（Graphic Processing Unit）的简称。它其实是由硬件实现的一组图形函数的集合，这些函数主要用于绘制各种图形所需要的运算，如浮点运算、定点处理和着色处理。随着游戏的高速发展，GPU 的运算速度也越来越快，其更新换代的速度也大大超过了 CPU。目前，GPU 已不再局限于 3D 图形处理了，GPU 的通用计算技术的发展已经引起了并行计算工作者的关注。

CPU 和 GPU 都是具有运算能力的芯片。其中，CPU 不但擅长于指令运算（执行），而且擅长于各类数值运算；GPU 则仅擅长于图形函数类数值计算。CPU 和 GPU 在不同类型的运算方面的速度主要取决于三个方面：微架构，主频和每个时钟周期执行的指令数（Instruction Per Cycle，简称 IPC）。

（1）微架构。从微架构上看，CPU 和 GPU 是按照不同的设计思路设计的。当代 CPU 的微架构需要同时兼顾"指令并行执行"和"数据并行运算"，就是要兼顾程序执行和数据运算的并行性、通用性以及它们的平衡性。CPU 微架构侧重于指令执行高效率，不会一味追求某种运算极致速度而牺牲程序执行的效率，因此 CPU 是计算机中设计最复杂的芯片。这种复杂性不能仅以晶体管的数量来度量。这种复杂性来自于实现诸如程序分支预测、推测执行、多重嵌套分支执行、并行执行时的指令相关性和数据相关性，多核协同处理时候的数据一致性等复杂逻辑。和 GPU 相比，CPU 核心的重复设计部分不多，但是需要完成的逻辑指令十分复杂。

实际上，GPU 具有许多的运算单元，适合于一次进行大量相同的函数计算工作。这些函数与绘制各种图形（例如像素、光影处理和三维坐标变换等）所需要的运算密切相关。图形运算具有大量同类型数据密集运算的特点，例如图形数据的矩阵运算。这类计算可以分割成许多独立的无逻辑关系数据的计算。GPU 的微架构正是针对这类矩阵类型的数值计算而专门设计的。尽管晶体管的数量很多，但是 GPU 微架构复杂度不高。从应用的角度上看，GPU 驱动程序的优劣在很大程度上决定了 GPU 实际计算性能的发挥。

（2）主频。GPU 在执行每个数值计算时的速度比 CPU 慢，这一点从目前主流 CPU 和 GPU 的主频上就清晰地表现出来。CPU 的主频一般超过了 1GHz、2GHz，甚至 3GHz，而 GPU 的最高主频还没超过 1GHz，主流的也只达到 500～600MHz。因此，在执行少量线程的数值计算时，GPU 的运算速度不会超过 CPU。

GPU 数值计算的优势主要在于浮点运算。它较快的浮点运算能力来源于大量并行的存在，但是这种数值运算的并行性对于程序的逻辑执行则无能为力。

（3）IPC。在 IPC 方面，无法比较 CPU 和 GPU 的优劣。这是因为 GPU 大多数指令是针对数值计算的，少量的控制指令也无法在操作系统和软件中直接使用。如果比较数据指令的 IPC，GPU 明显要高过 CPU，这来源于 GPU 的并行。但在控制指令的 IPC 方面，则 CPU 要远胜于 GPU，这是因为 CPU 侧重于指令执行的并行性。

虽然目前某些 GPU 也能够支持比较复杂的控制指令，比如条件转移、分支、循环和子程序调用等，但是 GPU 在程序控制方面略有提高的能力与 CPU 相比还是存在天壤之别，而且 GPU 指令的执行效率根本无法与 CPU 相提并论。

GPU 通用计算方面主要的标准有 OpenCL（Open Computing Language）和 CUDA（Compute Unified Device Architecture）等。其中 OpenCL 是第一个开放且免费的面向异构系统的并行编程标准，也是一个统一的编程环境，便于编程人员为服务器编写高效简便的高性能计算代码。CUDA 是一种由显卡厂商 NVIDIA 推出的通用并行计算架构，该架构使 GPU 能够解决复杂的计算问题。它包含了 CUDA 指令集架构以及 GPU 内部的并行计算引擎。支持 CUDA 的硬件环境需要有 NVidia GF8 系列及以上型号的显卡，并且安装 185 版本以上的显卡驱动程序。

总之，GPU 是面向适合于矩阵类型图形函数的数值计算而设计的。它利用大量重复设计的运算单元建立大量数值运算的线程，擅长无逻辑关系数据的大量平行数据的高度并行数值计算。而 CPU 是根据兼顾"指令并行执行"和"数据并行运算"的思路进行设计，擅长处理拥有复杂指令调度、循环、分支、逻辑判断以及执行等的程序任务。它的并行优势是程序执行层面的，但是程序逻辑的复杂度实际限定了程序执行的指令并行性。因此，在实际的并行计算中，上百个并行程序执行的线程是很少见的。所以 CPU 和 GPU 是相辅相成、互为补充的[13]。

1.5　OpenMP 和 MPI 的特点

在并行计算领域，MPI 和 OpenMP 是最为流行的编程模型[14]。目前，大多数编程人员面临的一个最大问题是确定所编写的程序代码运行的硬件条件，即采用集群系统还是工作站，这个问题的答案取决于应用需求。如果编程人员仅需要获得约 10 倍的性能提升，那么最好针对 SMP 设计，使用类似 OpenMP 的方法，这样编程简单，而且易于维护；如果编程人员需要更多的内核，实现 100 倍以上性能的提升，那么可以尝试 MPI；为了充分利用集群的层次存储结构特点，还可以考虑将上述两种编程模型相结合，实现 MPI 和 OpenMP 的混合编程，即利用 MPI 实现节点间的并行，利用 OpenMP 实现节点内的多线程并行。总之，不同的并行方式具有各自不同的优点和缺点，见表 1-2。编程人员在进行软件开发时可以根据自己的实际需要进行相应的决策。

OpenMP 和 MPI 是并行编程的两个主要手段。OpenMP 主要针对细粒度的循环进行并行，即在循环中将每次循环分配给不同的线程执行，主要应用于一台独立的服务器或计算机上。MPI 主要针对粗粒度级别的并行，主要应用在分布式计算机，即将任务分配给集群中所有计算机上。它们之间的对比见表 1-2。

表 1-2　OpenMP 和 MPI 的特点比较

特　点	OpenMP	MPI
并行粒度	线程级并行，适用于通信开销大且并行度高的细粒度任务	进程级并行，适用于通信开销小且并行度低的粗粒度任务
存储方式	共享存储（SMP）	分布式存储（DMP）
数据分配	隐式分配	显式分配
编程特点	编程较简单，充分利用了共享存储体系结构特点，避免了消息传递的开销。数据的放置策略不当会引发其他问题，但是并行后循环粒度过小会增加系统的开销	编程复杂，需要分析及划分应用程序问题，并将问题映射到分布式进程集合；细粒度的并行会引发大量的通信，需要解决通信延迟大和负载不平衡两个主要问题。调试 MPI 程序麻烦，且 MPI 程序可靠性差，一个进程出现问题，整个程序将错误
可扩展性	可扩展性较差，OpenMP 采用共享存储，多用于 SMP 机器，不适合集群	可扩展性好，适用于各种机器
并行化	支持粗粒度的并行，但主要还是针对细粒度的循环级并行，将串行程序转化为并行程序时对程序代码作的改动小	特别适用于粗粒度的并行。并行化需要大量地修改原有串行程序代码，且程序可靠性差
可靠性	好	差，一个进程出错，程序崩溃
适用机器	SMP、DSM 机器，单核多 CPU/多核	多主机超级计算机集群
主要应用	科学计算上占统治地位	集群应用

这里，任务粒度是并行执行过程中两次通讯之间每个处理机计算量大小的一个粗略描述。它的计算式如下：

$$任务的粒度 = \frac{执行时间}{任务通讯时间}$$

一般而言，粗粒度（含有大量顺序执行指令且需要大量时间）的任务并行度低，但通信开销小；细粒度（仅有一条或几条顺序执行指令，需要时间少）的任务并行度高，但通信开销大。因此，增大粒度可以减少创建线程和线程间通信的代价，提高效率，但也意味着减少并行的线程数，降低并行性[15]。

需要指出的是，MPI 入门难，开发效率低，被称为并行语言中的汇编。由于 MPI 程序设计的复杂、冗长和高代价，已经阻碍了 MPI 的应用和开发。因此，对于大多数科技人员，OpenMP 是一个较好的选择。

1.6 并行计算中常用概念

1.6.1 程序、线程、进程和超线程

程序是一组指令的有序集合。而进程是具有一定独立功能的程序关于某个数据集合上的一次运行活动，是系统进行资源分配和调度的一个独立单位。实际上，进程是正在运行的程序的一个实例[9]。线程则是进程的一个实体，是比进程更小的能独立运行的基本单位，是被系统调度和分配的基本单元。线程自身基本上不拥有系统资源，只拥有一点在运行中必不可少的资源（如程序计数器、一组寄存器和调用堆栈），但它与同属一个进程的其他线程共享所属进程所拥有的全部资源，同一个进程的多个线程可以并发执行，从而提高了系统资源的利用率[3,16]。例如，采用 Fortran、C++ 等语言编写的源程序经相应的编译器编译成可执行文件后，提交给计算机 CPU 进行执行。此时，处于执行状态的一个应用程序称为一个进程。从用户角度来看，进程是应用程序的一个执行过程。从操作系统角度来看，进程代表的是操作系统分配的内存、CPU 时间片等资源的基本单位，是为正在运行的程序提供的运行环境。

具体而言，进程与程序的区别和联系如下：

（1）程序是一组指令的有序集合。它本身没有任何运行的含义，只是存在于计算机系统的硬盘等存储空间中一个静态的实体文件。而进程是处于动态条件下由操作系统维护的系统资源管理实体。进程具有自己的生命周期，反映了一个程序在一定的数据集上运行的全部动态过程。

（2）进程和程序并不是一一对应的，一个程序在不同的数据集上执行就成为不同的进程。由于程序没有和数据产生直接的联系，即使是执行不同数据的程序，他们的指令集合依然是一样的。一般来说，一个进程肯定有一个与之对应的程序，而且只有一个。但是，如果程序没有执行，那么这个程序就没有与之对应的进程；如果一个程序在几个不同的数据集上运行，那么这个程序就有多个进程与之对应。

（3）进程还具有并发性和交往性，这也与程序的封闭性不同。

进程与线程的区别的联系如下：

（1）一个程序的执行至少有一个进程，一个进程至少包含一个线程（主线程）。

（2）线程的划分尺度小于进程，所以多线程程序并发性更高。

（3）进程是系统进行资源分配和调度的一个独立单位，线程是 CPU 调度和分派的基本单位。同一进程内允许多个线程共享其资源。

（4）进程拥有独立的内存单元，即进程之间相互独立；同一进程内多个线程共享内存。因此，线程间能通过读写操作对它们都可见的内存进行通信，而进程间的相互通信则需要借助于消息的传递。

（5）每个线程都有一个程序运行的入口，顺序执行序列和程序的出口，但线程不能单独执行，必须依存于进程中，由进程控制多个线程的执行。

（6）进程比线程拥有更多的相应状态，因此创建或销毁进程的开销要比创建或销毁线程的开销大得多。因此，进程存在的时间长，而线程则随着计算的进行不断地动态地派生和缩并。

（7）一个线程可以创建和撤销另一个线程。而且同一进程中的多个线程共享所属进程所拥有的全部资源；同时进程之间也可以并行执行，从而更好地改善了系统资源的利用率。

另一个重要概念是超线程。超线程技术就是利用特殊的硬件指令，把两个逻辑内核模拟成两个物理芯片，让单颗 CPU 都能进行线程级并行计算，进而兼容多线程操作系统和软件。这样可以减少 CPU 的闲置时间，提高 CPU 的运行效率。采用超线程后，应用程序在同一时间内可以使用芯片的不同部分。虽然单线程芯片每秒钟能够处理成千上万条指令，但是在任一时刻只能够对一条指令进行操作；而超线程技术可以使芯片同时进行多线程处理，从而提升了芯片性能。虽然采用超线程技术能同时执行两个线程，但它并不能像两颗真正的 CPU 那样使每颗 CPU 都具有独立的资源。当两个线程同时需要某一个资源时，其中一个要暂时停止，并让出资源，直到这些资源闲置后才能继续执行。因此，超线程的性能并不等于两颗 CPU 的性能。

1.6.2　单核编程和多核编程

单核 CPU 在某一时刻只能处理一个进程。所谓单核 CPU 的多进程模式是通过时间片轮转的方法快速地在各个进程间切换从而实现在不同时刻交替执行不同的任务，即伪并行。多核 CPU 的出现为提高计算机的运算速度提供了一种新的模式。多核编程计算就是把很多个单核连起来，协调工作，实现运算和处理能力的提升。多核 CPU 的多核模式是在物理上的并行执行，即在同一时刻允许有多个进程（或线程）在并行执行。

目前的微机系统，往往采用一颗两核或四核的 CPU；计算用服务器或工作站则采用两颗（或更多颗）四核或六核 CPU。在多核编程中，编程人员只需关心共享内存系统能够提供的 CPU 核心数量，而不必关心所用的 CPU 核心位于哪颗 CPU 上。即对多核编程来说，不同 CPU 上的核心的地位和作用是相同的。

与单核编程（串行程序）相比，多核编程具有如下的特点：

（1）串行程序针对一颗 CPU 核进行编程，执行方式是顺序执行；多核程序针对多颗 CPU（或多个 CPU 核）编程，程序是并行执行的。

（2）串行程序在多核计算机上执行时，只有一个 CPU 核在运行程序，其他 CPU 核处于空闲状态；多核程序在多 CPU（或多 CPU 核）计算机上执行时，计算机的全部（或部分）CPU（或 CPU 核）在部分时间段内同一时刻并行执行。

（3）串行程序执行时，CPU 可随时对内存进行读写操作；多核程序执行时则会遇到数据竞争问题。如果多个线程对共享数据均进行读操作，对共享数据的访问无需加锁保护；而如果多个线程对共享数据进行写操作，则需对共享数据的访问进行加锁保护。

（4）单核编程时，无需考虑 CPU 核间的负载平衡；多核编程必须考虑各个线程的计算量均衡地分配到各 CPU 核上，从而实现最小的计算时间。

为了叙述方便，在以后的章节中，将不再区分 CPU 核和 CPU 的差别，而将 CPU 核和 CPU 等同，即系统能提供的 CPU 核心数量等同于相同数量的单核 CPU。

1.6.3　多线程编程和多进程编程

与多进程编程相比，多线程编程具有如下优点：

（1）创建一个线程比创建一个进程的代价小。线程共享进程的资源，线程被创建时不需要再分配内存等资源，因而创建线程所需的时间要少。

（2）线程的切换比进程的切换代价小。线程作为执行单元，从同一进程的某个线程切换到另一线程时，需载入的信息比进程切换时要少，所以切换速度更快。

（3）可以充分利用多 CPU 资源。同一进程的线程可以在多个 CPU 核上并行运行。

（4）同一个进程内可以方便地共享数据。数据共享使得线程之间的通讯比进程间的通讯更高效。

图 1-5 表明，进程的资源包括进程的地址空间、打开的文件和 I/O 等资源[2,3]。属于同一进程的所有线程共享该进程的地址空间、代码段和数据段、打开的文件等。每个线程都具有自己的线程编号、线程执行状态、寄存器集合和堆栈。

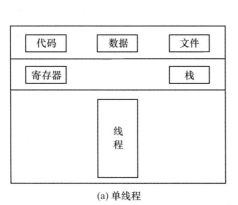

(a) 单线程

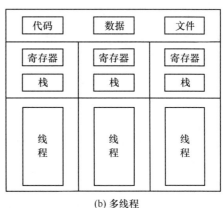

(b) 多线程

图 1-5　进程及其拥有的资源

1.6.4　并行算法评价

并行计算是提高计算机系统计算速度和处理能力的一种有效手段。从计算机体系的角度来看，n 个相同的 CPU 理论上能提供 n 倍的计算能力；从计算任务的角度来看，并行计算利用多颗 CPU 来协同求解同一问题，即将被求解的问题分解成若干个子问题，各个子问题均由一个独立的 CPU 来同时计算。这样，当问题规模不变时，增加 CPU 数量，会导致每颗 CPU 的工作量减少。在理想情况下，如果单 CPU 求解问题所需时间为 t，则采用 n 颗 CPU 时可在 t/n 时间内完成。但是实际过程中，由于存在并行开销，导致总的执行时间无法线性地减少。这些开销分别是：

（1）线程的建立和销毁、线程和线程之间的通信、线程间的同步等因素造成的开销；

（2）存在不能并行化的计算代码，造成计算由单个线程完成，而其他线程则处于闲置状态；

（3）为争夺共享资源而引起的竞争造成的开销；

（4）由于各 CPU 工作负载分配的不均衡和内存带宽等因素的限制，一个或多个线程由于缺少工作或因为等待特定事件的发生无法继续执行而处于空闲状态。

尽管如此，并行计算技术仍可以实质性地提高整个计算机系统的计算性能，而提高的程度取决于需要求解问题自身的并行程度。

对于一个实际的应用问题，编程人员通常关心的是并行程序的执行速度相对于串行程序的执行速度加快的倍数。这就是衡量并行算法的主要标准——并行加速比（简称加速比）的由来。并行加速比可以衡量算法的并行对运行时间的改进程度，反映了并行计算中 CPU 的利用率。加速比的定义是顺序程序执行时间除以计算同一结果的并行程序的执行时间[17]。

$$R_{\mathrm{s}} = \frac{t_{\mathrm{s}}}{t_{\mathrm{p}}}$$

式中，t_{s} 是一颗 CPU 程序完成该任务所需串行执行时间；t_{p} 是 n 颗 CPU 并行执行完成该任务所需时间[9,18]。

需要注意的是，由于串行执行时间 t_{s} 和并行执行时间 t_{p} 有多种定义方式，这样就产生了五种不同的加速比的定义，即相对加速比、实际加速比、绝对加速比、渐近实际加速比和渐近相对加速比[19]。在实际应用中，常用的是相对加速比和实际加速比。相对加速比是在使用相同算法情况下单颗 CPU 完成该任务所需时间除以 n 颗 CPU 完成该任务所需时间。实际加速比是指用运行速度最快的串行算法完成该任务所需时间除以 n 颗 CPU 完成该任务所需时间。

在实际应用中，影响并行加速比的因素主要是串行计算、并行计算和并行开销[20]三方面。一般情况下，并行加速比小于 CPU 的数量。但是，有时会出现一种奇怪的现象，即并行程序能以串行程序快 n 倍的速度运行，称为超线性加速比。产生超线性加速的原因在于 CPU 访问的数据都驻留在各自的高速缓存（Cache）中，而高速缓存的容量比内存要小，但读写速度却远高于内存。在串行执行时，高速缓存容量有限，无法驻留所需的全部数据，因此高速缓存需从内存中读取数据，造成串行执行的时间较长。而并行执行时，每颗 CPU 所需的全部数据大幅减少从而能全部驻留在高速缓存，这样 CPU 读取数据速度可以远快于串行情况。因此，超线性加速一般出现在数据读取是计算的限制性环节的情况下。

衡量并行算法的另一个主要标准是并行效率，它表示的是多颗 CPU 在进行并行计算时单颗 CPU 的平均加速比。

$$R_p = \frac{R_s}{n}$$

理想并行效率为 1 表明全部 CPU 都在满负荷工作。通常情况下，并行效率会小于 1，且随 CPU 数量的增加而减小。但在超线性加速情况下，并行效率会大于 $1^{[9,18]}$。

1.7 OpenMP 多核编程

确定应用 OpenMP 的时机和掌握 OpenMP 的语法同样重要。一般而言，在下面的情况下可以考虑应用 OpenMP：

（1）计算平台是多核或者多 CPU 平台。如果单 CPU 的处理能力已经被应用程序用尽，那么通过使用 OpenMP 使之成为多线程应用程序肯定可以提高性能。

（2）程序需要跨平台。OpenMP 通过编译指导语句实现并行，因此使用 OpenMP 编译指导语句的程序能够在不支持 OpenMP 标准的编译器上编译，从而实现跨平台运行。

（3）循环计算是计算瓶颈。OpenMP 主要针对循环进行并行化，如果应用程序具有一些没有循环依赖的循环，那么使用 OpenMP 能大幅度地提高性能。

（4）优化的需要。因为使用 OpenMP 不需要大幅修改已有的程序，所以它是一个理想的进行小改动而获取高性能的实用工具。

综上，OpenMP 并不能用来处理所有多线程问题。这是因为它原本是为高性能计算的应用需要而开发的，所以它在包含大量数据共享且存在复杂循环体的循环中才会有更优异的表现。当然，使用 OpenMP 也必须付出代价，要想从 OpenMP 获取性能提升就必须让并行区域的加速比大于线程组的开销。

1.7.1 OpenMP 的历史

OpenMP 是由主要的计算机硬件和软件厂商共同制定的一种面向共享内存的多 CPU 多线程并行编程接口。图 1-6 给出了 OpenMP 的发展历史。1994 年，第一个 Ansi X3H5 草案提出，但遭到否决。1997 年 10 月，发布了与 Fortran 语言捆绑的第一个标准规范 Fortran Version 1.0。1998 年 10 月，发布了支持 C 和 C++的标准规范 C/C++ Version 1.0。2000 年 11 月，发布了与 Fortran 语言捆绑的第二个标准规范 Fortran Version 2.0。2002 年 3 月，发布了支持 C 和 C++的第二个标准规范 C/C++ Version 2.0。2005 年 5 月，OpenMP 2.5 将原来的 Fortran 和 C/C++标准规范相结合[2]。2008 年 5 月，发布了标准规范 OpenMP 3.0。2013 年 7 月，发布了标准规范 OpenMP 4.0。目前，版本为 14.0.3 的 Intel 编译器、版本为 4.4.7 的 GNU 编译器和版本为 8.01 的 PGI 编译器均支持 OpenMP 3.0 版本，但是支持 OpenMP 4.0 的编译器并不普遍。

OpenMP 4.0 中最显著的特性是引入了 SIMD 结构。在 TASK 结构中引入了 DEPEND 子句，并引入 TASKGROUP 指令用于支持 TASK 结构中的同步，其余与 OpenMP 3.0 差异较小，因此本书关于 OpenMP 的讨论主要基于应用较为广泛的 OpenMP 2.5 和 OpenMP 3.0。

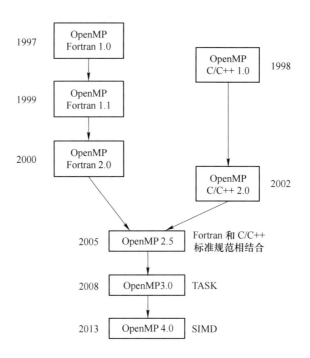

图 1-6　OpenMP 的主要发展历史

1. 7. 2　OpenMP 的特点

编写 OpenMP 程序只需要在已有的串行程序上稍加修改即可。在需要并行的代码段的开始和结束的地方加上 OpenMP 语句（编译指导语句）来引导并行的开始和结束，并在必要的位置加入同步、互斥和通信。这些 OpenMP 语句本身处于注释语句的地位，必须在编译时加上 OpenMP 并行参数才能将程序进行并行化。如果选择忽略这些编译指导语句，或者编译器不支持 OpenMP 时，编译出来的程序仍旧是串行程序，代码仍然可以正常运作，只是不能利用多线程来加速程序执行。因此采用 OpenMP 并行编程对程序的改动小，是最容易实现的并行方式。通常情况下，使用 3~4 条指令就可以实现并行处理，十分方便快捷。

OpenMP 提供给共享内存编程人员一种简单灵活的用于开发并行应用的接口模型，这样，并行程序既可以运行在台式机，又可以运行在服务器或工作站上，具有良好的可移植性和可缩放性。同时，OpenMP 程序可以运行在 Windows、Linux 和 Unix 等操作系统上。

1.8　科学计算领域语言的选取

在科学计算领域，选择何种语言作为编程工具，一直是一个非常具有争议性的问题。作为语言的使用者，总是选择自己熟悉并能够很好驾驭的语言。但是对于科学计算来说，由于科学计算问题本身具有独特的价值标准，在这个价值标准之下，各种不同的语言还是可以进行客观比较的。

首先，必须清晰地认识到科学计算问题的三个主要特点：

（1）问题的提出和解答都能够采用数学语言进行精确描述。

（2）采取通常的数学方法给出所需要的数值答案，将十分困难或者无法给出。

（3）问题具有明确的科学技术知识背景。

科学计算问题的独有特点决定了在选择计算语言时应遵循的标准有：

（1）科学计算问题通常以一个数学计算问题的形式出现，因此要求编程语言和解决科学计算问题的数学语言在表达方式上具有直接自然的对应关系。

（2）利用计算机解决一个科学计算问题，说明这个科学问题具有一定的计算量，因此程序的运行效率是选择语言时最重要的考量因素。

在这两点上，Fortran 是现在众多语言中的绝对胜出者。这主要体现在如下方面：

（1）在描述数学语言的自然性方面，Fortran 语言比现存的任何语言都要好。接近数学公式的自然描述、易学、语法严谨且执行效率高是 Fortran 语言的最突出特点。任何一个科技人员，只要对一个具体问题的数学求解过程有明晰的概念，就可以轻松地将这个求解过程翻译为 Fortran 语言。

（2）在计算速度方面，常常出现一些似是而非的说法。最典型的一个错误观念就是"C 语言的程序执行速度最快"。毫无疑问，作为一种系统编程语言，C 语言对计算机硬件具有较强的控制能力，这样就给人产生了 C 程序的执行速度一定最快的印象。但是在做科学计算时，并不需要过多地涉及系统内核。尤其是对非计算机专业的广大工程技术人员而言，大家更关注的是程序的可读性和程序维护的方便性。因此在具体实施过程中，为了程序的可读性有时甚至可以牺牲程序的性能。因此，C 语言的长处在科学计算方面并不能充分发挥。而在数值计算方面，C 语言则比不上 Fortran 语言。这是因为 C 语言以系统编程作为主要目的，而 Fortran 语言则以科学计算作为主要目的。因此，Fortran 语言本身在设计之初就考虑到了针对科学计算而进行相应优化，它所产生的可执行代码都是经过高度优化的。

（3）在科学计算方面，Fortran 的运行效率很高。大量的实践表明，在执行相同的科学计算任务时，C 语言代码或 C++ 语言代码的执行效率都低于 Fortran 语言代码。

（4）Fortran 是一门落后的语言是对 Fortran 的偏见。这种看法的根源是曾经赫赫有名的 Fortran 77 标准一直没有进行更新。但是，Fortran 标准在进入 Fortran 90 时代之后，特别是现在的 Fortran 2008 版本，可以说只要是对于科学计算有用的特性、C 和 C++ 有的，现在 Fortran 95 绝对不缺，而反过来 Fortran 所具有的很多针对科学计算的特性，却是 C 和 C++ 所不具有的。哪怕是 C++ 最引以为傲的面向对象性质，已在 Fortran 2000 中全面引入。

（5）程序的并行运行是选择科学计算语言的必要条件。目前，大多数高性能计算平台只支持 Fortran、C 和 C++ 三种语言。

（6）自 Fortran 语言诞生以来，它广泛地应用于数值计算领域，积累了大量高效而可靠的源程序。

综上所述，Fortran 是进行科学计算的首选语言。对于大多数从事科学计算领域的编程人员，掌握 Fortran 语言要比掌握 C、C++ 等语言要重要得多。至于其他的数值计算软件，如 MATHEMATICA、MAPLE、MATLAB 等只是进行科学计算的教学模型与辅助工具。这些工具提供了现成的算法可以使得初学者能够应用于一些简单的场合，真正要用它们来解决稍微大一点的科学计算问题，那是一件非常痛苦和强人所难的事情。因此，要自由地进行科学计算，则非 Fortran 莫属。

1.9　Fortran 发展历史

Fortran 是英文词组"FORmula TRANslator"的缩写，直译为"公式翻译器"。它是世界上最早出现的计算机高级程序设计语言，在科学和工程计算领域得到了广泛的应用。1951 年，美国 IBM 公司约翰·贝克斯（John Backus）针对汇编语言的缺点着手研究开发 Fortran 语言，并于 1954 年在纽约正式对外发布。随着 Fortran 语言版本的不断更新和变化，语言不兼容性问题日益突出，语言标准化工作被提上了日程。Fortran 先后经历了 Fortran 66、Fortran 77、Fortran 90、Fortran 95、Fortran 2003 和 Fortran 2008 6 个版本。

Fortran 编译器的选择应该在速度和可移植性方面进行取舍。如果仅是偶尔使用 Fortran，没必要考虑太多，只要好用就可以了。如果长期使用 Fortran，那么必须仔细考虑编译器的选择，因为操作系统的更换、机器的升级、新的算法或资源的获得等都有可能造成已开发程序的改写或重新编译。在这种情况下，如果原来用的编译器无法使用就很麻烦了。另一个重要问题就是程序运行的速度，除了编译器的原因外，编译器命令行参数的选择是非常重要的，当然最重要的还是数据结构和算法。

1.9.1　Windows 系统

目前，在编程者中流行的 Fortran 编译器有十几种。其中，在 Windows 系统下的主流的 Fortran 编译器可总结如下：

（1）自 1994 年以来，从 Win32 环境下的 Fortran PowerStation 1.0 到 Windows 9x 环境下的 Fortran PowerStation 4.0，微软公司对 Fortran 编程环境进行了强有力的发展和优化。尤其是 Fortran PowerStation 4.0，它将 Fortran 90 集成在 Developer Studio 集成开发环境之中，使 Fortran 90 真正地实现了可视化编程，彻底告别了传统 DOS 环境（字符界面），转到了 Windows 环境（视窗界面）。

（2）1997 年 3 月，微软公司和数据设备公司（Digital Equipment Corporation，简称 DEC）合作推出功能更强的 Fortran 语言新版本 Digital Visual Fortran 5.0，它是 Microsoft Fortran PowerStation 4.0 的升级换代产品。

（3）1998 年 1 月，DEC 被康柏公司收购，于是 Digital Visual Fortran 更名为 Compaq Visual Fortran，其最新版本为 Compag Visual Fortran 6.6。

（4）惠普公司购买了康柏公司的 Fortran 编译器技术之后不久，便留下了用于 Linux/UNIX 系统的相关技术，而将 Windows 环境下的 Fortran 编译器转售给英特尔公司。这样，Windows 环境下的 Fortran 编译器就改由英特尔公司生产和销售。

1.9.2　Linux 系统

目前，并行计算已经成为计算科学研究和应用中的热点，各种并行计算系统层出不穷，其中发展最快的是基于 Linux 平台的并行计算环境[15]。使用 Linux 系统来构建并行计算平台具有许多优点：

（1）Linux 最大的优势就是价格，通常只需少量的软件和硬件投资就可以拥有一个计算用服务器。相比之下，Linux 对硬件的要求比 Windows 要低得多，即使是普通用户也可以利用 Linux 来构建一个高性能的并行计算环境，从而替代以往开销昂贵的大型计算机。

（2）自由和开放是 Linux 最吸引人的特点，同时也为提高并行系统的性能提供了更加广阔的空间。开发者可以很容易地深入到系统的核心，从而提高操作系统的性能。

（3）在相同软硬件配置情况下，Linux 与其他操作系统相比具有更高的效率，尤其是网络性能和稳定性，而这些正是衡量并行计算平台优劣的关键所在。

（4）Linux 操作系统中许多 Fortran 编译器是免费的，并且这些 Fortran 编译器功能强大，丝毫不逊于 Windows 操作系统中的 Fortran 编译器。我们建议在系统中安装两套以上的 Fortran 编译系统，如 GFortran 编译器和 Intel Fortran 编译器。当出现编译错误时，利用两套编译系统分别进行编译，通过对比编译信息来判断出错原因是编译系统的问题还是并行程序的问题。

在 Windows 系统下的 Fortran 编译器大多是具有集成开发环境的商业软件，价格十分昂贵。而在 Linux 操作系统下，常用的编译器大多数是免费的。唯一的缺点是没有统一的集成开发环境，在可视化、在编辑调试方面似乎很不方便，但事实并非如此。Linux 系统中有两个非常实用的编辑器 Vim 和 Emacs。这两种编辑器为 Fortran 程序的编写和调试提供了非常便利的环境，而且还有大量的插件可供下载，如语法检查及自动补全等。互联网提供了许多关于这两种编辑器的入门资料，只要愿意花费时间，完全可以利用这两个编辑器大幅度地提高工作效率。在 Linux 系统下，主流的 Fortran 编译器可总结如下：

（1）GFortran。GCC(GNU C Compiler) 是理查德·马修·斯托曼在 1985 年发展的一个编译器，用于编译 C 语言程序。目前，GCC 由世界各地不同的数个编程人员小组维护。它现在支持 Ada、C ++ 、Java、Objective、C、Pascal、COBOL、Fortran 等语言。GNU 编译器支持硬件平台的种类特别广泛，是首选的跨平台的编译器软件。与一般局限于特定系统与运行环境的编译器不同，GNU 编译器在所有平台上都使用同一个前端处理程序，所得到的编译文件可以在不同平台上正确地执行。

GFortran 以前的版本是 G77，在 GCC4.0 版之前，GCC 前端仅支持 Fortran 77。从 GCC4.0 版开始，GFortran 就取代了 G77 成为 GCC 中的 Fortran 编译器。GFortran 实际上是 GCC 中的 GNU Fortran95 编译器，支持 Fortran95 和一部分 Fortran2003 的功能。GCC4.2 之前如果想在 C/C ++/Fortran 中嵌入 OpenMP 语句的话，需要额外安装库和预处理器才能识别和正确处理这些语句。从 GCC 4.3.1 开始，GCC 就支持 OpenMP 3.0。

（2）Intel Fortran Compiler。Linux 系统下 Intel Fortran Compiler 编译器提供非商业版的免费下载，并且使用无时间限制。这里需要指出，如果操作系统是 32 位的，那么应选择 32 位的 Fortran 编译器（IA32）；如果操作系统是 64 位的，那么应选择 64 位的 Fortran 编译器（em64t）。Intel Fortran Compiler 11.0 和 Intel Fortran Composer XE 2011 开始支持 OpenMP 3.0。

1.9.3　Fortran 程序的编译和执行

在 Windows 系统中，如果编程人员希望通过命令行方式使用 Intel Visual Fortran，可以通过点击图 1-7 所示的系统菜单 ［Start］→［All Programs］→［Intel（R）Software Development

Tools]→[Intel(R)Visual Fortran Compiler Professional 11.1.060]→[Fortran Build Environment for Applications Running on…],那么命令行窗口的消息栏中会出现 Intel（R）Visual Fortran Compiler for Applications Running on IA-32，Version……这样，Fortran 编译系统环境就自动设置完毕；然后，编程人员在此命令行窗口，通过运行 DOS 命令进入需要编译的程序目录，然后编译执行。

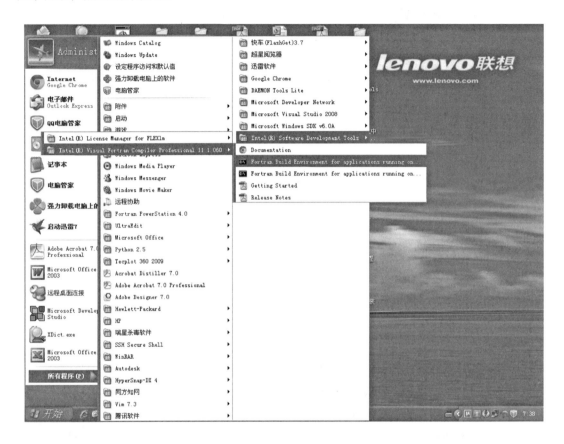

图 1-7　Windows 系统的 Intel Fortran 命令行方式

在 Linux 和 Windows 系统的命令行模式下，Fortran 编译器的常用命令见表 1-3。

表 1-3　Fortran 编译器常用命令

命 令 说 明	Linux 系统		Windows 系统
	GFortran	Intel Fortran	Intel Fortran
显示编译器版本	gfortran-version	ifort-v	ifort-v
显示编译器帮助	gfortran-help	ifort-help	ifort-help
对串行程序进行编译，生成可执行文件 ttt	gfortran-o ttt hello. f	ifort-o ttt hello. f	ifort-o ttt. exe hello. f
对串行程序进行编译，优化选项为-O2	gfortran-O2-o ttt hello. f	ifort-O2-o ttt hello. f	ifort-O2-o ttt. exe hello. f
对 OpenMP 并行程序进行编译，生成可执行文件 ttt	gfortran-fopenmp-o ttt hello. f	ifort-openmp-o ttt hello. f	ifort-Qopenmp-o ttt. exe hello. f

续表 1-3

命 令 说 明	Linux 系统		Windows 系统
	GFortran	Intel Fortran	Intel Fortran
对 OpenMP 并行程序进行优化编译，选项-O2 表示允许范围广泛的编译器优化	gfortran-O2-fopenmp-o ttt hello. f	ifort-openmp-O2-o ttt hello. f	ifort-Qopenmp-O2-o ttt. exe hello. f
以顺序执行模式编译 OpenMP 程序		ifort-openmp-stubs-O2-o ttt hello. f	ifort-Qopenmp-stubs-O2-o ttt. exe hello. f
程序的执行	./ttt	./ttt	ttt. exe 或 ttt

在并行计算中，常用的与操作系统有关的命令见表 1-4。

表 1-4　与操作系统有关的命令行指令

操作系统	Linux 系统	Windows 系统
系统内存和 CPU 占用情况	在命令行中键入 top 查看 CPU 内存总体使用情况。如果按数字 1 可查看各个 CPU 和内存使用情况，接着再次按数字 1 可还原至查看 CPU 内存总体使用情况。最后，同时按 Ctrl + c 或键入 q 退出	在当前窗口同时按下 Ctrl、Alt 和 Delete 这三个键，在 Windows 任务管理器中查看进程选项卡或性能选项卡里面的相关内容
中断程序执行	在命令行中键入 kill 主进程号	（1）在任务管理器中找到相关文件后，按鼠标右键选中结束任务来中断此程序的执行。 （2）运行程序对话框右上角选择 × 选项

需要指出的是，本书的所有程序均在 Linux 系统下 Intel Fortran Compiler 10.1 和 Intel Fortran Compiler 12.1 以及 Windows 系统下 Intel Parallel Studio XE 2013 下编译通过。由于硬件系统和软件的差异，因此最终的显示格式和计算用时间也存在差别。

1.10 小　结

本章主要介绍了并行计算机的种类，阐述了并行计算中常用概念，比较了不同并行计算模式的差异，综述了 OpenMP 和 Fortran 的发展历史，并建议在 Linux 系统中开展较大规模的并行计算。

练 习 题

（1）目前正在使用的计算机能否进行并行计算？如果可进行并行计算，那么可采用哪几种并行编程模式？并简述理由。

（2）按照 CPU 与存储器的连接方式划分，目前学校计算中心使用的并行计算机有哪几类？

（3）简述进程和线程的区别和联系。

（4）简述多线程和超线程的区别和联系。

（5）结合自身编程实践，简述 Fortran 语言的优点和缺点。

（6）从操作系统和编程语言角度对目前使用的计算环境进行评价。

2　OpenMP 编程简介

OpenMP 支持的编程语言包括 C、C++和 Fortran，而支持 OpenMP 的编译器包括 Sun Studio 和 Intel Compiler，以及开放源码的 GCC 和 Open64 编译器。OpenMP 以线程作为基础，提供了对并行算法的高层的抽象描述。编程人员通过在源代码中加入编译指导语句来指明自己的意图。如果编译器支持 OpenMP，则会根据编译指导语句自动将程序进行并行化，并在必要之处加入同步互斥以及通信。如果编译器不支持 OpenMP，或者在编译过程中选择不支持 OpenMP，则这些编译指导语句会被作为注释语句而忽略。这样，程序又可退化为通常的串行程序，代码仍然可以正常运行，只是不能利用多线程来加速程序执行。

OpenMP 所提供的对并行描述的高层抽象降低了并行编程的难度和复杂度。这样编程人员可以将更多的精力集中于并行算法本身，而非并行的具体实现细节。与其他并行模式相比，OpenMP 编程具有如下优势：

（1）相对简单。不需要显式设置互斥锁、条件变量、数据范围以及初始化。

（2）可扩展。通过添加并行化编译指导语句到顺序程序中，由编译器完成自动并行化。

（3）移植性好。OpenMP 规范中定义的编译指导语句、运行库和环境变量，能够使编程人员在保证程序的可移植性的前提下，按照标准将已有的串行程序逐步并行化，从而比较容易地在不同的生产商提供的共享存储结构间进行移植。

但是，OpenMP 也不是十全十美的。它不适合需要复杂的线程间同步和互斥的场合，且不能在非共享内存系统（如计算机集群）上使用。

OpenMP 具有五大结构类型，如图 2-1 所示。其中，并行控制类型用来设置并行区域

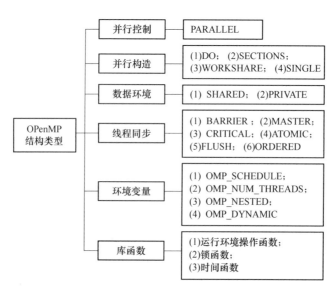

图 2-1　OpenMP 五大结构化类型

并创建线程组；并行构造类型将任务分配给各线程；数据环境类型将变量定义为共享变量或私有变量；线程同步类型利用互斥锁和事件通知的机制来控制线程的执行顺序，保证执行结果的确定性；环境变量和库函数则是用来设置和获取执行环境相关的信息。

OpenMP 由编译指导语句、库函数和环境变量三部分组成，其指导思想是将工作划分为多个子任务分配给多个线程，从而实现多核并行处理单一的地址空间，避免了转向消息传递或其他并行编程模型时所具有的风险。但是，支持 OpenMP 的编译器不会检测数据依赖、冲突、死锁、竞争以及其他可能导致程序不能正确执行的问题，这些问题必须由编程人员自己解决。

2.1 编译指导语句

编译指导语句是指在编译程序的时候，编译器能够辨识特定的注释，而这些特定的注释包括了 OpenMP 接口的一些语句。例如在 Fortran 程序中，用!\$OMP PARALLEL 和!\$OMP END PARALLEL 来标识一个并行程序块。当采用一个不能识别 OpenMP 语句的普通编译器来编译此程序时，这些特定的注释会被当作普通的注释而被忽略。因此，具有 OpenMP 接口的程序能够同时被普通编译器和支持 OpenMP 的编译器所编译。这样，编程人员可以在同一个程序上进行串行和并行程序的编写，或者在将串行程序并行化的过程中，保持串行源程序代码部分不变，这种并行方式可以极大地减轻编程人员的工作量。

图 2-2 给出了 OpenMP 应用程序的三个组成部分：编译指导语句、库函数和环境变量。其中，编译指导语句是串行程序实现并行化的桥梁，是编写 OpenMP 应用程序的关键。但是，编译指导语句的优势仅体现在编译阶段，对运行阶段的支持较少。因此，编程人员需要利用库函数这个重要工具在程序运行阶段改变和优化并行环境从而控制程序的运行。例如，在程序运行过程中，检查系统当前可以使用的 CPU 数量、执行上锁和解锁操作。而环境变量则是库函数控制函

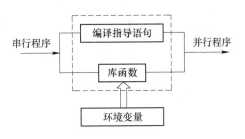

图 2-2 OpenMP 并行化执行模式

数运行的一些具体参数。例如，在并行区域内设置派生线程的数量。

2.2 并行执行模式

OpenMP 采用的执行模式是串行→并行→串行→并行→串行……，如图 2-3 所示。这种执行模式的核心在于并行区域中线程的派生/缩并（fork/join）[2,7]。其特点如下：

（1）在程序的串行区，由线程 0 执行串行代码。

（2）程序从执行开始到执行结束，主线程（通常是线程 0）一直在运行。

（3）在程序的并行区域，主线程和派生出来的子线程共同工作执行代码。

（4）如果并行区域没有执行完毕，则不能执行串行区的代码。即主线程和派生出来的子线程只有在执行完并行区域的全部并行代码后，才能将子线程缩并（退出或者挂起），然后由主线程继续执行位于并行区域后面的串行区代码。

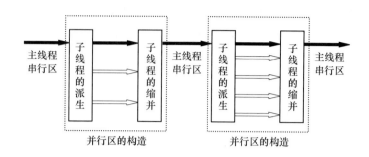

图 2-3　串行程序的 OpenMP 并行化

（5）在并行区域结束后，派生出来的子线程缩并，由主线程单独执行代码。

2.2.1　编译指导语句格式

在 Fortran 语言中，OpenMP 的编译指导语句格式见表 2-1。

表 2-1　编译指导语句格式

标　识　符	指　令　名	［子句列表］
采用!$OMP 作为编译指导语句的标识符，在执行 OpenMP 指令时都需要它	OpenMP 指令必须位于标识符的后面，且位于子句的前面	这是可选项。除非有另外的限制，否则子句能够按照任意顺序排列

指令名后的选项可以按任意次序排列，需要时也可以重复。但是编译指导语句不能嵌入到 Fortran 语句中，Fortran 语句也不能嵌入到编译指导语句中。

Fortran 自由格式文件需满足以下条件：

（1）以!$OMP 作为 OpenMP 编译指导语句的标识符。

（2）标识符可以出现在任意列，但标识符前面只能是空格或 Tab 跳格，其后的字符为空格。

（3）需遵守自由格式中的行宽、空格、Tab 跳格、续行和注释行等规则。

（4）在行尾用 & 表示下一行是续行，续行以!$OMP 作为行首，然后接其他 OpenMP 子句。

固定格式文件需满足以下条件：

（1）以!$OMP（C$OMP 或 *$OMP）作为 OpenMP 编译指导语句的标识符。

（2）标识符必须从第一列开始，并且作为一个整体，其内不允许存在其他字符，其后（即第 6 列）的字符为空格。

（3）需遵守固定格式中的行宽、空格、Tab 跳格、续行和注释行等规则。

（4）第 6 列用任意的非空白字符表示当前行是上一行的续行，上一行的行末没有标志。

例如：在编译指导语句

```
!$OMP PARALLEL DO PRIVATE(BETA,PI)
```

中!$OMP 是标识符，PARALLEL DO 是指令，PRIVATE（BETA，PI）是子句。

应该注意的是，Fortran 语言不区分字母的大小写。换言之，以下的 OpenMP 的指令格式均是等价的。

> !$omp parallel default(shared)private(beta,pi)
> !$Omp Parallel Default(Shared)Private(Beta,Pi)
> !$OMP PARALLEL DEFAULT(SHARED)PRIVATE(beta,pi)

!$OMP PARALLEL 和!$OMP END PARALLEL 指令对构成了并行块结构。并行块是利用多个线程并行执行的结构，是 OpenMP 启动并行执行的基本结构。需要注意的是，!$OMP PARALLEL 和!$OMP END PARALLEL 指令对必须在同一个程序内，并且其所定义的并行区域内的代码必须是一个完整的结构，不允许有跳入或跳出语句。指令格式为：

> !$OMP PARALLEL[子句列表]
> 　代码块
> !$OMP END PARALLEL

其中,!$OMP END PARALLEL 是可选的。但是为了提高可读性，建议不要省略。

2.2.2　主要指令

编译指导语句格式中主要指令见表2-2。这些指令用来指导多个 CPU 共享任务或用来指导多个 CPU 同步，而指令后面的子句则给出了相应的指令参数，从而影响编译指导语句的具体执行。除了 5 个指令（FLUSH、CRITICAL、MASTER、ORDERED、ATOMIC）没有相应的子句以外，其他的指令都有一组适合它的子句。

表 2-2　OpenMP 主要指令

指　令	描　　述
PARALLEL	放在一个代码段之前，表示这段代码将分配给多个线程进行并行执行
DO	放在 do 循环之前，将循环分配给多个线程并行执行，但必须保证每次循环之间没有相关性
SECTIONS	放在被并行执行的代码段之前
CRITICAL	用在一段代码之前，表明临界块中的代码只能由一个线程执行，其他线程则被阻塞在临界块开始位置
SINGLE	用在一段只被单个线程执行的代码段之前，表示后面的代码段将仅被一个线程执行
FLUSH	标识一个同步点，确保所有执行的线程看到一致的存储器视图，即执行的各个线程看到的共享变量是一致的
BARRIER	标识一个栅障用于并行区域内线程组中所有线程的同步。先到达的线程在此阻塞，等待其他的线程，直到所有线程都执行到栅障时才能继续往下执行
ATOMIC	指定特定的一块内存区域被自动更新
MASTER	指定一段代码块仅由主线程执行
ORDERED	指定并行区域内的循环按次序执行。保证任何时刻只能有一个线程执行被 ORDERED 所限制的部分，它只能出现在 DO 或者 PARALLEL DO 语句的动态范围内

在表 2-2 所示的这些指令中，一些指令须进行语句绑定，才能使用[2,7,8]。例如：

（1）指令 DO、SECTIONS、SINGLE、MASTER 和 BARRIER 必须绑定在 PARALLEL 指令定义的并行区域中。如果这些指令不在并行区域内执行，则是无效指令。

（2）ORDERED 指令必须与 DO 指令绑定。

（3）ATOMIC 指令使 ATOMIC 指令下第一个语句在所有线程中都能互斥地进行读写数据操作，但是 ATOMIC 只能保护一句代码。

（4）CRITICAL 指令使所有 CRITICAL 结构中的语句在所有线程中都能互斥地进行读写数据操作，但是 CRITICAL 指令只能保护一个并行程序块。

（5）除 PARALLEL 指令外，一个指令不能与其他指令绑定使用。

以下是不允许绑定使用的指令[2,7,8]：

（1）指令 DO、SECTIONS、WORKSHARE 和 SINGLE 可以绑定到同一个 PARALLEL 中，但它们之间不允许互相嵌套，也不能将它们嵌套到隐式任务、CRITICAL 结构、ATOMIC结构、ORDERED 结构和 MASTER 结构中。

（2）指令 PARALLEL、FLUSH、CRITICAL、ATOMIC 和隐式任务不允许出现在 ATOMIC结构中。

（3）CRITICAL 指令不允许互相嵌套。

（4）BARRIER 指令不允许出现在并行构造（DO、SECTIONS、WORKSHARE 和 SINGLE）CRITICAL 结构、ATOMIC 结构、ORDERED 结构、MASTER 结构和隐式任务中。

（5）MASTER 指令不允许出现在并行构造（DO、SECTIONS、WORKSHARE 和 SINGLE）、ATOMIC 结构和隐式任务中。

（6）ORDERED 指令不允许出现在 CRITICAL 结构、ATOMIC 结构和隐式任务中。

2.2.3 主要子句

在指令后面常用的选项如下：

（1）PRIVATE（变量列表）。

（2）SHARED（变量列表）。

（3）DEFAULT（PRIVATE│SHARED│NONE）。

（4）REDUCTION（运算符│内置过程名│变量列表）等。

OpenMP 的主要子句的功能见表 2-3。

表 2-3　OpenMP 主要子句的功能

子　句	描　　述
PRIVATE	表示变量列表中列出的变量对于每个线程来说均是私有变量，即每个线程都拥有自己的私有变量副本
SHARED	表示变量列表中列出的变量被线程组中所有线程所共享，即所有的线程都能对这些变量进行读写操作
DEFAULT	表示并行区域中所有变量是私有变量或共享变量或者未定义。缺省情况下变量是共享变量
FIRSTPRIVATE	表示每个线程都有自己的变量副本，并且私有变量在进入并行区域时需要继承主线程中同名原始变量值作为自己的初始值

子 句	描 述
LASTPRIVATE	表示退出并行区域后，执行最后一次迭代或最后一个 SECTION 的线程中一个或多个私有变量的值复制给主线程中同名原始变量
REDUCTION	指定一个或多个变量是私有变量，并在并行结束后对线程组中的相应变量执行指定的归约运算，并将结果返回给主线程的同名变量
THREADPRIVATE	表示一个全局变量在并行区域内变成每个线程的私有变量
COPYIN	将主线程中 THREADPRIVATE 定义的全局变量的私有副本复制给同一并行区域内其他线程的同名变量的私有副本
COPYPRIVATE	将线程中局部变量的私有副本复制给同一并行区域内其他线程的同名变量的私有副本，一般与 SINGLE 指令联合使用
NOWAIT	表示并发线程忽略指令中暗含的栅障
SCHEDULE	指定 do 循环的任务分配调度类型
ORDERED	表示 do 循环内的指定代码段要按串行循环的迭代次序进行执行
NUM_ THREADS	指定线程的个数
IF	指定一个循环按并行执行还是串行执行

2.2.4 指令和子句的配套使用

在 OpenMP 指令中，指令和子句的对应关系见表2-4。

表2-4 指令和子句的配套[7]

子 句	PARALLEL	DO	SECTIONS	SINGLE	PARALLEL DO	PARALLEL SECTIONS	PARALLEL WORKSHARE
IF	√				√	√	√
PRIVATE	√	√	√	√	√	√	√
SHARED	√	√			√	√	√
DEFAULT	√				√	√	√
FIRSTRRIVATE	√	√	√	√	√	√	√
LASTPRIVATE		√	√		√	√	
REDUCTION	√	√	√		√	√	√
COPYIN	√				√	√	√
COPYPRIVATE				√			
SCHEDULE		√			√		
ORDERED		√			√		
NOWAIT		√	√	√			√
NUM_ THREADS	√				√	√	√

然而，下列 OpenMP 指令须单独使用，不能与子句联合使用：

（1）MASTER；

（2）CRITICAL；

（3）BARRIER；

（4）ATOMIC；

（5）FLUSH；

（6）ORDERED。

2.3 头 文 件

如果要调用 OpenMP 库函数，则必须包含 OpenMP 头文件 omp_ lib. h。这个头文件是一个调用库中多种函数的应用编程接口。通过这个文件，编译器才能自动链接正确的库。当在 Linux 系统或 Windows 系统下使用 Intel Fortran 编译器时，Fortran 源代码可采用两种方式包含 OpenMP 头文件：

（1）use omp_lib。

（2）include 'omp_lib. h'。

但是应该注意的是，Linux 系统对文件名的大小写敏感，而 Windows 系统对文件名的大小写则不敏感。因此，为了保证程序在 Windows 系统和 Linux 系统下均能不加改变地使用，建议对头文件名统一采用小写格式。

2.4 常用库函数

除了编译指导外，OpenMP 还提供了一组库函数。这些库函数可分为三种：运行时环境函数、锁函数和时间函数。下面列出几个常用的 OpenMP 库函数：

（1）OMP_SET_NUM_THREADS：设置后续并行区域中并行执行的线程数量。

（2）OMP_GET_NUM_PROCS：返回计算系统的处理器数量。

（3）OMP_GET_NUM_THREADS：确定当前并行区域内活动线程数量。如果在并行区域外调用，该函数的返回值为1。

（4）OMP_GET_THREAD_NUM：返回当前的线程号。线程号的值在0（主线程）到线程总数减1之间。

（5）OMP_GET_MAX_THREADS：返回当前的并行区域内可用的最大线程数量。

（6）OMP_GET_DYNAMIC：判断是否支持动态改变线程数量。

（7）OMP_SET_DYNAMIC：启用或关闭线程数量的动态改变。

（8）OMP_GET_WTIME：返回值是一个双精度实数，单位为秒。此数值代表相对于某个任意参考时刻而言已经经历的时间。

（9）OMP_INIT_LOCK：初始化一个简单锁。

（10）OMP_SET_LOCK：给一个简单锁上锁。

（11）OMP_UNSET_LOCK：给一个简单锁解锁，须与 OMP_SET_LOCK 函数配对使用。

（12）OMP_DESTROY_LOCK：关闭一个锁并释放内存，须与 OMP_INIT_LOCK 函数配对使用。

需要指出的是，以 OMP_ SET_ 开头的函数只能在并行区域外调用，其他函数可在并行区域和串行区域使用。

2.5 最简单的并行程序

由于 Fortran 语言对函数和变量的大小写不敏感，因此程序主体部分可根据使用方便任意采用大小写。为了表述方便，在本文的后续章节的所有源程序中，除头文件的声明外，所有涉及 OpenMP 中的关键字均采用大写字母，其余部分均采用小写字母。

下面给出了一个简单的串行程序：

```
!File Name:hs.f
    program hello_serial

    print'(a)','Hello 1'
    print'(a)','Hi'
    print'(a)','Hello 2'

    end program hello_serial
```

在源程序所在目录，键入如下命令行对源程序 hs.f 进行编译：

```
ifort-o ttt hs.f
```

当可执行文件 ttt 生成后，采用如下命令运行此可执行文件：

```
./ttt
```

可执行文件 ttt 的运行结果如下：

```
Hello 1
Hi
Hello 2
```

程序 hs.f 的可执行文件 ttt 的运行结果给出了一个典型串行程序的执行过程，如图 2-4 所示。线程从开始执行到执行结束，始终只有一个线程在运行。开始输出了一行"Hello 1"，接着输出一行"Hi"，最后输出一行"Hello 2"。

利用 OpenMP 重写上述程序，可得如下简单的并行程序：

```
!File:hh.f
    program hello_hi

    print'(a)','Hello 1'

!$OMP PARALLEL

    print'(a)','Hi'
```

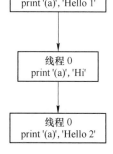

图 2-4　线程执行程序
hs.f 的过程

```
!$OMP END PARALLEL

    print'(a)','Hello 2'

    end program hello_hi
```

在源程序所在目录，对源程序 hh. f 执行如下 OpenMP 编译命令：

```
ifort-openmp-o ttt hh. f
```

生成可执行并行文件 ttt 后，执行并行文件 ttt：

```
./ttt
```

则可执行文件 ttt 的运行结果如下：

```
Hello 1
Hi
Hi
Hi
Hi
Hi
Hi
Hi
Hi
Hello 2
```

程序 hh. f 的可执行文件 ttt 的运行结果给出了一个典型的 OpenMP 程序的执行过程，如图 2-5 所示。

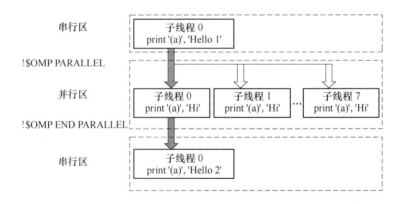

图 2-5 线程执行程序 hh. f 的过程

从程序和输出结果可以看出，上述程序具有如下特点：

（1）当程序开始执行时，只有主线程（线程 0）存在，主线程执行程序的串行区工作，即打印"Hello 1"。

（2）遇到并行区域的结构指令（!OMP PARALLEL 语句）后，主线程派生出（创建或者唤醒）其他线程（子线程）来执行任务，即子线程 0 和其他子线程（线程号为 1 至 7）组成的线程组共同打印"Hi"。由于没有显式地设置可使用的线程总数，所以默认线程总数为系统能够提供的 CPU 总核数。而程序运行的硬件环境为两颗 4 核处理器，共 8 个处理器核心，因此可提供 8 个线程同时运行。这样，一共将"Hi"打印了 8 遍。

（3）遇到并行区域的结束指令（!OMP END PARALLEL 语句），派生的子线程进行缩并（退出或挂起），不再工作。最终只剩下主线程继续执行串行区工作，即打印"Hello 2"。

需要注意的是，只有出现了独立语句!$OMP PARALLEL，程序才会体现出"多线程"，而且该句语法不符合 Fortran 的语法。如果编译器不支持 OpenMP，该语句不会报错，仅会当作注释语句而被忽略从而维持串行模式（单线程的执行模式）。这样编程人员可以在串行程序和并行程序之间方便地进行切换，而不会增加编程人员的工作量。

下面是采用 OpenMP 实现的一个标准并行程序：

```
!File:hp. f
    program hello_parallel
    implicit none
    include 'omp_lib. h'

    integer::tid,mcpu

    call OMP_SET_NUM_THREADS(3)

    tid = OMP_GET_THREAD_NUM( )
    mcpu = OMP_GET_NUM_THREADS( )
    print '(a,i4,a,i4,a)','Hello from thread',tid,' in',mcpu,' CPUs'
    print '(a)','------before parallel'
    print *

!$OMP PARALLEL DEFAULT( NONE) PRIVATE(tid,mcpu)

    print '(a)','------during parallel'
    tid = OMP_GET_THREAD_NUM( )
    mcpu = OMP_GET_NUM_THREADS( )
    print '(a,i4,a,i4,a)','Hello from thread',tid,' in',mcpu,' CPUs'
!$OMP END PARALLEL

    print *
    print '(a)','------after parallel'
    print '(a,i4,a,i4,a)','Hello from thread',tid,' in',mcpu,' CPUs'

    end program hello_parallel
```

上述代码运行后，结果如下：

```
Hello from thread    0 in    1 CPUs
------before parallel

------during parallel
Hello from thread    0 in    3 CPUs
------during parallel
Hello from thread    2 in    3 CPUs
------during parallel
Hello from thread    1 in    3 CPUs

------after parallel
Hello from thread    0 in    1 CPUs
```

从程序和输出结果可以看出，上述程序具有如下特点：

（1）在程序开头，include 'omp_lib. h'（或使用 use omp_lib）是对 OpenMP 库函数的声明，这样在程序中不用再定义其数据类型。

（2）并行程序 hp. f 被 !$OMP PARALLEL 和 !$OMP END PARALLEL 分割为并行前的串行程序段、并行程序段和并行后的串行程序段三大部分。

（3）在遇到一个 PARALLEL 指令（!$OMP PARALLEL）之前，程序处于串行区。串行区代码仅由一个线程（即主线程，此线程的编号为 0）控制，所以实际使用的进程数为 1，程序的运行结果为：

```
Hello from thread    0 in    1 CPUs
------before parallel
```

（4）在并行前的串行程序段中，比较陌生的地方是如下函数的调用：

```
call OMP_SET_NUM_THREADS(3)
tid = OMP_GET_THREAD_NUM( )
mcpu = OMP_GET_NUM_THREADS( )
```

其中，库函数 OMP_SET_NUM_THREADS( )没有返回值，其作用是设置在并行区域内允许使用的线程总数；库函数 OMP_GET_THREAD_NUM( )的返回值为整数类型，此返回值给出当前线程的线程号；库函数 OMP_GET_NUM_THREADS( )的返回值为整数类型，此返回值给出执行并行块所使用的线程总数。

需要指出的是，线程总数不要大于处理器数量与每个处理器所包含的核心数目的乘积。由于测试用服务器为两颗 4 核处理器，可以允许 8 个处理器核同时执行，故子线程的总数不应大于 8，在本例中，设置在并行区域内允许使用的线程组内线程总数为 3。

（5）当遇到一个 PARALLEL 指令（!$OMP PARALLEL）之后，程序处于并行区域。在并行区域内，主线程派生了另外的 2 个线程，这样当前线程总数达到库函数 OMP_SET_NUM_THREADS( )所定义的 3 个线程。主线程也属于这个线程组，并在线程组内的线程号为 0，线程组中的其他子线程分别为 1 和 2。这 3 个线程分别执行了打印语句，输出了各自的子线程号。

```
------during parallel
Hello from thread    0 in    3 CPUs
------during parallel
Hello from thread    2 in    3 CPUs
------during parallel
Hello from thread    1 in    3 CPUs
```

需要指出的是,子线程的产生和执行并不是按 0、1、2、3、4……这样的顺序,而是具有随机性。

(6) 各子线程表征其线程号的变量名均为 tid,但是各子线程拥有的线程号却不相同。因此,采用 DEFAULT(NONE)子句声明线程中使用的变量必须显式地指定是共享变量还是私有变量,然后采用 PRIVATE 子句指定变量 tid 和 mcpu 为私有变量。这样,各子线程拥有的私有变量 tid 才不会互相影响。而各子线程通过调用函数 OMP_GET_NUM_THREADS 获得当前线程组的线程数目。虽然各线程获得的 mcpu 的值是相同的,但是各线程均对变量 mcpu 进行写操作。为了避免数据竞争的产生,这里也将 mcpu 定义为私有变量。

需要指出的是,在利用 OpenMP 进行并行编程时,用户通过派生和运行多个线程来并行执行任务。通常情况下,一个 CPU 只执行一个线程。换言之,线程和 CPU 是一一对应关系。因此,在以后的程序说明中,不再将线程与 CPU 严格区分开来。

2.6 小　　结

本章简要介绍了 OpenMP 的五大结构类型,指出了 OpenMP 应用程序的三大组成部分,并给出了 OpenMP 的语法格式;根据 OpenMP 的特点,着重介绍了 OpenMP 编程的主要特点,最后通过例子说明并行与串行的区别。

练 习 题

(1) 简述 OpenMP 并行执行模式的特点。

(2) 简述 OpenMP 存在的结构类型及其实现的功能。

(3) 简述 OpenMP 编程格式特点。

(4) OpenMP 的标识符有哪几种写法?

(5) 请指出 OpenMP 常用指令及其功能。

(6) 请指出 OpenMP 常用子句及其功能。

(7) 试编写并编译执行一个并行程序实现如下文字的输出。

Hello, OpenMP!

Hello, OpenMP!

I'm coming.

We will become friends.

We will become friends.

We will become friends.

3 数 据 环 境

OpenMP 程序的一个重要特征是内存空间共享，即多个线程通过任意使用这个共享空间上的变量而完成线程间的数据传递，因此线程间的数据通讯非常方便。具体而言，一个线程 A 可以通过写操作改变一个变量的值，而另一个线程 B 通过读操作可以得到此变量的值，从而完成了线程 A 和线程 B 之间的通讯。共享（SHARED）变量和私有（PRIVATE）变量是 OpenMP 中最重要的两个概念。而在编程过程中，还会遇到全局变量（或外部变量）和局部变量（或自动变量）。全局变量需要用 common 或 module 定义，它的作用域是整个源程序。在子程序或函数中使用全局变量，也需要用 common 或 module 进行全局变量说明。除全局变量以外的所有变量均为局部变量。局部变量可以在主程序、子程序和函数中存在，且只是从声明它们的地方到子程序或函数的末尾有效。当子程序或函数返回时，系统将释放局部变量占用的内存。当子程序或函数需要使用主程序的局部变量的值时，可以通过子程序或函数的哑元表（或形式参数表）进行哑实结合实现数据传递。

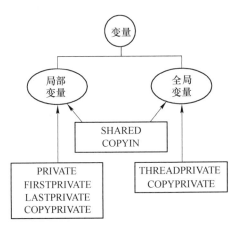

图 3-1 变量的数据环境

图 3-1 表明：对于局部变量而言，将其定义为私有变量可能用到的子句有 PRIVATE、FIRST-PRIVATE 和 LASTPRIVATE，将其定义为共享变量可能用到的子句有 SHARED 和 COPYPRIVATE。对于全局变量而言，将其定义为私有变量可能用到的子句有 THREADPRIVATE 和 COPYIN 子句；将其定义为共享变量可能用到的子句有 SHARED 和 COPYPRIVATE。本书将在 9.3 节重点阐明全局变量、局部变量和共享变量、私有变量的区别和联系。

3.1 PRIVATE 子句、SHARED 子句和 DEFAULT 子句

PRIVATE 子句可以将一个或多个变量声明为线程组中子线程的私有变量，然后指定每个线程都有这些变量的私有副本。在并行区域内，每个线程只能访问自己的私有副本，无法访问其他线程的私有副本。

PRIVATE 子句的语法格式如下：

PRIVATE（变量列表）

对出现在变量列表中的变量，PRIVATE 子句将其定义成私有变量，并在并行区域的开始

处为线程组的每个线程产生一个该变量的私有副本。需要注意的是，PRIVATE 子句声明的私有变量的初始值在并行区域的入口处是未定义的，它不会继承并行区域外同名原始变量的值。

SHARED 子句可将一个或多个变量声明为线程组中子线程共享的变量。所谓的共享变量，是指在一个并行区域的线程组内所有线程只拥有变量的一个内存地址，所有线程对共享变量的访问即是对同一地址的访问。在并行区域内使用共享变量时，如果存在写操作，必须对共享变量加以保护，否则就容易出现数据竞争。因此，不要轻易使用共享变量，尽量将对共享变量的访问转化为对私有变量的访问。

SHARED 的语法格式如下：

SHARED(变量列表)

对出现在变量列表中的变量，SHARED 子句将其定义成公有变量。此变量只能存在于内存区域的一个固定位置。线程组中的各个线程均能访问此变量，并进行读写操作。但是，编程人员在对共享变量进行写操作时，必须采用 CRITICAL 等指令来避免数据竞争的出现。

DEFAULT 子句用来控制并行区域内变量的共享属性。如果不加以说明，并行区域内变量都是默认公有的。但是只有一个例外，循环指标变量默认是私有变量，无需自己另外声明。DEFAULT 的语法格式如下：

DEFAULT(PRIVATE|FIRSTPRIVATE|SHARED|NONE)

其中，DEFAULT 子句括号内参数只能是 PRIVATE、FIRSTPRIVATE 、SHARED 和 NONE 中的一个。如果使用 DEFAULT(SHARED)，那么传入并行区域内的同名变量均是共享变量，各线程不会产生变量的私有副本；如果使用 DEFAULT(PRIVATE)，那么传入并行区域内的同名变量均是私有变量，而不是共享变量，由各子线程产生各自的私有变量副本；如果使用 DEFAULT(NONE)，那么除了具有明确定义的变量以外，线程所使用的变量必须显式地进行声明它是私有变量还是共享变量。

在并行区域外的变量是同名的原始变量。因为串行区内只有主线程（主线程通常是线程 0）存在，所以原始变量只能被主线程访问；并行区域内的共享变量实质上是对并行区域外的同名原始变量的引用，可以被所有的线程访问；并行区域内的私有变量则由每个线程各自创建，是在并行区域外的同名原始变量的一个私有副本。这样，并行区域内各线程对私有变量的访问实际上是对自己的私有变量副本的操作，从而不会引起数据竞争现象。而并行区域内各线程对共享变量的访问，则会出现两种情况：如果各线程对共享变量是读操作，不会改变内存中共享变量的值，就不会出现数据竞争现象；如果各线程对共享变量进行操作，并且有一个操作为写操作的时候，由于各线程对内存中共享变量的值的改变各不相同，所以读出的数据不一定就是前一次写操作的数据，而写入的数据也可能不是程序所需要的。这就出现了数据竞争现象。

PRIVATE 子句和 SHARED 子句的用法如下例所示：

```
! File:ps. f
    program private_shared
```

```fortran
    implicit none
    include 'omp_lib. h'

    integer ::tid

    integer ::a,b,c

    call OMP_SET_NUM_THREADS(3)

    a = -1
    b = -2
    c = -3

    tid = OMP_GET_THREAD_NUM( )

    print '(a,3(i4),a,i4)','a,b,c = ',a,b,c,'  id = ',tid
    print '(a)','-----before parallel'
    print *

!$OMP PARALLEL DEFAULT(PRIVATE)SHARED(c)
    tid = OMP_GET_THREAD_NUM( )

    print '(a,3(i4),a,i4)','a,b,c = ',a,b,c,'  id = ',tid

    b = 10 + tid
    c = 10 + tid

    print '(a,3(i4),a)','a,b,c = ',a,b,c,'  b&c changed'

    print *
!$OMP END PARALLEL

    tid = OMP_GET_THREAD_NUM( )

    print '(a)','-----after parallel'

    print '(a,3(i4),a,i4)','a,b,c = ',a,b,c,'  id = ',tid

    end program private_shared
```

上述代码运行后，结果如下：

```
a,b,c =   -1  -2  -3  id =   0
    -----before parallel

a,b,c =    0   0  -3  id =   0
a,b,c =    0  10  10  b&c changed

a,b,c =    0   0  10  id =   2
```

```
a,b,c =    0  12  12   b&c changed

a,b,c =    0   0  12   id =    1
a,b,c =    0  11  11   b&c changed

-----after parallel
a,b,c =   -1  -2  11   id =    0
```

从程序和输出结果可以看出，上述程序具有如下特点：

（1）在串行区内，主线程是子线程 0。整型变量 a、b 和 c 在并行区域外被初始化，其值分别为 -1、-2 和 -3。

（2）在并行区域内，通过 SHARED（c）子句将变量 c 被声明为共享变量，而通过 DEFAULT（PRIVATE）子句将其他的所有变量（变量 a 和 b）声明为私有变量，如图 3-2 所示。因此，各线程建立变量 a 和 b 的私有副本，并将其赋初始值为零（私有变量赋零初值仅限于 Intel Fortran 编译器）。

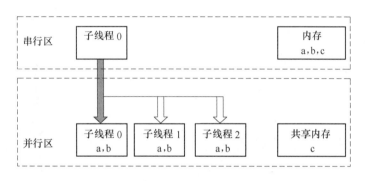

图 3-2　程序 ps.f 中私有变量和共享变量示意图

（3）在并行区域内各线程的私有变量 a 的零初值（a = 0）并不等于并行区域外同名原始变量 a 的值（a = -1）；在并行结束后串行区内同名变量 a 的值重新继承了进入并行区域前的同名原始变量 a 的初始值（a = -1）。

（4）首先，在并行区域内子线程对各自的私有变量 b 进行赋初值为零（b = 0）。接着，这些子线程在对各自的私有变量 b 进行写操作时，线程 0、1 和 2 的私有变量 b 的值分别为 10、12 和 11。这表明：子线程所拥有的同名变量 b 的副本互不影响。最后，在并行结束处，子线程的私有变量 b 在并行区域内的值并不能传递到并行区域外，并行区域外同名变量 b 的值重新继承了进入并行区域前的同名的原始变量 b 的初始值（b = -2），此时串行区内运行的线程为线程 0。

（5）c 是共享变量，因此各线程并不需要创建各自的副本，而是在使用过程中直接改变同一个内存地址所对应的变量值。在程序开始时串行区内整型变量 c 的初始值 c = -3 传入到并行区域内。首先运行的线程是子线程 0，此时共享变量 c 的初始值为 c = -3；接着，子线程 0 对共享变量 c 进行赋值，导致 c = 10。第二个运行的是子线程 2。由于子线程 2 和子线程 0 中的变量 c 均指向同一内存地址，因此子线程 2 中变量 c 的初始值继承了子线程 0 对变量 c 的改变（c = 10）；接着，子线程 2 对共享变量 c 重新赋值（c = 12）。最后运行的是子线程 1，其对共享变量 c 赋值 （c = 11）。

由于子线程 0、1 和 2 中的共享变量 c 均是对同名的原始变量 c 的引用，因此首先运行的子线程 0 中共享变量 c 的初始值为串行区结束时变量 c 的值 （c = -3）；接着，第二个运行的子线程 2 中共享变量 c 的初始值为子线程 0 对共享变量的改变值 （c = 10）；最后运行的子线程 1 中共享变量 c 的初始值为子线程 2 对共享变量的改变值 （c = 12）。

（6） 当并行区域结束后，变量 c 的值为最后运行的子线程 2 对共享变量 c 改变后的值（c = 11）。

这里，需要强调的有以下三点：

（1） 在并行区域内对各线程的私有变量是否初始化取决于所使用的编译器。换言之，部分编译器并不对各线程的私有变量进行初始化操作，而部分编译器对各线程的私有变量进行初始化仅是意味着将这些私有变量取 0 值，而与串行区内同名原始变量的值无关。

（2） 图 3-2 表明：变量 c 是共享变量，即多个子线程拥有变量 c 均指向同一内存地址，这样，各子线程均能改变共享变量 c 的值。实际上，无论程序是在串行区内执行，还是在并行区内执行，变量 c 在内存空间的位置一直保持不变。换言之，并行区内各线程的共享变量和串行区的同名原始变量的内存地址相同。但在程序实际运行过程中，子线程的运行次序在多数情况下是随机的，这样会导致程序运行结束后变量 c 的结果无法预测，这就是 "数据竞争" 问题出现的原因。

（3） 并行区内各线程私有变量副本的地址和串行区同名原始变量的地址各不相同，因此，它们的值可以不一致而且通常互相不可见。

3.2   FIRSTPRIVATE 子句和 LASTPRIVATE 子句

PRIVATE 子句、FIRSTPRIVATE 子句和 LASTPRIVATE 子句都是可以用于声明并行区域内私有变量的子句。其中，PRIVATE 表明在并行区域内，线程组内每一个线程都会产生一个并行区域外同名原始变量的私有副本，且和并行区域外同名原始变量没有任何关联。即 PRIVATE 子句声明的私有变量无法继承并行区域外同名原始变量的值。但在实际过程中往往需要继承并行区域外同名原始变量的值，这时可以通过 FIRSTPRIVATE 子句来实现。

FIRSTPRIVATE 子句的语法格式如下：

FIRSTPRIVATE（变量列表）

对于变量列表中的变量，FIRSTPRIVATE 子句将其变量属性定义为私有变量。在进入并行区域时 （或者在每个线程创建私有变量副本变量时），此子句会将每个线程的私有变量副本的值初始化为进入并行区域前串行区内同名的原始变量的值。

在并行区域内，当完成对子线程私有变量的计算后，有时需要将它的值传递给并行区域外同名的原始变量，而 PRIVATE 子句和 FIRSTPRIVATE 子句均无法实现这一目的。因此，OpenMP 提供了 LASTPRIVATE 子句来实现此功能。由于在并行区域内有多个线程并行执行，那么将哪个线程的最终结果复制并传递给并行区域外同名的原始变量是一个关键问题。OpenMP 规范指出：如果是 do 循环，则在退出并行区域后会将执行最后一次迭代的子线程的私有变量的值带出并行区域并赋给并行区域外的同名的原始变量；如果是 SEC-

TIONS 指令，则将执行最后一个 SECTION 子句的子线程的私有变量的值赋给并行区域外的同名的原始变量，从而实现在并行区域和串行区间同名变量数据的传输。需要指出的是，do 循环的最后一次迭代和最后一个 SECTION 子句是指程序语法的最后一个，而不是指实际执行过程中最后一个执行完毕的线程。

LASTPRIVATE 子句的语法格式如下：

LASTPRIVATE(变量列表)

另外，PRIVATE 子句不能和 FIRSTPRIVATE 子句（或 LASTPRIVATE 子句）混用于同一个变量。这是因为 FIRSTPRIVATE 子句（或 LASTPRIVATE 子句）不仅包含了 PRIVATE 子句的功能，而且还在进入并行区域后对私有变量进行初始化（或在退出并行区域后将私有变量的值带出并行区域并复制给外部的同名变量）。但是，FIRSTPRIVATE 子句和 LAST-PRIVATE 子句可以对同一变量使用，效果为两者的结合。

现将 FIRSTPRIVATE 子句和 LASTPRIVATE 子句的用法举例如下：

```fortran
!File:fl. f
      program firstprivate_lastprivated
      implicit none
      include 'omp_lib. h'

      integer,parameter ::m = 4
      integer ::tid,i,j

      integer,dimension(1:m)::a,b

      call OMP_SET_NUM_THREADS(3)

      a = -10
      b = -10

      tid = OMP_GET_THREAD_NUM( )

      print '(a,4(i4),a,i3)','a = ',(a(j),j = 1,m),' id = ',tid
      print '(a,4(i4))','b = ',(b(j),j = 1,m)
      print '(a)','-----before parallel'
      print *

!$OMP PARALLEL DO PRIVATE(tid,i,j)FIRSTPRIVATE(a,b)LASTPRIVATE(b)
      do i = 1,m
          tid = OMP_GET_THREAD_NUM( )
          print '(a,4(i4),a,i3)','a = ',(a(j),j = 1,m),' id = ',tid
          print '(a,4(i4))','b = ',(b(j),j = 1,m)

          a(i) = tid + i * 10
          b(i) = tid + i * 10
```

```
            print '(a,4(i4),a,i3)','a = ',(a(j),j = 1,m),' id = ',tid
            print '(a,4(i4),a,i4)','b = ',(b(j),j = 1,m),' changed i = ',i
            print *
        end do
!$OMP END PARALLEL DO

      tid = OMP_GET_THREAD_NUM( )

      print '(a)','-----after parallel'
      print '(a,4(i4),a,i3)','a = ',(a(j),j = 1,m),' id = ',tid
      print '(a,4(i4))','b = ',(b(j),j = 1,m)

      end program firstprivate_lastprivated
```

上述代码运行后，结果如下：

```
a = - 10 - 10 - 10 - 10 id =    0
b = - 10 - 10 - 10 - 10
-----before parallel

a = - 10 - 10 - 10 - 10 id =    0
b = - 10 - 10 - 10 - 10
a =    10 - 10 - 10 - 10 id =    0
b =    10 - 10 - 10 - 10 changed i =    1

a =    10 - 10 - 10 - 10 id =    0
b =    10 - 10 - 10 - 10
a =    10   20 - 10 - 10 id =    0
b =    10   20 - 10 - 10 changed i =    2

a = - 10 - 10 - 10 - 10 id =    2
b = - 10 - 10 - 10 - 10
a = - 10 - 10 - 10   42 id =    2
b = - 10 - 10 - 10   42 changed i =    4

a = - 10 - 10 - 10 - 10 id =    1
b = - 10 - 10 - 10 - 10
a = - 10 - 10   31 - 10 id =    1
b = - 10 - 10   31 - 10 changed i =    3

-----after parallel
a = - 10 - 10 - 10 - 10 id =    0
b = - 10 - 10 - 10   42
```

在程序中，数组 a 仅采用 FIRSTPRIVATE 子句进行了私有变量声明，因此数组 a 在进入并行区域前初始化为串行区同名原始变量的值，但在退出并行区域后不能将此私有变量的值传递给串行区的同名原始变量；数组 b 则被 FIRSTPRIVATE 和 LASTPRIVATE 同时进行声明，因此变量 b 在进入并行区域前初始化为串行区同名原始变量的值，并且退出并行区域后将最后一次迭代的子线程 2 的变量 b 的私有副本传递给串行区的同名原始变量。

从程序和输出结果可以看出，上述程序具有如下特点：

（1）数组 a 和 b 均采用 FIRSTPRIVATE 子句进行了私有变量声明，因此在并行区域内的数组 a 和 b 在进入并行区域前初始化为串行区同名原始变量的值（a＝b＝－10）。

（2）在并行区域内，子线程 0 完成了数组指标 i＝1、2 两次赋值操作。这样，在并行结束时，子线程 0 的私有变量（数组 a 和 b）在数组指标 i＝1、2 处发生了改变（当 i＝1时，a(1)＝b(1)＝10；当 i＝2 时，a(2)＝b(2)＝20），而在数组指标 i＝3、4 处的值没有发生变化；子线程 1 的私有变量（数组 a 和 b）只改变了数组指标 i＝3 时的值(a(3)＝b(3)＝31)，而在数组指标 i＝1、2 和 4 处的值没有发生变化；子线程 2 的私有变量（数组a 和 b）只改变了数组指标 i＝4 时对应的值(a(4)＝b(4)＝42)，而在数组指标 i＝1、2 和3 处的值没有发生变化。

（3）数组 b 采用 LASTPRIVATE 进行声明，而数组 a 则没有采用 LASTPRIVATE 进行声明。因此，在退出并行区域后，串行区内的同名原始变量 a 的值并不等于并行区内各线程的数组 a 的副本，而是等于进入并行区域前串行区同名原始数组 a 的值（a＝－10）；执行最后一次循环 i＝4 的子线程 2 的数组 b 私有副本赋给串行区的同名原始变量(b(1)＝b(2)＝b(3)＝－10,b(4)＝42)。

3.3　THREADPRIVATE 子句

根据变量的生存期可以将变量分为全局变量和局部变量。一般来说，没有使用 common 或 module 声明的变量均是局部变量，将其定义为私有变量采用 PRIVATE 子句。common 或 module 定义的变量是全局变量，可采用 THREADPRIVATE 子句将此全局变量定义为私有变量，即各个线程拥有各自私有的全局变量。

THREADPRIVATE 子句的语法格式如下：

!$OMP THREADPRIVATE(/cbn/,…)

这里，cbn 是一个 common 定义的公共块的名称。需要指出的是，PRIVATE 子句将局部变量指定为私有变量后，此变量在退出并行区域后就失效；而 THREADPRIVATE 子句将全局变量指定为私有变量后，此变量可以在前后多个并行区域之间保持连续性；并且当一个线程对自己拥有的全局变量副本进行写操作时，其他线程则是不可见的。表 3-1 给出了PRIVATE 子句和 THREADPRIVATE 子句的具体区别和联系。

表 3-1　PRIVATE 子句和 THREADPRIVATE 子句的区别和联系

项　目	PRIVATE 子句	THREADPRIVATE 子句
数据类型	局部变量	全局变量
作用范围	并行区域	整个程序。其拷贝的副本变量也是全局的，即在相邻的并行区域和串行区域的同一个线程中的全局变量是相同的

项 目	PRIVATE 子句	THREADPRIVATE 子句
关联性	并行区域内的各子线程私有变量的副本与和并行区域外同名原始变量没有关联	并行区域内子线程 0 的全局变量的副本继承了并行区域外同名原始变量的值,而其他子线程的全局变量的副本则与并行区域外同名原始变量没有关联
进入并行区域,继承串行区域同名原始变量的值	FIRSTPRIVATE 子句	COPYIN 子句
退出并行区域,赋值给并行区域外同名原始变量的值	LASTPRIVATE 子句	并行区域内子线程 0 所拥有的全局变量的副本
线程间私有变量的通讯	COPYPRIVATE 子句	COPYPRIVATE 子句

现将 THREADPRIVATE 子句的用法举例如下:

```
!File:tc. f
      program thereadprivate_common
      implicit none
      include 'omp_lib. h'

      integer ::tid

      integer ::a,x
      common /cvar/ x

!$OMP THREADPRIVATE(/cvar/)

      CALL OMP_SET_NUM_THREADS(4)

      tid = OMP_GET_THREAD_NUM( )

      a = -1
      x = -2
      print '(a)',' ****** 1st serial region'
      print '(a,2(i5),a,i3)','a,x = ',a,x,'   id = ',tid
      print *

      print '(a)','---1st parallel region---'
!$OMP PARALLEL PRIVATE(a,tid)
      tid = OMP_GET_THREAD_NUM( )
      print '(a,2(i5),a,i3)','a,x = ',a,x,'   id = ',tid

      a  = a + tid + 10
      x  = x + tid + 100
      print '(a,2(i5),a,i3)','a,x = ',a,x,'   a&x changed,   id = ',tid
      print *
!$OMP END PARALLEL
```

```
        tid = OMP_GET_THREAD_NUM( )
        print '(a)',' ****** 2st serial region'
        print '(a,2(i5),a,i3)','a,x = ',a,x,'   id = ',tid
        print *

        a  =  a + tid + 10
        x  =  x + tid + 100
        print '(a,2(i5),a,i3)','a,x = ',a,x,'   a&x changed,   id = ',tid
        print *

        print '(a)','---2nd parallel region---'

!$OMP PARALLEL PRIVATE( tid )
        tid = OMP_GET_THREAD_NUM( )
        print '(a,2(i5),a,i3)','a,x = ',a,x,'   id = ',tid

        a  =  a + tid + 10
        x  =  x + tid + 100
        print '(a,2(i5),a,i3)','a,x = ',a,x,'   a&x changed,   id = ',tid
        print *

!$OMP END PARALLEL

        print *
        print '(a)',' ****** 3rd serial region'
        print '(a,2(i5),a,i3)','a,x = ',a,x,'   id = ',tid

        end program thereadprivate_common
```

上述代码运行后，结果如下：

```
****** 1st serial region
a,x =    -1   -2  id =  0

---1st parallel region---
a,x =     0   -2  id =  0
a,x =    10   98  a&x changed,   id =  0

a,x =     0    0  id =  3
a,x =    13  103  a&x changed,   id =  3

a,x =     0    0  id =  2
a,x =    12  102  a&x changed,   id =  2

a,x =     0    0  id =  1
```

```
a,x =    11   101   a&x changed,   id =    1

****** 2st serial region
a,x =    -1    98   id =    0

a,x =     9   198   a&x changed,   id =    0

---2nd parallel region---
a,x =     9   198   id =    0
a,x =    19   298   a&x changed,   id =    0

a,x =    19   102   id =    2
a,x =    31   204   a&x changed,   id =    2

a,x =    31   103   id =    3
a,x =    44   206   a&x changed,   id =    3

a,x =    44   101   id =    1
a,x =    55   202   a&x changed,   id =    1

****** 3rd serial region
a,x =    55   298   id =    0
```

在程序中，采用 PRIVATE 子句将局部变量 a 定义为私有变量，而采用 THREADPRI-VATE 子句将全局变量 x 定义为私有变量。从程序和输出结果可以看出，上述程序具有如下特点：

（1）开始的串行区域由主线程（子线程 0）执行，变量 a 和 x 的取值分别为 -1 和 -2。进入第一个并行区域后，子线程 0 的全局变量 x 的私有副本的初始值等于第一个串行区内全局变量 x 的值（x = -2）；而其他子线程的全局变量 x 的私有副本则被赋零初值（x = 0），与串行区内同名全局变量 x 的值无关。对于局部变量 a，所有子线程的私有副本均被赋零初值（a = 0），与串行区内同名原始变量 a 的值无关。然后在并行区域内，通过赋值语句改变各子线程中私有变量 a 和 x 的副本。

（2）当退出第一个并行区域进入第二个串行区域时，第一个并行区域内各子线程的局部变量 a 的私有副本均被废弃，第二个串行区域内局部变量 a 的值重新继承了第一个串行区域内局部变量 a 的值（a = -1）；而由于第二个串行区域内的代码继续由主线程（0 线程）执行，因此第二个串行区域内全局变量 x 的值等于第一个并行区域内子线程 0 中全局变量 x 的私有副本的值（x = 98）。

（3）在并行区域内，通过赋值语句改变串行区内变量 a 和 x 的值。

（4）进入到第二个并行区域后，由于局部变量 a 未被定义，因此被默认为共享变量。子线程 0 所访问的共享变量 a 的值等于第二个串行区域内 a 的值（a = 9）；通过赋值语句改变后，子线程 0 所访问的共享变量 a 的值变为 a = 19。这时执行子线程 2，因此子线程 2 所访问的共享变量 a 的值等于子线程 0 所改变的共享变量 a 的值（a = 19），接着子线程 2 所访问的共享变量 a 的值被改为 31。类似的推理可得到子线程 3 和子线程 1 运行得到的结果。

对于全局变量 x，在第二个并行区域内，子线程 0 的私有变量 x 继承了第二个串行区内全局变量 x 的值（x = 198）。其他子线程 2、3 和 1 则继承了在第一个并行区域内各子线程全局变量 x 的私有副本，其值分别为 102、103 和 101。

（5）在第二个并行区域内，通过赋值语句继续改变并行区域内变量 a 和 x 的值。

（6）当退出第二个并行区域进入第三个串行区域后，局部变量 a 的值继承了第二个并行区域内共享变量 a 的值（a = − 55），而全局变量 x 的值则继承了第二个并行区域内子线程 0 的全局变量 x 的私有副本的值（a = 298）。

需要注意的是，部分 OpenMP 编译器对未声明的变量定义为共享变量，而部分则将这些变量定义为私有变量。因此，为了保证最终结果的正确性，建议在每个并行区域对涉及的变量均应进行私有变量和公有变量的声明。

3.4　COPYIN 子句和 COPYPRIVATE 子句

与 THREADPRIVATE 子句相对应的子句有 COPYIN 子句和 COPYPRIVATE 子句。COPYIN 子句是将主线程中 THREADPRIVATE 声明的全局变量的私有副本复制给并行区域内各个线程的相应全局变量的私有副本。这样，线程组中所有线程各自拥有的全局变量的私有副本具有相同的值，从而方便各线程访问主线程中的值。

COPYIN 子句的语法格式如下：

COPYIN(变量列表)

这里，变量列表可以包含 common 定义的公共块的名称和变量名。

而 COPYPRIVATE 子句则是将线程私有变量的副本的值从一个线程广播到本并行区域的其他线程的同名变量。COPYPRIVATE 子句的语法格式如下：

COPYPRIVATE(变量列表)

需要注意的是，在 SINGLE 结构中使用 COPYPRIVATE 子句时，COPYPRIVATE 子句只能用于 SINGLE 结构的 END SINGLE 指令的末尾。这样，在所有线程离开该 SINGLE 结构的栅障（BARRIER）之前，COPYPRIVATE 子句就已经完成广播操作。在实际使用中，COPYPRIVATE 子句只能用于 PRIVATE 子句、FIRSTPRIVATE 子句或 THREADPRIVATE 子句修饰的变量，但是当采用 SINGLE 指令时，COPYPRIVATE 子句中变量不能出现在 SINGLE 结构的 PRIVATE 子句或者 FIRSTPRIVATE 子句中。

现将 COPYIN 子句和 COPYPRIVATE 子句的用法举例如下：

```
!File:cc. f
    program copyin_copyprivate
    implicit none
    include 'omp_lib. h'

    integer : :tid
```

```fortran
      integer :: a,x
      common /cvar/ x

!$OMP THREADPRIVATE(/cvar/)

      CALL OMP_SET_NUM_THREADS(4)
      tid = OMP_GET_THREAD_NUM()

      a = -1
      x = -2
      print '(a)',' ****** 1st serial region'
      print '(a,2(i5),a,i3)','a,x = ',a,x,'   id = ',tid
      print *

      print '(a)','---1st parallel region---'
!$OMP PARALLEL FIRSTPRIVATE(a) PRIVATE(tid) COPYIN(/cvar/)
      tid = OMP_GET_THREAD_NUM()
      print '(a,2(i5),a,i3)','a,x = ',a,x,'   id = ',tid

      a  =  a + tid + 10
      x  =  x + tid + 100
      print '(a,2(i5),a,i3)','a,x = ',a,x,'   a&x changed,   id = ',tid
      print *
!$OMP END PARALLEL

      tid = OMP_GET_THREAD_NUM()
      print '(a)',' ****** 2st serial region'
      print '(a,2(i5),a,i3)','a,x = ',a,x,'   id = ',tid
      print *

      a  =  a + tid + 10
      x  =  x + tid + 100
      print '(a,2(i5),a,i3)','a,x = ',a,x,'   a&x changed,   id = ',tid
      print *

      print '(a)','---2nd parallel region---'
!$OMP PARALLEL FIRSTPRIVATE(a) PRIVATE(tid)
      tid = OMP_GET_THREAD_NUM()
      print '(a,2(i5),a,i3)','2nd parallel:a,x = ',a,x,'   id = ',tid

!$OMP SINGLE
      print *
      print '(a)','---2st parallel region single block'
```

```
      tid = OMP_GET_THREAD_NUM( )
      print '(a,2(i5),a,i3)','a,x =',a,x,'   id =',tid

      a  =  a + tid + 10
      x  =  x + tid + 100
      print '(a,2(i5),a,i3)','a,x =',a,x,'   a&x changed,   id =',tid
      print *
!$OMP END SINGLE COPYPRIVATE(/cvar/,a)

      print '(a)','---2st parallel region after single'

      tid = OMP_GET_THREAD_NUM( )
      print '(a,2(i5),a,i3)','a,x =',a,x,'   id =',tid

!$OMP END PARALLEL

      print *
      print '(a)',' ****** 3rd serial region'
      print '(a,2(i5),a,i3)','a,x =',a,x,'   id =',tid

      end program copyin_copyprivate
```

上述代码运行后，结果如下：

```
****** 1st serial region
a,x =   -1   -2  id =   0

---1st parallel region---
a,x =   -1   -2  id =   0
a,x =    9   98  a&x changed,   id =   0

a,x =   -1   -2  id =   3
a,x =   12  101  a&x changed,   id =   3

a,x =   -1   -2  id =   2
a,x =   11  100  a&x changed,   id =   2

a,x =   -1   -2  id =   1
a,x =   10   99  a&x changed,   id =   1

 ****** 2st serial region
a,x =   -1   98  id =   0

a,x =    9  198  a&x changed,   id =   0

---2nd parallel region---
```

```
2nd parallel:a,x =      9   101   id =   3

---2st parallel region single block
a,x =      9   101   id =   3
a,x =     22   204   a&x changed,   id =   3

2nd parallel:a,x =      9   198   id =   0
2nd parallel:a,x =      9   100   id =   2
2nd parallel:a,x =      9    99   id =   1
---2st parallel region after single
a,x =     22   204   id =   3
---2st parallel region after single
a,x =     22   204   id =   0
---2st parallel region after single
a,x =     22   204   id =   2
---2st parallel region after single
a,x =     22   204   id =   1

****** 3rd serial region
a,x =      9   204   id =   0
```

与前一个程序相比，此程序具有如下特点：

（1）在第一个并行区域内采用 FIRSTPRIVATE 子句将局部变量 a 定义成私有变量并进行了初始化。这样，在第一个并行区域内各子线程的变量 a 的私有副本的初始值均等于第一个串行区内同名原始变量的值（a = −1）。

利用 THREADPRIVATE 子句将全局变量 x 定义成私有变量，并在第一个并行区域内采用 COPYIN 子句对并行区域内各子线程的全局变量 x 的私有副本进行初始化。这样，在第一个并行区域内各子线程的全局变量 x 的私有副本的初始值均等于第一个串行区内全局变量 x 的值（x = −2）。

由于 a 和 x 均为私有变量，因此在第一个并行区域内进行赋值操作时，各子线程的变量 a 和 x 的私有副本各不相同。

（2）在退出第一个并行区域后，第二个串行区的主线程编号为0。这样，在第一个并行区域内子线程0的全局变量 x 的私有副本的值即为串行区的全局变量 x 的值，即 x =98。但是，在第二个串行区内局部变量 a 继承了第一个串行区内同名局部变量 a 的值（a = −1）。

（3）在第二个并行区域内，采用 FIRSTPRIVATE 子句将局部变量 a 定义成私有变量并进行了初始化。这样，各子线程的变量 a 的私有副本的值等于9。由于全局变量 x 未进行初始化，因此子线程0的全局变量的私有副本等于第二个串行区内主线程0的全局变量 x 的值（x =198），而子线程1、2和3的全局变量的私有副本等于第一个并行区域内相应子线程的值，即分别为99、100和101。

在 SINGLE 结构中，子线程3拥有的局部变量 a 和全局变量 x 的私有副本的值仍为进入第二个并行区域时的值（a =9，x =101），经重新赋值后变为 a =22，x =204。在 SIN-

GLE 块结束处，通过 COPYPRIVATE 子句将线程 3 拥有的局部变量 a 和全局变量 x 的私有副本（a = –22，x = 204）广播给其他线程。这样，各子线程拥有相同的局部变量 a 和全局变量 x 的私有副本，即 a = –22，x = 204。

（4）进入第三个串行区后，局部变量 a 继承了第二个串行区的局部变量 a 的值（a = 9）；而主线程 0 的全局变量 x 则等于第二个并行区域内子线程 0 的值（x = 204）。

需要指出的是，在 SINGLE 指令中，只有一个线程去执行这部分程序代码，且这个线程是随机确定的，因此，在上述程序在执行过程中，结果不是唯一的。

3.5 REDUCTION 子句

在科学运算中，经常会遇到累加求和、累减求差、累乘求积、求最大值和求最小值等运算操作。这类运算的特点是反复地将运算符（例如加法或求最小值）作用在一个变量和一个值上，并把结果保存在原变量中，这类操作被称为规约操作。一个常见的操作就是数组求和。数组求和是用一个变量保存部分和，并将数组中的每个值加到这个变量中，最后得到数组的总和。REDUCTION 子句的目的就是对前后有依赖性的循环进行规约操作的并行化。

REDUCTION 子句的语法格式如下：

REDUCTION(运算符:变量列表)

对出现在变量列表中的变量，其变量属性是私有变量，但是它们不能同时出现在所在并行区域的 PRIVATE 子句中。

在 Fortran 中，REDUCTION 子句涉及的主要运算符见表 3-2。

表 3-2   REDUCTION 子句常用运算符和初始值

运算类别	运算符	初始值
算术运算	+	0
	–	0
	*	1
逻辑运算	. AND.	. TRUE.
	. OR.	. FALSE.
	. EQV.	. TRUE.
	. NEQV.	. FALSE.
函数运算	MIN	尽量大的正数
	MAX	尽量小的负数
二进制运算	IAND	所有位均为 1
	IOR	0
	IEOR	0

图 3-3 表示采用 3 个线程并行计算数组 a（i）的和。其基本过程如下：主线程 0 从内存读取数据 a(1) ~ a(10)，并对变量 s 进行读和写操作；子线程 1 从内存读取数据 a(11) ~ a(20)，并对变量 s 进行读和写操作；子线程 2 从内存读取数据 a(21) ~ a(30)，

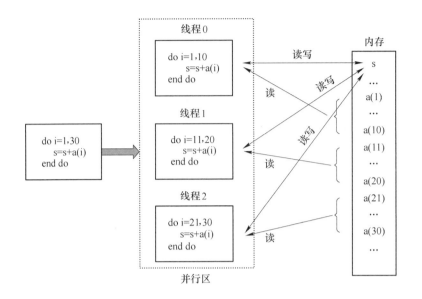

图 3-3　累加求和并行中的数据竞争

并对变量 s 进行读和写操作。换言之，数据累加求和并行计算过程中各子线程对变量 s 存在数据竞争。因此，OpenMP 提供规约操作符 REDUCTION 子句实现这类运算的并行化。

REDUCTION 子句的运行过程可归纳如下：

（1）在并行区域的开始处，将 REDUCTION 子句变量列表中的变量定义为私有变量，各子线程拥有这些变量的一个私有副本，并将各线程变量的私有副本进行初始化。初始值的确定取决于指定的运算符，见表 3-2。

（2）在并行过程中，各子线程通过指定的运算符进行规约计算，不断更新各子线程自己的私有变量副本。

（3）在并行区域的结束处，将各子线程的私有变量的副本通过指定的运算符进行规约计算，更新原始的变量列表。

（4）由主线程将 REDUCTION 子句变量列表中的变量带出并行区域。

下面是一个规约操作的实例程序，分别进行累加求和及累减求差。

```fortran
!File:rd. f
    program reduction_do
    implicit none
    include 'omp_lib. h'

    integer,parameter ::m = 5
    integer ::tid,i

    integer,dimension(1:m)::a(m),b(m)
    integer ::sum,pdt,abmax

    call OMP_SET_NUM_THREADS(3)
```

```fortran
      do i = 1 , m
        a( i ) = i
        b( i ) = 100 * i
      end do
      print '( a,5( 1x,i4 ) )','a( i ) = ',( a( i ),i = 1,m )
      print '( a,5( 1x,i4 ) )','b( i ) = ',( b( i ),i = 1,m )
      print *

      sum = 0
!$OMP PARALLEL DO PRIVATE( i,tid ) SHARED( a,b ) REDUCTION( + :sum )
      do i = 1 , m
          tid = OMP_GET_THREAD_NUM( )
          sum = sum + a( i ) + b( i )
          print '( a,i4,i4,a,i4 )','i,sum = ',i,sum,'    id = ',tid
      end do
!$OMP END PARALLEL DO
      print '( a,i4 )','sum = ',sum
      print *

      pdt = 1
!$OMP PARALLEL DO PRIVATE( i,tid ) SHARED( a ) REDUCTION( * :pdt )
      do i = 1 , m
          tid = OMP_GET_THREAD_NUM( )
          pdt = pdt * a( i )
          print '( a,i4,i4,a,i4 )','i,pdt = ',i,pdt,'    id = ',tid
      end do
!$OMP END PARALLEL DO
      print '( a,i4 )','pdt = ',pdt
      print *

      abmax = - 10000
!$OMP PARALLEL DO PRIVATE( i,tid ) SHARED( a,b ) REDUCTION( max :abmax )
      do i = 1 , m
          tid = OMP_GET_THREAD_NUM( )
          abmax = max( abmax,a( i ),b( i ) )
          print '( a,i4,i4,a,i4 )','i,abmax = ',i,abmax,'    id = ',tid
      end do
!$OMP END PARALLEL DO
      print '( a,i4 )','abmax = ',abmax

      end program reduction_do
```

上述代码运行后，结果如下：

```
a(i) =     1     2     3     4     5
b(i) =   100   200   300   400   500

i,sum =    1 101   id =    0
i,sum =    2 303   id =    0
i,sum =    5 505   id =    2
i,sum =    3 303   id =    1
i,sum =    4 707   id =    1
sum = 1515

i,pdt =    1    1   id =    0
i,pdt =    2    2   id =    0
i,pdt =    3    3   id =    1
i,pdt =    4   12   id =    1
i,pdt =    5    5   id =    2
pdt =  120

i,abmax =    1 100   id =    0
i,abmax =    2 200   id =    0
i,abmax =    3 300   id =    1
i,abmax =    4 400   id =    1
i,abmax =    5 500   id =    2
abmax =  500
```

从程序和输出结果可以看出，上述程序具有如下特点：

（1）由于对数组 a 和 b 只进行读操作，因此可将数组 a 和 b 定义为共享变量；由于对变量 sum、pdt 和 abmax 存在写操作，因此采用 REDUCTION 子句将变量 sum、pdt 和 abmax 定义成私有变量，并指定相应的运算符。

（2）在第一个 REDUCTION 并行区域开始处，将 REDUCTION 子句变量列表中的 sum 变量定义成私有变量，指定的运算符为"＋"。这样，各子线程均建立了各自的私有变量 sum 的副本，且它们的初始值为 0。如果指定的运算符为"＊"，则子线程私有变量 pdt 的副本的初始值为 1。如果指定的运算符为"max"，则子线程私有变量 abmax 的副本的初始值为一个尽量小的负数。在本例中，abmax 的初始值为 − 10000。

（3）子线程 0 负责（i = 1，2），利用指定的"＋"运算符进行累加运算，不断更新私有变量 sum 的副本，最终子线程 0 的私有变量 sum 的副本的值为 100 + 1 + 200 + 2 = 303；同理，子线程 1 负责（i = 3，4），累加结果为 300 + 3 + 400 + 4 = 707，此结果保存在子线程 1 的私有变量 sum 的副本中；子线程 2 负责（i = 5），子线程 1 的私有变量 sum 的副本的值为 500 + 5 = 505。

在 do 循环结束处，将各子线程的私有变量 sum 的副本通过指定的运算符"＋"进行运算，从而得到各子线程的私有变量 sum 的副本的和，即 303 + 707 + 505 = 1515。最后更新 REDUCTION 子句变量列表中变量 sum = 1515，并传递给下面串行区的同名原始变量 sum。

（4）累乘求积和求最大值的并行计算步骤与累加求和类似，在此不再赘述。

（5）出现在 REDUCTION 子句变量列表中的变量被定义为私有变量，因此不能再次出现在 PRIVATE 子句变量列表中，从而避免重复定义。

在使用 REDUCTION 子句的过程中，需要注意以下两点：

（1）当第一个子线程到达指定了 REDUCTION 子句的共享区域或循环末尾时，原来的归约变量的值将变为不确定，并保持这个不确定状态直到归约计算的完成。

（2）各个子线程的私有副本的值被归约的顺序是未指定的。因此，对于同一段程序的一次串行执行和一次并行执行，甚至两次并行执行来说，都无法保证得到完全相同的结果。这就需要子线程的同步操作。因此，在一个循环中使用到了 REDUCTION 子句，不建议与 NOWAIT 子句同时使用。

3.6 伪 共 享

处理器缓存（Cache Memory）是位于处理器与内存之间的临时存储器，它的容量比内存小得多，但是交换速度却比内存要快得多。缓存的出现主要是为了解决处理器运算速度与内存读写速度不匹配的矛盾。由于处理器运算速度远大于内存访问速度，这样处理器不得不花费很长时间来等待数据的到来或者将数据写入内存。由于高速缓存的读取速度远高于低速内存的读取速度，因此处理器访问内存时，会将包含所请求内存位置的一部分实际内存复制到高速缓存中；接着处理器通过访问高速缓存即可满足对同一内存位置或其周围位置的引用，从而大幅度提高处理器读取数据的速度。因此，在处理器中加入缓存，可以使整个内存储器（缓存和内存）成为既具有缓存的高速度又具有内存的大容量性质的存储系统。

现代计算机系统通常具有多个处理器核心或者多个处理器结构，这样就出现了多个处理器核心共享内存的局面。这种结构通常会导致一个问题：多个处理核心对单一内存资源的访问冲突。如果计算机仅具有处理器和内存结构，那么通过给内存访问加锁就可以解决这个冲突。但是现有的计算系统具有处理器、缓存和内存结构，情况就变得十分复杂。由于缓存是集成在每个处理器内部的小内存，因此除了本地处理器外，其他处理器不能访问。换言之，缓存不能察觉除本处理器以外的外部因素对内存内容的修改。这就是伪共享。

伪共享的意思是"其实不是共享"。要想深入理解伪共享首先必须明确的是共享这个概念。多处理器同时访问同一块内存区域就是共享，多处理器共享的最小内存区域大小称为一个缓存行（Cache Line）。但是，这种"共享"情况里存在"其实不是共享"的"伪共享"情况。例如：两个处理器各自要访问一个变量，但是这两个变量却存在于同一个缓存行大小的内存里。在应用逻辑层面上，因为两个处理器访问的是不同的变量，所以这两个处理器并没有共享内存。但是，两个处理器访问的却是位于同一个缓存行中两个在逻辑上彼此独立的不同变量，这就产生了事实上的"共享"。

　　由于每次对缓存行的单个变量进行更新时，都会将此代码行标记为无效。这样，其他访问同一代码行中不同变量的处理器也将看到此缓存行已经标记为无效。在这种情况下，即使所访问的变量未被修改，也会强制从内存或者其他位置获得该缓存行的最新副本。这是基于缓存行保持缓存一致性的要求，而不是针对单个变量的。因此，这无疑会增加通信方面的开销；并且，在进行更新缓存行的时候，还会禁止访问该缓存行中的变量。

　　因为伪共享会浪费系统资源，因此编程人员不希望发生伪共享。一般来说，伪共享会在下述两个情况下会出现：

　　（1）多个处理器对同一个共享变量进行读写操作。例如：处理器 A 将内存中共享变量 x = −10 读入自己的缓存，并在缓存中修改此变量的值 x = 30；然后，处理器 B 同时也将内存中共享变量 x 读入自己的缓存，那么，处理器 B 看到的只是共享变量 x 原始值 x = −10，而看不到存在于处理器 A 缓存中的更新的内容 x = 30，这就产生了共享变量内容不一致的问题。多处理器系统一般通过设计控制协议来协调各个处理器缓存读写，保证内容一致，以解决这种冲突。

　　（2）不同处理器对同一数组的相邻元素或者对内存地址相邻的变量进行写操作，即更新同一缓存行中的数据。例如，当多线程程序操作同一个整数型数组 b［10］时，如果子线程 0 对 b［0］进行写操作，子线程 1 对 b［1］进行写操作，子线程 2 对 b［2］进行写操作……那么，每个子线程不应该发生数据共享。但是，一个缓存行可以包含几个整数，因此访问同一个缓存行内不同数组元素的不同处理器在进行写操作时会引起竞争，从而需要在完成自己的写操作后，通知系统花费额外资源和时间运用控制协议来对其他处理器所拥有的缓存行依次进行更新，这显然是不必要的。在这种情况下，把每个数组元素单独放在一个缓存行大小的内存区域里在时间上是最有效率的，然而这种做法在空间上就变得最没有效率了。

　　要解决伪共享问题，可以采用如下方法：

　　（1）各处理器对共享变量只进行读操作，不进行写操作。

　　（2）不同处理器对数组进行写操作时，尽量使用不同处理器操作数组中相隔比较远的元素。由于同一个数组相隔比较远的元素会分配到不同的缓存行中，这样不同处理器可以针对不同的缓存行进行写操作，从而避免了伪共享问题。

3.7　小　　结

　　本章介绍了 OpenMP 编程中必须分清的两组变量：共享变量和私有变量，全局变量和局部变量。共享变量和私有变量的定义一般通过 PRIVATE 子句和 SHARED 子句来完成，线程间的变量通讯则通过 FIRSTPRIVATE 子句、LASTPRIVATE 子句、THREADPRIVATE 子句、COPYIN 子句、COPYPRIVATE 子句和 REDUCTION 子句来完成。

练 习 题

（1）简述共享变量和私有变量的差异。

（2）简述局部变量和全局变量的差异。

（3）将一个局部变量定义为私有变量有几种方法？将其定义为共享变量有几种方法？

（4）将一个全局变量定义为私有变量有几种方法？将其定义为共享变量有几种方法？

（5）请利用 REDUCTION 指令编写程序实现对实数数组 $x(i,j) = \dfrac{i+j}{i \times j}$（$i$, $j = 1 \sim 100$）取最小值并指出最小值对应的下标。

（6）简述 REDUCTION 指令中的变量列表中变量被定义成私有变量的原因。

（7）请分析伪共享产生的原因，并列举伪共享可能产生的情况。

4 并 行 控 制

在 OpenMP 中，创建线程组建立并行区域是不可分割的两个部分，也是进行并行控制的关键步骤。OpenMP 建立并行区域是通过 PARALLEL 指令来实现，而创建线程组并确定线程的数量则存在静态模式、动态模式、嵌套模式、条件模式等多种模式，如图 4-1 所示。

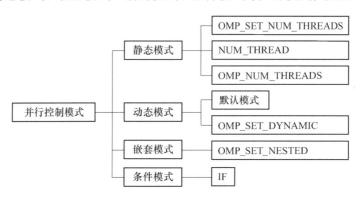

图 4-1 并行控制模式

4.1 PARALLEL 指令

PARALLEL 指令的作用就是构造一个并行区域。此并行区域也可称为 PARALLEL 结构，是指由!$OMP PARALLEL 和!$OMP END PARALLEL 这样的 PARALLEL 指令对包含的区域，是 OpenMP 并行的基础。

PARALLEL 指令一般与 DO 指令、SECTIONS 指令和 WORKSHARE 指令配合使用。在 Fortran 中，PARALLEL 指令的使用方法如下：

```
!$OMP PARALLEL[子句……]
            IF(逻辑变量表达式)
            PRIVATE(变量列表)
            SHARED(变量列表)
            DEFAULT(PRIVATE | FIRSTPRIVATE | SHARED | NONE)
            FIRSTPRIVATE(变量列表)
            REDUCTION(运算符:变量列表)
            COPYIN(变量列表)
            NUM_THREADS(整型变量表达式)
        代码块
!$OMP END PARALLEL
```

其中，方括号 [ ] 表示可选项。可选项在 IF、PRIVATE、SHARED、DEFAULT、FIRST-PRIVATE、REDUCTION、COPYIN 和 NUM_THREADS 这些子句中进行选择。

关于 PARALLEL 指令的操作如下：

（1）当遇到!$OMP PARALLEL 时，程序就会生成一个线程组，并成为这个线程组中的主线程。这个主线程是线程组的成员且其线程号为 0。

（2）线程组中的所有线程均复制并执行并行区域中的代码。

（3）在并行区域的结束处有一个隐含的同步（或等待），仅仅只有主线程能继续执行隐含的同步后的代码。

与 PARALLEL 指令相对应的函数有 OMP_IN_PARALLEL。此函数的主要作用是确定线程是否在并行区域内执行，它的返回值是一个逻辑变量。如果返回值是 .TRUE. ，则表明函数 OMP_IN_PARALLEL( )所在区域为并行区域；如果返回值是 .FALSE. ，则表明函数 OMP_IN_PARALLEL( )所在区域为串行区域。

下面举例来说明 PARALLEL 指令的用法。

```fortran
!File:p. f
    program parallel
    implicit none
    include 'omp_lib. h'

    integer ::nthreads,tid

    nthreads = OMP_GET_NUM_THREADS( )
    tid = OMP_GET_THREAD_NUM( )
    if( OMP_IN_PARALLEL( ) )then
        print '( a,i3 )','in the parallel region! id = ',tid
        print '( a,i3 )','number of threads:',nthreads
    else
        print '( a,i3 )','in the serial region! id = ',tid
        print '( a,i3 )','number of threads:',nthreads
    end if

    print '( a )','-----before parallel region'
    print *
!$OMP PARALLEL PRIVATE( nthreads,tid )
    nthreads = OMP_GET_NUM_THREADS( )
    tid = OMP_GET_THREAD_NUM( )
    if( OMP_IN_PARALLEL( ) )then
        print '( a,i3 )','in the parallel region! id = ',tid
        print '( a,i3 )','number of threads:',nthreads
    else
        print '( a,i3 )','in the serial region! id = ',tid
        print '( a,i3 )','number of threads:',nthreads
```

```
      end if
!$OMP END PARALLEL
      print *

      print '(a)','-----after parallel region'

      nthreads = OMP_GET_NUM_THREADS( )
      tid = OMP_GET_THREAD_NUM( )
      if( OMP_IN_PARALLEL( ) ) then
          print '(a,i3)','in the parallel region! id = ',tid
          print '(a,i3)','number of threads:',nthreads
      else
          print '(a,i3)','in the serial region! id = ',tid
          print '(a,i3)','number of threads:',nthreads
      end if

      end program parallel
```

执行上述代码后，运行结果如下：

```
in the serial region! id =    0
number of threads:   1
-----before parallel region

in the parallel region! id =    0
number of threads:   8
in the parallel region! id =    4
number of threads:   8
in the parallel region! id =    3
number of threads:   8
in the parallel region! id =    2
number of threads:   8
in the parallel region! id =    1
number of threads:   8
in the parallel region! id =    7
number of threads:   8
in the parallel region! id =    6
number of threads:   8
in the parallel region! id =    5
number of threads:   8

-----after parallel region
in the serial region! id =    0
number of threads:   1
```

从程序和输出结果可以看出，上述程序具有如下特点：

（1）PARALLEL 指令对之前的代码段采用单线程串行执行，线程号为 0。

（2）PARALLEL 指令定义的并行区域定义的代码段采用并行方式执行。因为硬件系统有两颗 4 核处理器，因此并行代码段采用 8 个子线程并行执行，即 8 个子线程均执行一遍并行区域内的代码。

（3）线程组内子线程号为从 0 到 7，且子进程的执行次序是随机的。

（4）PARALLEL 指令对之后的代码段采用单线程串行执行，线程号为 0。

（5）采用 OMP_GET_NUM_THREADS 函数获得程序执行过程中正在运行线程的数量，采用 OMP_GET_THREAD_NUM 函数获得目前正在运行的线程号，采用 OMP_IN_PARAL-LEL 函数来检测这 3 段代码是采用串行方式执行还是采用并行方式执行。

4.2 设定线程数量

对并行区域设置线程数量是必不可少的关键步骤，通常有四种途径。

第一种途径是采用默认方式。此方式要求实际参加并行的线程数量等于系统可以提供的线程数量，例如上例程序 p. f。

第二种途径是调用环境库函数。这种途径提供了三种设置线程个数的模式：

（1）静态模式：实现方式是调用函数 OMP_SET_NUM_THREADS（）设定缺省线程数，取值为整数。

（2）动态模式：实现方式是调用函数 OMP_SET_DYNAMIC（）动态设定各并行区域内线程数目，取值为整数。

（3）嵌套模式：实现方式是调用函数 OMP_SET_NESTED（）启用或禁用嵌套并行操作，取值为 . TRUE. 或者 . FALSE. ，默认值为 . FALSE. 。

（4）条件模式：利用 IF 子句实现条件并行操作。

第三种途径是使用 NUM_THREAD（）指令，它实际上是一种静态模式。

第四种途径是使用环境变量 OMP_NUM_THREADS，它实际上也是一种静态模式，其基本用法见 7. 1. 3 节。

在以上方法中，比较常用的模式是静态模式和动态模式。嵌套模式则比较复杂，普通的程序员一般不会涉及。

需要指出的是，在设定线程数量时，需考虑以下因素：

（1）总的运行线程数一般不超过系统的处理器数目。

（2）尽量增加每个线程的负载，使线程切换和调度等开销可以忽略。

4.3 默 认 模 式

所谓默认模式，就是在程序中对并行计算的线程数量不作显式声明，此方式的优越性在于程序的扩展性好。当硬件升级到更多核后，在不修改程序的情况下，程序创建的线程数量随系统处理器核数的变化而变化，这样能充分利用机器的性能。但是，这种默认模式也会带来以下问题：

（1）如果并行程序的结果依赖于线程的数量和线程号，那么默认模式就会给出错误结果。

（2）在大多数情况下，为了提高设备利用率，大型服务器都是公用的，这就意味着有多个用户一起使用。此时，采用默认模式就会抢占资源，影响其他用户的使用。

（3）如果计算负载小，线程过多有时会造成实际计算耗时的延长。

4.4　静　态　模　式

静态模式是由程序员确定并行区域中线程的数量，这种模式是在串行代码区调用函数 OMP_SET_NUM_THREADS 来设置线程数量。下面举例来说明此函数的用法。

```fortran
!File:snt. f
      program set_num_threads
      implicit none
      include 'omp_lib. h'

      integer ::nthreads_set,nthreads,tid
!$OMP PARALLEL PRIVATE(nthreads,tid)
      nthreads = OMP_GET_NUM_THREADS( )
      tid = OMP_GET_THREAD_NUM( )
      print '(a,i3)','number of threads(default) = ',nthreads
      print '(a,i3)','id = ',tid
!$OMP END PARALLEL

      print '(a)','------before OMP_SET_NUM_THREADS'
      print *

      nthreads_set =3
      call OMP_SET_NUM_THREADS(nthreads_set)
      print '(a,i3)','set_number_threads = ',nthreads_set

!$OMP PARALLEL PRIVATE(nthreads,tid)
      nthreads = OMP_GET_NUM_THREADS( )
      tid = OMP_GET_THREAD_NUM( )
      print '(a,i3)','number of available threads = ',nthreads
      print '(a,i3)','id = ',tid
!$OMP END PARALLEL

      end program set_num_threads
```

执行上述代码后，运行结果如下：

```
number of threads(default) =    8
id =    0
number of threads(default) =    8
id =    4
number of threads(default) =    8
id =    3
number of threads(default) =    8
id =    7
number of threads(default) =    8
id =    5
number of threads(default) =    8
id =    2
number of threads(default) =    8
id =    6
number of threads(default) =    8
id =    1
------before OMP_SET_NUM_THREADS

set_number_threads =    3
number of available threads =    3
id =    1
number of available threads =    3
id =    0
number of available threads =    3
id =    2
```

从程序和输出结果可以看出，上述程序具有如下特点：

（1）默认模式下进行并行计算的线程数量为系统中可以提供的线程数。本硬件系统是 2 颗处理器，每颗处理器是 4 个核心，因此默认模式下并行区域内线程总数为 $2 \times 4 = 8$ 个。

（2）静态模式下设置的可用线程数量可以不等于系统中可以提供的线程总数。

（3）环境库函数 OMP_ SET_ NUM_ THREADS 必须置于并行区域前。

4.5 动 态 模 式

默认模式实际上就是动态模式。换言之，如果在程序中没有设定并行区域中线程的数量，则程序自动转为动态模式。在动态模式中，并行区域中的线程数是动态确定的，各并行区域可以具有不同的线程数。因此，一般建议尽量采用显式格式对所需的线程数量进行声明。

可用线程数的动态调整是通过调用环境库函数 OMP_SET_DYNAMIC 来实现的。如果参数设为 . TRUE. ，表明启用了可用线程数的动态调整，此时函数 OMP_SET_NUM_ THREADS( ) 只能设定一个上限，实际参加并行的线程数不会超过所设置的线程数目。如果设为 . FALSE. ，表明禁用可用线程数的动态调整，那么函数 OMP_SET_NUM_THREADS

（）设置的线程数目即为实际参加并行的线程数。在缺省情况下动态调整被启用。但是如果并行程序的正确执行依赖于线程数量，则需显式地说明禁用可用线程数的动态调整。

下面举例来说明此函数的用法。

```
!File:sd.f
      program set_dynamic
      implicit none
      include 'omp_lib.h'

      integer ::nthreads_set,nthreads,tid

      nthreads_set = 3
      call OMP_SET_DYNAMIC(.TRUE.)
      call OMP_SET_NUM_THREADS(nthreads_set)
      print '(a,i3)','set_number_threads = ',nthreads_set

      print *,'dynamic region(true or false):',OMP_GET_DYNAMIC()

!$OMP PARALLEL PRIVATE(nthreads,tid)
      nthreads = OMP_GET_NUM_THREADS()
      tid = OMP_GET_THREAD_NUM()

      print '(a,i3)','number of threads = ',nthreads
      print '(a,i3)','tid = ',tid
      print *,'--------------------'
!$OMP END PARALLEL

      end program set_dynamic
```

执行上述代码后，运行结果如下：

```
set_number_threads =     3
 dynamic region(true or false):T
number of threads =     3
tid =    0
--------------------
number of threads =     3
tid =    1
--------------------
number of threads =     3
tid =    2
--------------------
```

从程序和输出结果可以看出，上述程序具有如下特点：

（1）函数 OMP_SET_DYNAMIC（）置于并行区域前，并与函数 OMP_SET_NUM_

THREADS( )或指令 NUM_THREADS( )成对使用。

（2）与函数 OMP_SET_DYNAMIC( )对应的函数是 OMP_GET_DYNAMIC( )，此函数用来确定程序是否启用了动态线程调整。如果启用了动态线程调整，那么函数 OMP_GET_DYNAMIC( )的返回值为 . TRUE. ；否则，返回值为 . FALSE. 。

（3）实际参加并行执行的线程不会超过函数 OMP_SET_NUM_THREADS( )所设置的线程数目。

需要指出的是，当并行计算结果依赖于实际参加并行的线程数，必须使用函数 OMP_SET_DYNAMIC( )，且其值取为 . FALSE. 。

4.6　嵌套模式与 NUM_THREADS 子句

环境库函数 OMP_SET_NESTED( )的作用是启用或禁用嵌套并行操作，此调用只影响调用线程所遇到的同一级或内部嵌套级别的后续并行区域。如果设为 . TRUE. ，表示启用嵌套并行操作，那么能在嵌套并行区域配置额外的线程；如果设为 . FALSE. ，表示禁用嵌套并行操作，那么嵌套并行区域内代码将被目前的线程进行串行执行。缺省情况是禁用嵌套并行操作。

```fortran
!File:sn. f
    program set_nested
    implicit none
    include 'omp_lib. h'

    integer ::nest_set,nthreads_set
    integer ::nid,nnest,nthreads,tid

    call OMP_SET_NESTED(. TRUE. )
    print * ,'nested region( true or false) :',OMP_GET_NESTED( )
    print *

    nest_set = 2
    nthreads_set = 3

!$OMP PARALLEL PRIVATE( nnest,nid) NUM_THREADS( nest_set)
    nid = OMP_GET_THREAD_NUM( )
    nnest = OMP_GET_NUM_THREADS( )
    print '(2(a,i3))','nested region number = ',nnest,'    nid = ',nid

!$OMP PARALLEL PRIVATE( nthreads,tid) NUM_THREADS( nthreads_set)
    tid = OMP_GET_THREAD_NUM( )
    nthreads = OMP_GET_NUM_THREADS( )
    print '(a,i3,a,i3)','number of threads:',nthreads,'    tid = ',tid
!$OMP END PARALLEL
```

```
      print  * ,'------------------'
!$OMP END PARALLEL
      end program set_nested
```

执行上述代码后，运行结果如下：

```
nested region(true or false):T

nested region number =    2    nid =    0
number of threads：  3    tid =   0
number of threads：  3    tid =   2
number of threads：  3    tid =   1
------------------
nested region number =    2    nid =    1
number of threads：  3    tid =   0
number of threads：  3    tid =   2
number of threads：  3    tid =   1
------------------
```

从程序和输出结果可以看出，上述程序具有如下特点：

（1）函数 OMP_SET_NESTED( )置于嵌套并行区域前。

（2）与函数 OMP_SET_NESTED( )对应的函数是 OMP_GET_NESTED( )。此函数用来确定此处是否启用了嵌套并行操作。如果启用了动态线程调整则函数 OMP_GET_NESTED( )的返回值为 . TRUE. ；否则，返回值为 . FALSE. 。

（3）在允许嵌套后，嵌套打印语句执行了 2×3 次。

（4）函数 OMP_GET_THREAD_NUM( )获取的编号是在当前所在的嵌套层线程组的编号，函数 OMP_GET_NUM_THREADS( )获取的编号是当前所在层的线程组的线程数量。在执行外层嵌套过程中，输出的编号都是 0 和 1，且这些编号没有重复。这是因为这些编号是嵌套层线程组的编号。在执行内层嵌套过程中，输出的编号都是 0 到 2，且这些编号重复 2 次。这是因为这些子线程是属于不同的外部嵌套层线程组的，如图 4-2 所示。

（5）在执行外层嵌套过程中，指令 NUM_THREADS( )设置的是当前所在层的线程组的数目，在执行内层嵌套过程中，指令 NUM_THREADS( )设置的是当前线程组的子线程数目。

需要指出的是，NUM_THREADS( )子句仅会影响当前的并行区域，而 OMP_SET_NUM_THREADS( )对 OMP_NUM_THREADS 环境变量的覆盖则是全局的，在整个程序运行期间均成立。

如果去掉上面的设置允许嵌套的调用，默认就是不会允许嵌套，或者设置 OMP_SET_NESTED(. FALSE.)，那么运行结果如下：

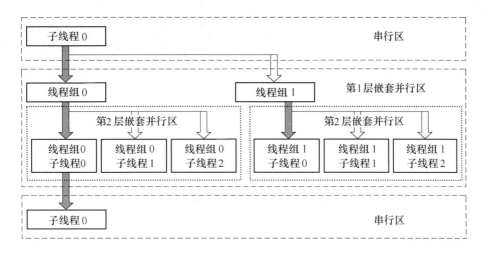

图 4-2   程序 sn. f 嵌套执行示意图

```
nested region(true or false) : F

nested region number =    2    nid =    0
number of threads：  1     tid =    0
------------------
nested region number =    2    nid =    1
number of threads：  1     tid =    0
------------------
```

　　在实际应用中，OpenMP 并不建议使用并行嵌套，这是因为如果一个并行计算中的某个线程遇到了另外一个并行分支，那么程序运行将会变得不稳定。将一个完整的工作任务通过一组并行线程分成若干小任务，每个线程只执行指定给它的那段代码，并没用多余的线程去做其他的工作。即使在并行计算中正在运行的某个线程遇到了一个新的并行分支，通过分割这个任务形成更多的线程，没有任何实际意义。

4.7 IF 子句（条件并行）

　　在并行结构中，OpenMP 提供了 IF 子句来实行条件并行。具体而言，如果 IF 子句的条件能够得到满足，就采用并行方式来运行并行区域内的代码；如果 IF 内的条件不能够得到满足，就采用串行方式来运行并行区域内的代码。IF 子句一般与 PARALLEL、PAR-ALLEL DO 及 PARALLEL SECTIONS 配合使用。

　　IF 子句的使用方法如下：

IF(标量逻辑表达式)

　　下面举例来说明 IF 子句的用法。

```
!File:ip. f
      program if_parallel
      implicit none
      include 'omp_lib. h'
      integer ::nthreads,tid,ncpu

      ncpu = OMP_GET_NUM_PROCS( )
      print '(a,i3)','number of CPUs:',ncpu
      print *
!$OMP PARALLEL PRIVATE(nthreads,tid) IF(ncpu > 1)
      nthreads = OMP_GET_NUM_THREADS( )
      tid = OMP_GET_THREAD_NUM( )
      print '(a,i3,a,i3)','number of threads:',nthreads,' id = ',tid
!$OMP END PARALLEL

      end program if_parallel
```

执行上述代码后，运行结果如下：

```
number of CPUs: 8

number of threads: 8     id =  0
number of threads: 8     id =  4
number of threads: 8     id =  2
number of threads: 8     id =  1
number of threads: 8     id =  7
number of threads: 8     id =  6
number of threads: 8     id =  3
number of threads: 8     id =  5
```

从程序和输出结果可以看出，上述程序具有如下特点：

（1）利用函数 OMP_GET_NUM_PROCS( )得到系统的处理器数目。

（2）通过 IF 子句中的条件 ncpu > 1 来决定是否进行并行执行。如系统的处理器数目大于1，则进行并行；否则以单线程串行方式执行。

下面再举一个例子来说明 IF 子句的用法。

```
!File:ipp. f
      program if_parallel_print
      implicit none
      include 'omp_lib. h'

      call printnumthreads(2)
```

```
        print *
        call printnumthreads(20)

        end program if_parallel_print
C-----------------------------------------------------
        subroutine printnumthreads(n)
        implicit none
        include 'omp_lib. h'
        integer ::n,nthreads
!$OMP PARALLEL PRIVATE(nthreads)IF(n>10)NUM_THREADS(4)
        nthreads = OMP_GET_NUM_THREADS( )
        print '(a,i3,i5)','number of threads,n = ',nthreads,n
!$OMP END PARALLEL

        return
        end subroutine printnumthreads
```

执行上述代码后，运行结果如下：

```
number of threads,n =    1     2

number of threads,n =    4    20
number of threads,n =    4    20
number of threads,n =    4    20
number of threads,n =    4    20
```

从程序和输出结果可以看出，上述程序具有如下特点：

（1）IF(n>10)NUM_THREADS(4)的含义是如果条件（n>10）成立，则执行 NUM_THREADS(4)。如果条件不成立，则不执行 NUM_THREADS(4)。

（2）通过 IF 子句中的条件判断来决定是否进行并行执行。这是一个十分重要的并行编程思想。如果工作负载小，则单线程方式串行执行所需的时间消耗小；如果工作负载大，则多线程方式并行执行所需的时间消耗小。

4.8 小 结

本章指出并行区域的创建须使用 PARALLEL 指令，创建多个线程组则须使用嵌套模式，确定线程组中子线程的数量则可使用静态模式或动态模式，而使用条件模式则可根据工作负载大小来自主调节子线程数量。

练 习 题

（1）请简述设置线程组线程数量的常用方法。

（2）试分析默认模式、静态模式和动态模式之间的差别。

（3）试分析嵌套模式与静态模式、动态模式的联系。

（4）试分析确定线程组中线程数量需要考虑的因素。

（5）试采用框图形式分析本章程序 ipp. f 的执行过程。

（6）试采用两种以上的静态模式对第 2 章的串行程序 hs. f 进行并行化。

5 并 行 构 造

通常，一个程序会包括多个循环，而大型的科学计算所耗费的时间也是大量集中于循环计算，因此在程序编写中使用最频繁的是利用 DO 指令对循环进行并行化处理。当然，偶尔也会使用 SECTIONS。如果将一个线程执行的长 do 循环分割成几部分让多个线程同时执行，就可以节省计算时间。如果各个循环之间没有关联，那么可以采用 DO 指令进行并行化。如果相邻的程序块交换次序后也不影响最终结果，则这些程序块是前后没有依赖关系的程序块，那么可以采用 SECTIONS 指令进行并行化。

在使用并行构造指令后，整个工作区域被分割成多个可执行的工作分区。线程组内各个线程自动地从各个工作分区中获取任务执行；每个子线程在执行完毕当前工作分区后，如果工作分区存在完成的工作分区，则会继续获取任务执行。

对于 Fortran 而言，有图 5-1 所示的 4 种并行构造指令。如果程序主要用来做数值计算，掌握了 DO 和 SINGLE 这两个并行构造指令就足够了。

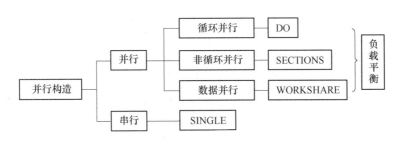

图 5-1　并行构造指令

5.1　负 载 平 衡

与串行计算不同，并行计算具有一个独特的特点：负载平衡。负载是指实际需要处理的工作量，即处理数据所要完成的工作量。负载平衡是指各任务之间工作量的平均分配。在并行计算中，负载平衡是指将任务平均分配到并行执行系统中的各个处理器上，使之充分发挥各个处理器的计算能力，这就是负载平衡的含义。如果不能实现负载平衡，那么部分处理器始终处于运行状态，而另外的处理器处于空闲或等待状态，无法发挥多颗处理器协同处理的优势，从而导致程序计算效率的下降以及较差的扩展性。

通常情况下，实现负载平衡有两种方案。一种是静态负载平衡，另一种是动态负载平衡[1]。

5.1.1　静态负载平衡

静态负载平衡是指人为地将工作区域分割成多个可并行执行的部分，并且保证这些分割后的计算任务能够均衡地分配给多个处理器运行。换言之，各个处理器能够分配到大致相等的计算工作量，进而获得高的并行加速比。

静态负载平衡的实现大致有如下算法：

（1）循环调度算法：根据预先规定的次序，逐个给线程分配计算任务；分配完的线程放在最后，为下一轮的分配提供方便。

（2）随机算法：随机地选择一个线程来执行任务。

（3）递归对分算法：不断地将计算任务分成相等的两部分，最后分配给线程。

（4）模拟退火算法：利用基于 Monte Carlo 方法的启发式随机搜索方法，来求解复杂的组合优化问题的极值。它将遵循"产生新解→计算目标函数差→接受或舍弃新解→转移重复判断"的迭代过程，采用满足迭代停止条件时的当前解作为问题的近似最优解[21]。

（5）遗传算法：通过模拟生物的遗传进化过程来优化问题。

在静态负载平衡的实现过程中，最突出的问题是无法预知程序不同部分的准确执行时间，从而无法确保程序调度的准确和合理。换言之，静态负载平衡无法保证各个处理器执行任务所耗费的时间相同。这样，部分处理器的负载重，就会一直处于运行状态，其他负载较轻的处理器就会长时间处于空闲状态。

5.1.2　动态负载平衡

动态负载平衡是指在程序的执行过程中进行任务的动态分配从而实现负载平衡。实际的计算任务经常存在许多不确定的因素，这会导致预先设定的负载分配策略不能实现最优。例如，在一个大循环中，如果循环次数由外部输入值确定，就不能事先确定循环的次数，或者每次循环的计算量均不相同且不能事先预知。这些情况都是动态负载平衡调度方式的适用对象。一般来说，动态负载平衡的系统总体性能比静态负载平衡要好，但是系统的调度比较复杂。但是，这些复杂的调度算法均由编译器完成，从而减轻了编程人员的工作量。

通常，实现动态负载平衡有如下两种方式：

（1）集中式动态负载平衡，是指由一个特定的线程（通常是主线程）来控制任务的分配。当一个线程完成一个任务后，它再向主线程提出申请，从未完成的任务队列中获得另外一个任务，直到完成所有的任务。这种方式也称为工作池方式，主要适用于线程较少而计算负载较重的情况。集中式动态负载平衡的优点是主线程很容易知道需要终止子线程运行的时间点；它的缺点是主线程一次只能分配一个任务，而且在初始任务分配后，一次只能响应一个子线程的任务请求。其分配策略如下：先分配给线程的计算任务较大、较复杂，后分配的计算任务较小、较简单。这样，当一些线程执行这些耗时较长的任务时，其他的线程可以同时执行那些时间较短的任务。当然，这样的轻负载任务个数可以设置多一些，从而使所有线程基本处于运行状态。反之，如果先分配给线程的任务执行时间较短，那么当这些耗时短的任务执行完毕开始执行耗时长的任务时，就会出现一些线程执行时间较长的任务，而另一些线程则由于没有任务而处于空闲状态[1]。

（2）非集中式动态负载平衡，是指各个线程都能够分配任务，即一个线程可以从其他线程接收任务，也可以将任务分配给其他线程。它主要适用于较多线程和细粒度计算任务的情况。这种方式有两种具体实现方法：第一种是主线程将工作池分成几个小型工作池，然后将这些小型工作池分配给几个小型线程组。在这些小型线程组中，分别有一个主线程控制一组子线程完成小型工作池中的计算任务；第二种是由一个线程组来完成工作池的任务，即直接将工作池的任务分配给各线程，由各个子线程完成计算任务的执行和分配。具体而言，当子线程的计算任务较重时，就提出任务发送请求，将部分任务分配给其他愿意接收任务的子线程；而当子线程的计算任务较轻或没有任务时，就提出任务接收请求，申请从其他子线程获取任务[1]。

5.2 DO 指令

循环的并行化是利用 OpenMP 进行程序并行计算的最关键部分。因为很多科学计算程序，尤其是涉及矩阵求解运算的程序，将大量的计算时间消耗在对循环计算的处理上，因此循环的并行化在 OpenMP 程序中是一个相对独立并且十分重要的组成部分。OpenMP 提供了一对编译指导语句!$OMP DO 和!$OMP END DO 来对循环结构进行并行处理。这个指令可以用于大部分的循环结构，它也是 OpenMP 中使用最多和最频繁的指令。

DO 指令的语法格式如下：

```
!$OMP DO[子句列表]
        SCHEDULE(类型[,循环迭代次数])
        ORDERED
        PRIVATE(变量列表)
        FIRSTPRIVATE(变量列表)
        LASTPRIVATE(变量列表)
        SHARED(变量列表)
        REDUCTION(运算符:变量列表)
        COLLAPSE(n)
    do 循环体
!$OMP END DO[NOWAIT]
```

其中，方括号 [ ] 表示可选项。可选项在 SCHEDULE、ORDERED、PRIVATE、FIRSTPRIVATE、LASTPRIVATE、SHARED、REDUCTION 和 COLLAPSE 这些子句中进行选择。其中，SCHEDULE 用于确定线程组中子线程被分配计算的循环次数。ORDERED 指定循环必须以串行的方式执行。如果使用 NOWAIT，则线程组中的线程在并行执行完循环后不进行同步；如果没有 NOWAIT 指令，则线程组中的线程在并行执行完循环后须进行同步。COLLAPSE 子句是循环合并子句，n 是一个正的整数，仅在 OpenMP 3.0 中适用。它用于指定在一个嵌套循环中，n 层嵌套循环被合并成一个更大的循环空间并根据 SCHEDULE 子句来划分，具体用法参见 8.2 节。

在 DO 指令的使用过程中，应注意以下事项：

（1）在 DO 指令的后面必须是 do 循环体，并且此 do 循环体必须位于!$OMP PARALLEL 初始化的并行区域。

（2）在 do 循环结束后的指令!$OMP END DO 是可选项。如果没有显式的!$OMP END DO 指令，则说明并行执行在紧接着 PARALLEL DO 指令后的 do 循环末尾结束。为了方便理解程序，建议在做 do 循环并行处理时在 do 循环末尾处添加!$OMP END DO 语句。

（3）do-while 循环结构或者没有循环指标变量的循环不能采用 DO 指令进行并行，并且循环指标变量对线程组内各线程是相同的。

（4）循环的指标变量必须是整型变量。

（5）循环步长必须进行整数加运算或者整数减运算，且加减的数值必须是一个循环不变量。

（6）循环必须是单入口、单出口。即循环内部不允许出现能够到达循环之外的跳转语句，也不允许有外部的跳转语句到达循环内部[3,10]。这里，stop 语句是一个特例，因为它将中止整个程序的执行。

（7）如果不特别声明，并行区域内变量都是默认公有的。但是只有一个例外，循环指标变量默认是私有的，无需另外声明。

（8）ORDERED、COLLAPSE 和 SCHEDULE 子句只能出现一次。

（9）对于嵌套循环，在不存在数据竞争的情况下，尽量对最外面的循环指标变量进行并行化处理。这是因为完成这样一个嵌套循环只需建立一次线程组，从而节省了线程调度的时间消耗。

（10）由于 DO 指令在大多数情况下与一个独立的 PARALLEL 指令一起使用。因此，OpenMP 提供了一个复合指令 PARALLEL DO 来方便编程人员的编程。

（11）如果没有 COLLAPSE 子句，则 DO 指令仅作用于与其最邻近的 do 循环。

（12）并不是所有的循环都需要用!$OMP DO 进行并行化。当循环的计算量非常小时，如果采用并行处理，线程的调度所需要的时间消耗甚至大于计算本身的时间消耗，得不偿失。

（13）并不是所有的循环都可以用!$OMP DO 进行并行化。在对循环进行并行化操作前，必须保证数据在两次循环之间不存在数据相关性（循环依赖性或数据竞争）。当两个线程同时对一个变量进行操作且其中一个操作是写操作时，这两个线程就存在数据竞争关系。此时，读出的数据不一定就是前一次写操作的数据，而写入的数据也可能不是程序所需要的。例如，在下面的循环体内就存在数据竞争情况。

```
do i = 1, 10
    a(i) = a(i) + a(i + 1)
end do
```

PARALLEL 指令和 PARALLEL DO 指令均可应用于循环区域，但是它们的作用具有明显的差异，详见表 5-1。

表 5-1 PARALLEL 指令和 PARALLEL DO 指令的差异

指 令	PARALLEL	PARALLEL DO
对 象	并行区域，包含 DO 循环区域	仅限于 DO 循环区域
执行方式	复制执行方式。即线程组内所有线程均执行一遍并行区域内的代码。所有子线程的工作量的总和除以原来串行时的工作量等于线程组中子线程的数量	工作分配执行方式。即将循环的所有工作分配给不同的子线程中执行，所有子线程的工作量的总和等于原来串行时的工作量

图 5-2 表示采用 3 个线程对数组元素 a（i）的值进行更新的情形。主线程 0 从内存读取数组 a(1) ~ a(4)，并对数组 a(1) ~ a(3) 进行写操作；子线程 1 从内存读取数组 a(4) ~ a(7)，并对数组 a(4) ~ a(6) 进行写操作；子线程 2 从内存读取数组 a(7) ~ a(10)，并对数组 a(7) ~ a(9) 进行写操作。换言之，子线程 0 对数组元素 a(4) 进行读操作，而子线程 1 对数组元素 a(4) 进行写操作。因此，子线程 0 和子线程 1 对数组元素 a(4) 存在数据竞争。同理，子线程 1 和子线程 2 对数组元素 a(7) 存在数据竞争。

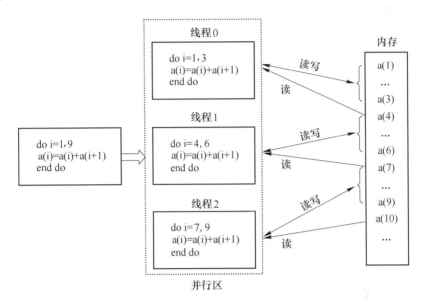

图 5-2　循环中的数据竞争

5.2.1　循环依赖

在并行执行循环前必须确定所执行的这些循环不存在循环依赖。对于不存在循环依赖的循环可以采用细粒度的向量化、较细粒度的 OpenMP 等多种方式进行并行。对于没有循环依赖的循环，循环指标变量为 J 的计算与循环指标变量为 I 的计算结果无关，即编译器能够以任意的次序执行迭代，这样才能确保并行执行结果的正确性。而如果一个循环存在循环依赖，则并行执行的结果将给出错误的答案。

循环内两个代码块是否存在循环依赖可以采用伯恩斯坦准则来判定。具体而言，在执行每个代码块过程中，通常要涉及输入和输出这两个变量集。如果用 I_i 表示 P_i 代码块中操作所要读取的输入变量集，用 O_i 表示要写入的输出变量集，则 P1 和 P2 这两个代码块能够并行执行的判定准则可表示为：

（1）$I1 \cap O2 = \Phi$，即 P1 的输入变量集与 P2 的输出变量集不相交。

（2）$I2 \cap O1 = \Phi$，即 P2 的输入变量集与 P1 的输出变量集不相交。

（3）$O1 \cap O2 = \Phi$，即 P1 和 P2 的输出变量集不相交。

如果采用 P1 表示当前执行的代码块，用 P2 表示后续执行的代码块，则由读写操作造成的循环依赖的基本类型见表 5-2。

表 5-2 循环依赖的基本类型

当前工作	后 续 工 作	
	读	写
读	先读后读（无依赖）	先读后写（反依赖）I1∩O2≠Φ
写	先写后读（流依赖）I2∩O1≠Φ	先写后写（输出依赖）O1∩O2≠Φ

在实际的编程过程中，也可通过下述方法来简单判定循环依赖：

（1）所有变量的数据均写到截然不同的内存位置。

（2）虽然变量可以从相同内存位置读取数据，但是任何变量不能将数据写到这些位置。

（3）在循环过程中，循环指标变量采用递增或递减方式，循环的计算结果保持不变。

例如，下例就不存在循环依赖。

```
do i = 1,m
    a(i) = b(i - 1) + b(i) + b(i + 1)
end do
```

这是因为循环的每次迭代都不依赖于其他迭代的结果。

但是在程序中不可避免地会存在各种循环依赖。例如：

```
do i = 1,m
    a(i) = a(i - 1) + a(i) + a(i + 1)
end do
```

上述循环等价于：

当 i = 1 时，执行

```
read a(0)
read a(1)
read a(2)
write a(1)
```

当 i = 2 时，执行

```
read a(1)
read a(2)
read a(3)
write a(2)
```

如果采用的是标量循环方式，数组 a(i) 中的数据可以依次进行改写。当 i = 2 时，对 a(2) 数据更新用到的 a(1) 是上一次循环 i = 1 时 a(1) 的更新值。但是，在并行过程中，例如采用 2 个线程，线程 0 和线程 1 分别执行 i = 1 和 i = 2。需要注意的是，这 2 个线程的执行次序有先有后。如果线程 1 先于线程 0 完成，那么当线程 2 进行读取 a(1) 数据操作时，线程 1 尚未完成对 a(1) 的数据更新。这样就改变了此循环的本意。这样的循环就是存在循环信赖的循环。

循环依赖存在两种情况：同一次迭代中数据之间的依赖，不同迭代间数据的依赖。对于一部分循环依赖，编程人员可以通过重新编写循环来消除数据依赖性，使其可以并行化。

在编程过程中，经常遇到的循环依赖大致可分为如下五种类型：

（1）流依赖。流依赖又称跨迭代的先写后读型依赖或递归依赖。它是指变量在不同循环过程中先执行写操作后执行读操作引起的交叉迭代依赖。这是因为循环中的递归要求迭代以正确顺序执行，不可以被打乱。其特点是在循环的某一次迭代中，后续迭代中使用的变量依赖于当前或以前的变量而产生的交叉迭代依赖。例如：

```
do i = 1,m
    a(i) = a(i - 1)
end do
```

上述循环等价于：

```
a(1) = a(0)
a(2) = a(1)
……
```

这样，数组 a 中元素的赋值是从第 1 个元素开始，数组元素 a(i) 的值取决于它前面的元素 a(i - 1)，依次向后反复进行。换言之，要产生正确的结果，迭代 i - 1 必须先完成，迭代 i 才可以执行。即执行第 i - 1 次迭代会影响到第 i 次迭代的结果，这就是迭代 i 对 i - 1 的依赖。

部分流依赖循环可以通过重构方法来消除依赖关系。例如：

```
do i = 1,m
    b(i) = b(i) + a(i - 1)
    a(i) = a(i) + c(i)
end do
```

可以改写为：

```
b(1) = b(1) - a(0)
do i = 1,m - 1
    a(i) = a(i) + c(i)
    b(i + 1) = b(i + 1) + a(i)
end do
a(m) = a(m) + c(m)
```

（2）反依赖。反依赖又称为跨迭代的先读后写型依赖。它是指变量在不同循环过程中先执行读操作后执行写操作引起的交叉依赖。例如：

```
do i = 1,m
    a(i) = a(i+1)
end do
```

上述循环等价于：

```
a(1) = a(2)
a(2) = a(3)
……
```

这样，要产生正确的结果，计算数组元素 a(i) 的值时必须保证它后面的元素 a(i+1) 不被修改。换言之，执行第 i+1 次迭代会影响到第 i 次迭代的结果，这就是迭代 i+1 对 i 的依赖。

对待反依赖，可以引入一个临时数组 a_old 对引起反依赖关系 a(i+1) 做一个数据备份，就能够解决先读后写的反依赖关系。相应的解决方案如下：

```
do i = 1,m
    a_old(i) = a(i)
end do
do i = 1,m
    a(i) = a_old(i+1)
end do
```

（3）输出依赖。输出依赖又称为跨迭代的写相关依赖，简称写依赖。它是指变量在不同循环过程中先执行写给操作后再次执行写操作引起的交叉依赖。例如：

```
do i = 1,m
    a(i) = b(i)
    a(i+1) = c(i)
end do
```

上述循环等价于：

```
a(1) = b(1)
a(2) = c(1)
a(2) = b(2)
a(3) = c(2)
……
```

这样，当进行第 i 次迭代时，更新了数组元素 a(i) 和 a(i+1) 的值；而进行第 i+1 次迭代时，更新了数组元素 a(i+1) 和 a(i+2) 的值，即索引数组的下标值的重复造成了数组 a 中的元素被覆盖。在串行情况下，最后存储的是最终值；而在并行情况下，执行顺序是不确定的。由于数组 A 中元素的值（旧的或更新后的）依赖于顺序，所以此循环不能并行。

部分输出依赖循环可以通过引入临时变量来消除依赖关系。例如：

```
do i = 1,m
    a(i) = b(i) + 1
    a(i) = c(i) + 2
end do
```

对待此输出依赖，可以引入一个临时数组 a_old 对引起输出依赖关系 a(i) 做一个数据备份，解决先写后写的输出依赖关系，从而实现以任何顺序执行这两条语句。相应的解决方案如下：

```
do i = 1,m
    a_old(i) = b(i) + 1
    a(i) = c(i) + 2
end do
```

（4）规约依赖。约简操作是将数组元素缩减成单个值的操作。例如，在对数组元素求和并送入单个变量时，需要在每次迭代时更新该变量：

```
do i = 1,m
    sum = sum + a(i)
end do
```

对于变量 sum 而言，它实际上存在流依赖、反依赖和输出依赖这三种循环依赖形式。

如果以并行方式运行该循环，则每个处理器均能取得此迭代的一些子集。如果每个处理器都对变量 sum 进行写操作，则这些处理器就会相互干扰。为了产生正确的结果，可以将各处理器求和的结果，暂时保存在一个独自的缓存中。在求和工作全部完成后，再对各自保存的 sum 进行求和，从而可以实现并行。这就是 OpenMP 中 REDUCTION 指令的工作原理。

需要指出的是，并不是所有的依赖都能被消除。当前迭代需要上一次迭代生成的数据时，很难进行并行化。在实际应用过程中，可以采用反转循环顺序的方法对循环依赖进行简单测试，这是一个判断循环依赖的充分条件。例如对于下面循环：

```
do i = 1,m
    循环体
end do
```

反转后的循环：

```
do i = m,1
    循环体
end do
```

如果它的结果与反转后的循环的结果不相同，那么该循环一定是存在循环依赖的循环。

但是，如果循环结果与反转后的循环结果相同是循环不存在循环依赖的必要条件，而不是充分条件。例如，规约依赖就是一个循环结果和反转循环结果相同的循环依赖的例子。

5.2.2　单重循环

如果循环中不存在循环依赖，那么可以采用 DO 指令对此循环进行并行。下面举一个例子说明采用 DO 指令来实现数组相加运算的并行。

```
!File:dap. f
        program do_array_plus
        implicit none
        include 'omp_lib. h'

        integer,parameter ::m = 10
        integer ::nthreads,tid,i
        integer,dimension(1:m)::a,b,c

        call omp_set_num_threads(3)

        do i = 1,m
            a(i) = 10 * i
            b(i) = i
            tid = OMP_GET_THREAD_NUM( )
            nthreads = OMP_GET_NUM_THREADS( )
            print '(a,4(i6))','nthreads,tid,i,a(i) = ',nthreads,tid,i,a(i)
        end do

        print '(a)','------before parallel'
        print *

!$OMP PARALLEL PRIVATE(i,tid,nthreads)DEFAULT(SHARED)
!$OMP DO
        do i = 1,m
            tid = OMP_GET_THREAD_NUM( )
            nthreads = OMP_GET_NUM_THREADS( )
            c(i) = a(i) + b(i)
            print '(a,4(i6))','nthreads,tid,i,c(i) = ',nthreads,tid,i,c(i)
        end do
!$OMP END DO
!$OMP END PARALLEL

        print *
        print '(a)','------after parallel'

        tid = OMP_GET_THREAD_NUM( )
        nthreads = OMP_GET_NUM_THREADS( )
        print '(a,4(i6))','nthreads,tid                = ',nthreads,tid

        end program do_array_plus
```

执行上述代码后，运行结果如下：

```
nthreads,tid,i,a(i) =       1      0      1      10
nthreads,tid,i,a(i) =       1      0      2      20
nthreads,tid,i,a(i) =       1      0      3      30
nthreads,tid,i,a(i) =       1      0      4      40
nthreads,tid,i,a(i) =       1      0      5      50
nthreads,tid,i,a(i) =       1      0      6      60
nthreads,tid,i,a(i) =       1      0      7      70
nthreads,tid,i,a(i) =       1      0      8      80
nthreads,tid,i,a(i) =       1      0      9      90
nthreads,tid,i,a(i) =       1      0     10     100
------before parallel

nthreads,tid,i,c(i) =       3      0      1      11
nthreads,tid,i,c(i) =       3      0      2      22
nthreads,tid,i,c(i) =       3      0      3      33
nthreads,tid,i,c(i) =       3      0      4      44
nthreads,tid,i,c(i) =       3      2      8      88
nthreads,tid,i,c(i) =       3      2      9      99
nthreads,tid,i,c(i) =       3      2     10     110
nthreads,tid,i,c(i) =       3      1      5      55
nthreads,tid,i,c(i) =       3      1      6      66
nthreads,tid,i,c(i) =       3      1      7      77

------after parallel
nthreads,tid          =       1      0
```

从程序和输出结果可以看出，上述程序具有如下特点：

（1）在对数组 a 和 b 的赋值循环中，由于未使用!$OMP DO 指令，因此赋值循环全部由主线程 0 执行，并没有实现并行。

（2）图 5-3 给出了利用!$OMP DO 指令实现循环并行的过程。实际过程如下：如果要实现将一个 do 循环的工作量（例如：$i = 1 \sim 10$）分配给不同线程，那么 do 循环必须位于并行区域中且在 do 循环体前增加!$OMP DO 指令。这样就能实现对循环工作量的划分和分配。上面例子中循环指标变量（$i = 1 \sim 10$）的工作量基本均匀地分配给了 3 个线程：主线程 0 负责（$i = 1 \sim 4$），子线程 1 负责（$i = 5 \sim 7$），子线程 2 负责（$i = 8 \sim 10$）。当 3 个线程都完成了各自的工作后，程序才继续往下执行。

（3）在对循环进行并行时，循环指标变量 i 被定义成私有变量，数组 a、b 和 c 被定义为共享变量。如果不加以声明，循环指标变量 i 通常被默认为私有变量。

（4）在遇到!$OMP END DO 语句后，并行结束，程序重新由主线程 0 串行执行。

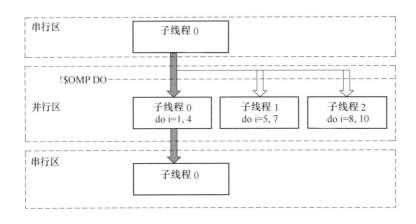

图 5-3   程序 dap. f 的并行执行过程

5.2.3   嵌套循环

嵌套循环（或多重循环），是指在一个循环体内包含有另外的循环体。OpenMP 可以对嵌套循环内的任意一个循环体进行并行化。具体操作为将编译指导语句 PARALLEL DO 置于这个循环之前，就可实现对最近的循环语句进行并行化，而其他部分保持不变[3]。最简单的嵌套循环是两重循环。下面分别针对两重循环的外循环和内循环给出并行方案，并进行比较。

首先，对两重循环中的外部循环的循环指标 j 进行并行，程序如下：

```
!File:ddapj. f
     program double_do_array_plus_j
     implicit none
     include 'omp_lib. h'

     integer, parameter : : m = 3 , n = 3
     integer : : nthreads , tid , i , j
     integer, dimension( 1 : m , 1 : n ) : : a , b , c

     call OMP_SET_NUM_THREADS( 3 )

        print '( a )' , 'nthreads      tid          i          j        c( i , j )'

!$OMP PARALLEL DO PRIVATE( i , j , tid , nthreads ) DEFAULT( SHARED )
     do j = 1 , n
     do i = 1 , m
        a( i , j ) = i + j
        b( i , j ) = ( i + j ) * 10
        c( i , j ) = a( i , j ) + b( i , j )
        tid = OMP_GET_THREAD_NUM( )
```

```
        nthreads = OMP_GET_NUM_THREADS( )
        print '(i5,7(i8))',nthreads,tid,i,j,c(i,j)
      end do
      print '(a)','--------------'
    end do
!$OMP END PARALLEL DO

    end program double_do_array_plus_j
```

执行上述代码后，运行结果如下：

nthreads	tid	i	j	c(i,j)
3	0	1	1	22
3	0	2	1	33
3	0	3	1	44

3	2	1	3	44
3	2	2	3	55
3	2	3	3	66

3	1	1	2	33
3	1	2	2	44
3	1	3	2	55

从程序和输出结果可以看出，上述程序具有如下特点：

（1）指令!$OMP PARALLEL DO 是指令!$OMP PARALLEL 和指令!$OMP DO 的缩写，而指令!$OMP END PARALLEL DO 是指令!$OMP END PARALLEL 和指令!$OMP END DO 的缩写。它们是等价的。

（2）程序设置了并行线程数量为3，并且两个循环指标变量 i 和 j 均被定义为私有变量。由于循环并行指导语句!$OMP PARALLEL DO 位于外部循环（循环指标变量 j）的上部，所以对外部循环进行并行执行。

（3）外循环指标变量（j=1~3）被分割为三个部分：主线程0负责j=1，子线程1负责j=2，子线程2负责j=3，但这三个线程各自完成了一次完整的内循环（i=1~3）。因此，外循环区域是并行区域，仅被创建和并行执行一次。

接着，对两重循环中的内部循环的循环指标 i 进行并行，程序如下：

```
!File:ddapi.f
    program double_do_array_plus_i
    implicit none
    include 'omp_lib.h'

    integer,parameter ::m=3,n=3
```

```fortran
      integer ::nthreads,tid,i,j
      integer,dimension(1:m,1:n)::a,b,c

      call OMP_SET_NUM_THREADS(3)

         print '(a)','nthreads    tid         i         j      c(i,j)'

      do j=1,n
!$OMP PARALLEL DO PRIVATE(i,tid,nthreads)DEFAULT(SHARED)
      do i=1,m
         a(i,j)=i+j
         b(i,j)=(i+j)*10
         c(i,j)=a(i,j)+b(i,j)
         tid=OMP_GET_THREAD_NUM()
         nthreads=OMP_GET_NUM_THREADS()
         print '(i5,7(i8))',nthreads,tid,i,j,c(i,j)
      end do
!$OMP END PARALLEL DO

         print '(a)','---------------'
      end do

      end program double_do_array_plus_i
```

执行上述代码后，运行结果如下：

nthreads	tid	i	j	c(i,j)
3	0	1	1	22
3	2	3	1	44
3	1	2	1	33

3	0	1	2	33
3	2	3	2	55
3	1	2	2	44

3	0	1	3	44
3	2	3	3	66
3	1	2	3	55

从程序和输出结果可以看出，上述程序具有如下特点：

（1）由于程序对内循环 i 设置了并行线程数量为 3，所以内循环指标变量（i=3）被分割为三个部分：主线程 0 负责 i=1，子线程 1 负责 i=2，子线程 2 负责 i=3。

（2）内循环区域是并行区域。对于外循环指标变量 j 的每次取值，此并行区域均执行一次。在本例中，j 的取值为 1～3，并行区域也被创建和并行执行了 3 次，这样的程序并行效率较低。

为了对循环进行并行化，需要仔细检查程序，保证并行化的线程之间不出现数据竞争。如果出现数据竞争，可以通过增加适当的同步操作，或者通过程序改写来消除这种数据竞争。下面给出了一个存在数据竞争的嵌套循环例子。

```
do i = 1, m
    do j = 1, n
        c(i,j) = c(i,j-1) + c(i,j+1)
    end do
end do
```

分析表明，在内部循环中，第 j 次循环的结果依赖于第 j−1 次和第 j+1 次的循环结果，但是 i 的值却是固定的。因此，如果调整循环的次序，就可以消除内部循环中的数据竞争，从而实现内部循环的并行性。

```
        do j = 1, n
!$OMP PARALLEL DO PRIVATE(i) DEFAULT(SHARED)
        do i = 1, m
            c(i,j) = c(i,j-1) + c(i,j+1)
        end do
!$OMP END PARALLEL DO
        end do
```

5.2.4 循环工作量的划分与调度

前面在使用工作量共享这种方式的时候，工作量是自动划分好并分配给各个线程的。在 OpenMP 中，工作量的划分与调度通过 SCHEDULE 子句来实现，其基本用法见表 5-3。

表 5-3 循环在线程中的 SCHEDULE 调试方式

调度方式	表达方式	含　义
静态调度	SCHEDULE (STATIC, size)	静态调度方式将所有的循环迭代划分为大小相等的块，或在循环迭代次数不能整除线程数量与块大小乘积时划分尽可能大小相等的块。如果没有指定块的大小，迭代的划分将尽可能均匀，从而使每个线程都能分得一块
动态调度	SCHEDULE (DYNAMIC, size)	动态调度方式使用了一个内部任务队列。当某个线程可用时，为其分配由块大小所指定的一定数量的循环迭代。当线程完成其当前所分配的块后，从任务队列头部取出下一组迭代。需要指出的是，使用动态调度模式需要额外的开销
指导性调度	SCHEDULE (GUIDED, size)	与动态调度方式相类似，但是块大小开始比较大，后来逐渐减小，从而减少了线程访问队列的时间
运行时调度	SCHEDULE (RUNTIME)	在运行时，使用 OMP_ SCHEDULE 环境变量来确定使用上述调度方式中的一种

其中，size 是循环迭代次数，因此 size 必须是整数。静态（STATIC）、动态（DYNAMIC）和指导性（GUIDED）这三种调度方式可以使用 size 参数，也可以不使用。

采用 OpenMP 能高效地对循环、区域、结构化块进行并行化，并且线程开销很小。表 5-4 给出了 OpenMP 子句采用 Intel 编译器进行编译后，在一个 4 核主频为 3GHz 的 Intel Xeon 处理器上运行的开销。可以看出，除 SCHEDULE（DYNAMIC）子句用了 50ms 外，大多数子句的开销都很小。但是，值得注意的是这个测试值会随处理器的不同和操作系统的改变有所差异。

表 5-4　OpenMP 结构和子句的开销[22]

结　构	开销/ms	扩展性
PARALLEL	1.5	线　性
BARRIER	1.0	线性或 $O(\log(n))$
SCHEDULE(STATIC)	1.0	线　性
SCHEDULE(DYNAMIC)	50.0	由竞争程度决定
SCHEDULE(GUIDED)	6.0	由竞争程度决定

5.2.4.1　静态调度

如果 DO 指令不带 SCHEDULE 子句，那么大多数系统会默认采用静态调度方式进行调度。这种调度方式非常简单，一般用于可以预知的等量任务的划分。其基本思想如下：假设循环迭代的总次数为 n，并行区域内线程总数为 p。当不使用 size 参数时，分配给每个线程约 n/p 次连续的迭代。如果 n/p 不是整数，那么线程实际分配的迭代次数存在差 1 的情况。如果使用 size 参数，则分配给每个线程 size 次连续的循环迭代。这样，总工作量大约被划分成了 n/size 块，然后将这些块按照轮转法则依次分配给各个线程。

循环结构并行队列过程以及在 CPU 中执行队列过程如图 5-4 所示。

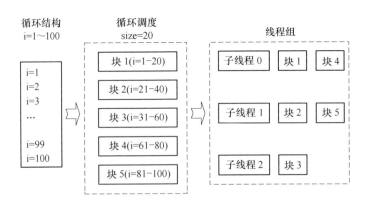

图 5-4　静态调度过程

如果循环结构中循环次数为 100 次，并行块的大小为 20（即 20 个循环），那么循环队列中就有 5 个并行块，每个并行块中每一次循环仍然按串行方式排列。在执行过程中，每个并行块对应 1 个子线程。如果系统具有 3 个处理器核心，那么每一时刻最多只能执行 3 个线程，而现在有 5 个并行块，所以最多只能执行 3 个并行块，剩下 2 个并行块就只能在后面等待空闲的子线程来执行。整个循环并行计算所耗费的时间是由最慢的那个线程（并行块）来决定，因此，应该尽量使这些并行块的计算负载大致相等，且并行块的数目等于计算机处理器核心的倍数，从而充分地利用计算机资源。

下面举例说明用 PARALLEL DO 指令静态调度用法。

```fortran
!File:dss.f
    program do_schdule_static
    implicit none
    include 'omp_lib.h'

    integer,parameter ::m=10
    integer ::nthreads,tid,i

    call OMP_SET_NUM_THREADS(2)
!$OMP PARALLEL DO PRIVATE(i)SCHEDULE(STATIC)
    do i=1,m
        tid = OMP_GET_THREAD_NUM()
        nthreads = OMP_GET_NUM_THREADS()
        print '(a,3(i6))','nthreads,id,i = ',nthreads,tid,i
    end do
!$OMP END PARALLEL DO
    print *

!$OMP PARALLEL DO PRIVATE(i)SCHEDULE(STATIC,2)
    do i=1,m
        tid = OMP_GET_THREAD_NUM()
        nthreads = OMP_GET_NUM_THREADS()
        print '(a,3(i6))','nthreads,id,i = ',nthreads,tid,i
    end do
!$OMP END PARALLEL DO

    end program do_schdule_static
```

执行上述代码后，运行结果如下：

nthreads,id,i =	2	0	1
nthreads,id,i =	2	0	2
nthreads,id,i =	2	0	3
nthreads,id,i =	2	0	4
nthreads,id,i =	2	0	5
nthreads,id,i =	2	1	6
nthreads,id,i =	2	1	7
nthreads,id,i =	2	1	8

nthreads,id,i =	2	1	9
nthreads,id,i =	2	1	10
nthreads,id,i =	2	0	1
nthreads,id,i =	2	0	2
nthreads,id,i =	2	0	5
nthreads,id,i =	2	0	6
nthreads,id,i =	2	0	9
nthreads,id,i =	2	0	10
nthreads,id,i =	2	1	3
nthreads,id,i =	2	1	4
nthreads,id,i =	2	1	7
nthreads,id,i =	2	1	8

从程序和输出结果可以看出，上述程序具有如下特点：

（1）采用不带 size 参数的静态分配时，线程 0 负责 5 个连续的循环 i = 1~5，线程 1 负责 5 个连续的循环 i = 6~10。

（2）采用带 size = 2 参数的静态分配时，每次分配给线程 2 个连续的循环。线程 0 分 3 次获得 2 个连续的循环 i = 1，2，5，6，9，10；线程 1 分 2 次获得 2 个连续的循环 i = 3，4，7，8。

5.2.4.2　动态调度

动态调度是动态地将计算任务分配给各个线程。具体而言，动态调度将迭代块放置到一个内部队列中。在调度过程中，采用先来先服务的方式进行调度：当某个线程空闲时，就给它分配一个循环块。这样，执行速度较快的线程申请任务的次数就会大于执行速度较慢的线程。因此，动态调度可以较好地解决静态调度所引起的负载不平衡问题，它一般应用在不可预知的执行时间易变的任务划分。如果设置 size 参数，则循环块的尺寸是 size 值；如果不设置 size 参数，则其并行块的默认尺寸是 1。综上，动态策略能够在一定程度上保证线程组的负载平衡，但是动态策略需要额外的开销，不能达到最佳性能。

图 5-5 给出了动态调试的原理，图中不同块的大小代表计算这些块所需要的时间。这 8 个块将被分配到 3 个线程上完成，其过程如下：

（1）子程线 0、1 和 2 分别从任务队列中取出任务块 1、2 和 3 进行执行。

（2）子线程 1 计算块 2 所需时间最短。由于它在完成块 2 后子线程 0 和 2 还未完成各自的任务，因此子线程 1 从任务队列的头部取出块 4 进行执行。

（3）子线程 0 完成块 1 后从任务队列的头部取出块 5 进行执行。

（4）子线程 2 完成块 3 后从任务队列的头部取出块 6 进行执行。

（5）子线程 1 完成块 4 后从任务队列的头部取出块 7 进行执行。

（6）子线程 1 完成块 7 后，子线程 0 和 2 还未完成各自的任务，因此子线程 1 继续从任务队列的头部取出块 8 进行执行。

5.2.4.3　指导性调度

指导性调度方式是动态方式。它通过应用指导性的启发式自调用方法，从而有效地减

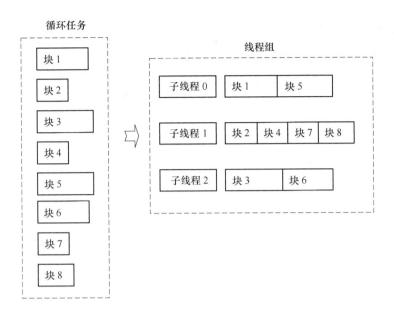

图 5-5   动态调度过程

少调度开销。其基本思想是：开始时分配给每个线程比较大的迭代块，然后随着剩余工作量的减小，迭代块的大小会按指数级下降到指定的 size 块。如果没有设定 size 块，则迭代块最小可以降为 1。图 5-6 给出了循环任务分块情况和子线程的执行过程。

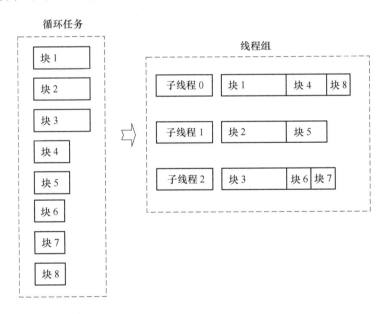

图 5-6   指导性调度过程

5.2.4.4   运行时调度

运行时调度并不是和前面三种调度方式相似的真正调度方式，它是在运行过程中根据环境变量 OMP_ SCHEDULE 来确定调度的类型。运行时调度的实现仍然是上述三种调度方式中的一种。

5.2.4.5　调度方式评价

在实际的并行计算中，循环内部的计算量常常是不相等的。如果简单地给各线程分配相同次数的迭代，容易造成各线程实际计算量的不均衡。这样，由于各线程的计算负载不相同，会导致线程组中子线程不能同时执行完毕。换言之，某些子线程会处于闲置状态，从而延长了计算时间。例如计算以下循环：

```fortran
do i = 1,m
    do j = i,n
        a = i * j
    end do
end do
```

如果将最外层循环进行并行，当 m = 10000、n = 10000 时使用 2 个线程，那么每个线程平均分配 5000 次循环迭代。但是当 i = 1 和 i = 10000 时的计算量却相差 10000 倍，这导致各线程间会出现较大的计算负载不平衡。在不设置 size 参数情况下，分析各种调度方式的时间消耗的计算程序代码如下：

```fortran
!File:ds. f
    program do_schdule
    implicit none
    include 'omp_lib. h'

    integer,parameter ::m = 10000,n = 10000
    integer ::i,j
    real(kind = 8)::starttime,endtime,time
    integer(kind = 4)::a

    call OMP_SET_NUM_THREADS(2)

    starttime = OMP_GET_WTIME( )
!$OMP PARALLEL PRIVATE(i,j,a)DEFAULT(SHARED)
!$OMP DO SCHEDULE(STATIC)
    do i = 1,m
    do j = i,n
        a = i * j
    end do
    end do
!$OMP END DO
!$OMP END PARALLEL
    endtime = OMP_GET_WTIME( )
    time = (endtime-starttime) * 1000.
    print '(a,f13. 5,a)','static schedule time = ',time,'    milleseconds'
```

```
      starttime = OMP_GET_WTIME( )
!$OMP PARALLEL PRIVATE(i,j,a)DEFAULT(SHARED)
!$OMP DO SCHEDULE(DYNAMIC)
      do i = 1 , m
      do j = i , n
        a = i * j
      end do
      end do
!$OMP END DO
!$OMP END PARALLEL
      endtime = OMP_GET_WTIME( )
      time = ( endtime-starttime ) * 1000.
      print '(a,f13.5,a)','dynamic schedule time = ',time,'   milleseconds'

      starttime = OMP_GET_WTIME( )
!$OMP PARALLEL PRIVATE(i,j,a)DEFAULT(SHARED)
!$OMP DO SCHEDULE(GUIDED)
      do i = 1 , m
      do j = i , n
        a = i * j
      end do
      end do
!$OMP END DO
!$OMP END PARALLEL
      endtime = OMP_GET_WTIME( )
      time = ( endtime-starttime ) * 1000.
      print '(a,f13.5,a)','guided schedule time = ',time,'   milleseconds'

      end program do_schdule
```

执行上述代码后，运行结果如下：

```
static schedule time =          2.29001   milleseconds
dynamic schedule time =         0.43106   milleseconds
guided schedule time =          0.01478   milleseconds
```

上述程序在不同的机器、不同的系统下执行时间会有所差异。从程序和输出结果可以看出，上述程序具有如下特点：

（1）合适的 size 参数必须在大量的计算中才能得到确定。由于大多数编程人员在设置这一参数时存在较大困难，因此通常不对这一参数进行指定。这样，当计算负载不平衡的循环时，静态调度耗时最长，动态调度次之，GUIDED 调度耗时最小。因此建议使用 GUIDED 调度进行负载不平衡的循环计算。

（2）函数 OMP_GET_WTIME()用来得到时钟运行的时间，单位为 s，返回值是双精度实数。在本例中，调用了两次时间库函数 OMP_GET_WTIME()，通过计算它们的差可以得到从第一个时间库函数运行到第二个时间库函数所耗费的时间。

（3）在实际应用中，经常用到单精度实数 real 和双精度实数 real(kind = 8)。其中单精度数的表示范围为 10E-37 到 10E37，有效数字是 6 位。双精度实数的表示范围为 10E-307 到 10E307，有效数字是 15 位。在实际计算过程中，为了减小舍入误差，建议将程序中的实数均定义为双精度实数。

（4）在程序中出现了两种整数定义：integer 和 integer（kind = 4）。其中，integer 定义的整型变量为 16 位（2 个字节）的数值形式，其范围为 –32768（–2 ** 15）到 32767（2 ** 15-1）之间；而 integer（4）定义的变量为 32 位（4 个字节）的数值形式，其范围从 –2147483648（–2 ** 31）到 2147483647（2 ** 31-1）。

总体来看，静态调度比较适合每次迭代的计算量相近（主要指工作所需时间基本相等）的情况。它的特点是各线程任务明确，在任务分配时无需同步操作，但是运行快的线程需要等待慢的线程。动态调度和指导性调度是当每一次迭代的工作量不同时或者处理器的执行速度不同时比较完善的调度机制。使用静态调度是无法达到这样的迭代负载平衡的，动态和指导性调度则通过它们非常自然的工作自动地平衡迭代负载。动态调度比较适用于任务数量可变或不确定的情形，其特点是各线程将要执行的任务不可预见，此类方式的任务分配需要同步操作。指导性调度与动态调度相类似，但是队列相关的调度开销会比动态方式小，从而具有更好的性能。

5.3　SECTIONS 指令

除了循环结构可以进行并行之外，分段并行（SECTIONS）是另外一种有效的并行执行方法。它主要用于非循环的程序代码的并行。具体而言，当并行执行一个程序时，通常是在同一时间段内将一个计算任务划分为若干个子任务，然后利用多个线程来完成。如果程序中后面的计算任务不依赖于前面的计算任务，即它们之间不存在相互依赖关系，就可以将不同的子任务分配给不同的线程去执行。当然，对于那些执行时间非常短（计算负载非常小）或者程序本身（前面与后面之间或循环之间）具有很强的依赖性关系的情况，要实现并行是非常困难或者是不可能实现的任务。

在 Fortran 程序中，SECTIONS 指令以!$OMP SECTIONS 指令开头，以!$OMP END SECTIONS 指令结束，其中每段以!$OMP SECTION 指令开始。SECTIONS 指令的语法格式如下：

```
!$OMP SECTIONS[子句列表]
         PRIVATE(变量列表)
         FIRSTPRIVATE(变量列表)
         LASTPRIVATE(变量列表)
         REDUCTION(运算符:变量列表)
!$OMP SECTION
    代码块
```

```
!$OMP SECTION
     代码块
!$OMP END SECTIONS  〔 NOWAIT 〕
```

其中，方括号〔〕表示可选项。可选项可以在 PRIVATE、FIRSTPRIVATE、LASTPRIVATE 和 REDUCTION 这些子句中进行选择。SECTIONS 结构的结束处有一个隐含的同步（或等待）。如果指定了 NOWAIT 子句，则可以跳过这个隐含的同步。

在 SECTIONS 指令的使用过程中，应注意以下事项：

（1）SECTIONS 指令在大多数情况下与一个独立的 PARALLEL 指令一起使用，因此 OpenMP 提供了一个指令!$PARALLEL SECTIONS 来方便编程人员的编程。

（2）一个程序中可以定义多个 SECTIONS 结构，每个 SECTIONS 结构中又可以定义多个 SECTION，这些 SECTIONS 结构由不同的线程组执行。同一个 SECTIONS 中 SECTION 之间处于并行状态，SECTIONS 与其他 SECTIONS 之间处于串行状态。

（3）在一个 SECTIONS 结构中，采用 SECTION 定义的每段程序都将只被线程组中的一个线程执行一次，不同的 SECTION 程序由不同的线程执行。即线程组中一个线程只能执行 SECTIONS 结构中的一段 SECTION 程序。

（4）SECTION 内部不允许出现能够到达 SECTION 之外的跳转语句，也不允许有外部的跳转语句到达 SECTION 内部。

下面举例说明 SECTIONS 和 SECTION 的用法。

```
!File:ms. f
     program multi_sections
     implicit none
     include 'omp_lib. h'

     integer ::tid,nthreads

     call OMP_SET_NUM_THREADS(6)

     print '(a)','Sections No.    section no.    nthreads    id'
     print '(a)','Sections A'
!$OMP PARALLEL PRIVATE(tid,nthreads)
!$OMP SECTIONS
!$OMP SECTION
     tid = OMP_GET_THREAD_NUM( )
     nthreads = OMP_GET_NUM_THREADS( )
     print '(a,i8,i8)','                    section 1',nthreads,tid
!$OMP SECTION
     tid = OMP_GET_THREAD_NUM( )
     nthreads = OMP_GET_NUM_THREADS( )
     print '(a,i8,i8)','                    section 2',nthreads,tid
!$OMP SECTION
```

```
        tid = OMP_GET_THREAD_NUM( )
        nthreads = OMP_GET_NUM_THREADS( )
        print '(a,i8,i8)','                    section 3',nthreads,tid
!$OMP END SECTIONS
!$OMP END PARALLEL

        print '(a)','Sections B'
!$OMP PARALLEL PRIVATE( tid,nthreads )
!$OMP SECTIONS
!$OMP SECTION
        tid = OMP_GET_THREAD_NUM( )
        nthreads = OMP_GET_NUM_THREADS( )
        print '(a,i8,i8)','                    section 4',nthreads,tid
!$OMP SECTION
        tid = OMP_GET_THREAD_NUM( )
        nthreads = OMP_GET_NUM_THREADS( )
        print '(a,i8,i8)','                    section 5',nthreads,tid
!$OMP SECTION
        tid = OMP_GET_THREAD_NUM( )
        nthreads = OMP_GET_NUM_THREADS( )
        print '(a,i8,i8)','                    section 6',nthreads,tid
!$OMP END SECTIONS
!$OMP END PARALLEL

        end program multi_sections
```

执行上述代码后，运行结果如下：

Sections No.	section no.	nthreads	id
Sections A			
	section 1	6	0
	section 3	6	2
	section 2	6	1
Sections B			
	section 4	6	0
	section 5	6	1
	section 6	6	2

从程序和输出结果可以看出，上述程序具有如下特点：

（1）程序定义了两个 SECTIONS 并行区域。每个 SECTIONS 并行区域有 3 个 SEC-TION，SECTIONS 并行区域中执行 SECTION 的 3 个子进程号各不相同。

（2）第 1 个 SECTIONS A 并行区域中执行 SECTION 1（SECTION 2 或者 SECTION 3）

的子线程号与第 2 个 SECTIONS B 并行区域中执行 SECTION 4（SECTION 5 或者 SECTION 6）的子线程号相同。出现这种现象的原因在于：虽然程序定义了 6 个子进程，但是由于 SECTIONS A 并行区域和 SECTIONS B 并行区域在程序中处于串行状态，而 SECTIONS A 并行区域中的 SECTION 1、SECTION 2 和 SECTION 3 处于并行状态，SECTIONS B 并行区域中的 SECTION 4、SECTION 5 和 SECTION 6 处于并行状态。因此，程序只能在 SECTIONS A 并行区域执行完毕后才能开始执行 SECTIONS B 并行区域。以上程序的运行如图 5-7 所示。

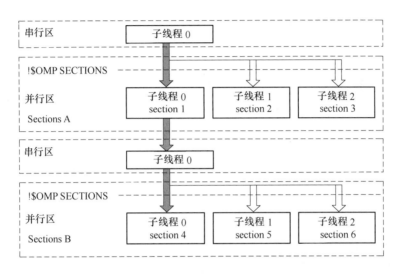

图 5-7　多个 SECTIONS 并行区域的执行过程

5.4　WORKSHARE 指令

WORKSHARE 指令是 Fortran 特有的一个指令，它用来标识一个可以进行数据并行的结构，即 WORKSHARE 结构。WORKSHARE 结构中数据的并行方式并未显式指定，而是由编译器来实现。

WORKSHARE 指令的语法格式如下：

```
!$OMP WORKSHARE
   代码块
!$OMP END WORKSHARE[NOWAIT]
```

其中，方括号［ ］表示可选项。如果使用 NOWAIT，则线程组中的线程在并行执行完 WORKSHARE 结构后不进行同步；如果没有 NOWAIT 指令，则线程组中的线程在并行执行完 WORKSHARE 结构后须进行同步。

在 WORKSHARE 指令的使用过程中，应注意以下事项：

（1）WORKSHARE 结构中的代码只能包括如下语句：数组赋值语句、标量赋值语句、forall 语句和结构、where 语句和结构、ATOMIC 结构、CRITICAL 结构和 PARALLEL 结构。

其中，数组赋值语句允许使用的算术操作符包括 + 、 − 、 ∗ 、/和 ∗∗ 。

（2） WORKSHARE 指令指出代码块中的每条语句均为计算共享的工作单元，即可被分为若干个独立的工作单元来执行，并使一组线程并行执行这些工作单元。这样每个工作单元只允许被执行一次，而且这些工作单元能够以任何方式分配给并行区域的一组线程[23]。

（3） 由于 WORKSHARE 指令在大多数情况下与一个独立的 PARALLEL 指令一起使用。因此，OpenMP 提供了一个指令!\$PARALLEL WORKSHARE 来方便编程人员的编程。

下面举例说明 WORKSHARE 的用法。

```fortran
!File:ws.f
      program workshare
      implicit none
      include 'omp_lib.h'

      integer,parameter ::l=80,m=80,n=80
      integer ::i,j,k
      integer(kind=4),dimension(1:l,1:m,1:n)::a,b,c,d

      real(kind=8)::starttime,endtime,time

      call OMP_SET_NUM_THREADS(4)

      do k=1,n
      do j=1,m
      do i=1,l
         a(i,j,k)=i
         b(i,j,k)=j
      enddo
      enddo
      enddo

      starttime=OMP_GET_WTIME()
!$OMP PARALLEL PRIVATE(k)SHARED(i,j,a,b,c,d)
!$OMP DO
      do k=1,n
      do j=1,m
      do i=1,l
         c(i,j,k)=a(i,j,k)*b(i,j,k)+a(i,j,k)
         d(i,j,k)=a(i,j,k)**2-b(i,j,k)**2
      enddo
      enddo
      enddo

!$OMP END DO
!$OMP END PARALLEL
```

```
        endtime = OMP_GET_WTIME( )
        time = ( endtime-starttime ) * 1000.
        print '( a )','-------parallel do'
        print '( a,f13. 5,a )','static schedule time = ',time,'   milleseconds'

        print '( a,i15,i15 )','a( l,m,n ),b( l,m,n ) = ',a( l,m,n ),b( l,m,n )
        print '( a,i15,i15 )','c( l,m,n ),d( l,m,n ) = ',c( l,m,n ),d( l,m,n )
        print *

        starttime = OMP_GET_WTIME( )
!$OMP PARALLEL SHARED( a,b,c,d )
!$OMP WORKSHARE
        c = a * b + a
        d = a ** 2-b ** 2
!$OMP END WORKSHARE NOWAIT
!$OMP END PARALLEL
        endtime = OMP_GET_WTIME( )
        time = ( endtime-starttime ) * 1000.
        print '( a )','-------parallel workshare'
        print '( a,f13. 5,a )','static schedule time = ',time,'   milleseconds'

        print '( a,i15,i15 )','a( l,m,n ),b( l,m,n ) = ',a( l,m,n ),b( l,m,n )
        print '( a,i15,i15 )','c( l,m,n ),d( l,m,n ) = ',c( l,m,n ),d( l,m,n )

        end program workshare
```

执行上述代码后，运行结果如下：

```
-------parallel do
static schedule time =           3. 69120    milleseconds
a( l,m,n ),b( l,m,n ) =          80              80
c( l,m,n ),d( l,m,n ) =          6480            0

-------parallel workshare
static schedule time =           2. 81811    milleseconds
a( l,m,n ),b( l,m,n ) =          80              80
c( l,m,n ),d( l,m,n ) =          6480            0
```

从程序和输出结果可以看出，上述程序具有如下特点：

（1）采用!$OMP PARALLEL WORKSHARE 并行的代码块可以采用!$OMP PARALLEL DO 来实现。但是!$OMP PARALLEL WORKSHARE 并行的书写格式相对简单，而且所耗费时间比!$OMP PARALLEL DO 方式少。需要指出，在某些情况下，!$OMP PARALLEL WORKSHARE 对数组的操作所耗费时间比!$OMP PARALLEL DO 方式要大，这主要取决于数组的大小、维数以及系统资源情况。

（2）!$OMP PARALLEL DO 方式需写出数组的具体表达式，书写比较繁琐。这一特点既是缺点，也是优点。因为这样它能实现!$OMP PARALLEL WORKSHARE 所不能实现的各种功能，如向量的点积和叉积。

5.5   SINGLE 指令

前面介绍的 DO、SECTIONS、WORKSHARE 指令都是用于创建多个线程，但在并行区域里，有时候希望部分程序代码以串行方式执行。图 5-8 表明，在未使用 NOWAIT 子句情况下，只有一个线程（图中是线程 1）去执行并行区域内的部分程序代码，而其他的线程则跳过这段程序代码。由于在 SINGLE 后面会有一个隐含的栅障，因此在此线程执行期间其他线程处于空闲状态；所有线程只有在 SINGLE 指令结束处隐含的栅障处同步后才能继续开始执行。如果 SINGLE 指令有 NOWAIT 子句，则其他线程直接向下执行，不在隐含的栅障处等待。

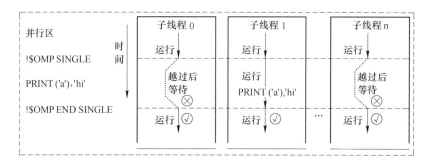

图 5-8   SINGLE 结构执行过程

SINGLE 指令的语法格式如下：

```
!$OMP SINGLE[子句列表]
          PRIVATE(变量列表)
          FIRSTPRIVATE(变量列表)
     代码块
!$OMP END SINGLE[ NOWAIT ]
          COPYPRIVATE(变量列表)
```

其中，中括号 [ ] 是可选项。SINGLE 结构的可选项可以在 PRIVATE 和 FIRSTPRIVATE 这两个子句中进行选择。在 SINGLE 结构结束处，可以有 NOWAIT 指令和 COPYPRIVATE 子句。如果使用 NOWAIT 指令，则线程组中的线程在并行执行完 SINGLE 结构后不进行同步；如果没有 NOWAIT 指令，则必须进行同步。

在 SINGLE 指令的使用过程中，应注意以下事项：

（1）一个 SINGLE 结构只能由一个线程来执行，但并不一定要求主线程来执行。而不执行 SINGLE 指令的其他线程则会在 SINGLE 结构结束处同步。但如果存在 NOWAIT 指令，则不执行 SINGLE 指令的其他线程可以直接越过 SINGLE 结构继续向下执行。

（2）SINGLE 结构内部不允许出现能够到达 SINGLE 结构之外的跳转语句，也不允许有外部的跳转语句到达 SINGLE 结构内部。

下面举例说明 SINGLE 的用法。

```fortran
!File:spc. f
    program single_private_copyprivate
    implicit none
    include 'omp_lib. h'

    integer ::tid,nthreads

    integer ::a

    CALL OMP_SET_NUM_THREADS(3)

!$OMP PARALLEL PRIVATE(a,tid)
    tid = OMP_GET_THREAD_NUM( )
    a = tid
    print '(a,i5,a,i5,a)','a = ',a,'   id = ',tid,'   before single'
!$OMP SINGLE
    print *
    nthreads = OMP_GET_NUM_THREADS( )
    tid = OMP_GET_THREAD_NUM( )
    a = a + 2 ** tid + 10
    print '(a,i5,i5)','single：   nthreads = ',nthreads
    print '(a,i5,a,i5,a)','a = ',a,'   id = ',tid,'   during single'
    print *
!$OMP END SINGLE COPYPRIVATE(a)
    tid = OMP_GET_THREAD_NUM( )
    print '(a,i5,a,i5,a)','a = ',a,'   id = ',tid,'   after single'
!$OMP END PARALLEL

    end program single_private_copyprivate
```

执行上述代码后，运行结果如下：

```
a =     0  id =     0  before single

single：  nthreads =       3
a =    11  id =     0  during single

a =     2  id =     2  before single
a =     1  id =     1  before single
a =    11  id =     1  after single
a =    11  id =     0  after single
a =    11  id =     2  after single
```

从程序和输出结果可以看出，上述程序具有如下特点：

（1）在本例中，OMP_SET_NUM_THREADS(3)确立了3个子线程组成的线程组。

（2）SINGLE语句的作用范围在!$OMP SINGLE和!$OMP END SINGLE之间。所有的关于"after single"的输出均在"before single"和"during single"这些输出之后，表明子线程1和2在子线程0执行SINGLE结构时处于空闲状态；所有线程只有在SINGLE指令结束处同步后才能执行后续的代码。

（3）线程0（也可以是其他线程）执行了一次SINGLE结构，而其他线程只执行了并行区域内除SINGLE结构以外的语句。

（4）对于各线程的私有变量a，利用SINGLE语句改变某个子线程的a的私有副本，再通过COPYPRIVATE指令将此子线程的a的值广播给其他线程。

5.6 小　　结

本章介绍了多种并行构造方式。对于循环内的程序块，一般采用DO指令进行并行，这是使用频率最高的指令。对于循环外的多个程序块，如果这些程序块是前后之间没有依赖关系的程序块，则可采用SECTIONS指令进行并行。对于大型数组之间的运算，可采用WORKSHARE指令进行并行。需要注意的是，WORKSHARE指令只针对Fortran语言，在C语言中没有对应的指令。在并行区域里串行执行部分程序代码则须采用SINGLE指令。

练 习 题

（1）试分析在并行计算中实现负载平衡的常用方法。

（2）试分析循环依赖产生的原因，并给出并行计算中循环依赖的基本类型。

（3）对于任意给定的积分区间，对循环采用不同的调度方式，试求积分 $\int_1^{100} x^2 \mathrm{d}x$ 的值。

　　（提示：将积分下的面积分成多个小梯形后求和。）

（4）试利用SECTIONS语句计算当 $n = 10$ 时函数 $y = \sum_{i=1}^{n} i + n!$ 的值。

（5）试利用WORKSHARE语句进行如下的矩阵运算：

$A(i,j) = 1$

$B(i,j) = i + j$

$C(i,j) = A - 2B$

6 线程同步

在 OpenMP 中，在并行执行过程中出现错误结果的主要原因是数据竞争的出现，即存在两个以上的线程同时访问一个内存区域，并且至少有一个线程的操作是写操作。在多线程并行执行的情形下，程序必须具备必要的线程同步机制才能保证即使出现了数据竞争，也能够给出正确的结果，或者在适当的时候通过控制线程的执行顺序来保证执行结果的确定性。

同步是并行算法的一个重要特征，它是指在时间上使各自执行计算的子线程之间必须相互等待从而保证各个线程的执行实现在时间上的一致性。同步的目的是保证各个线程不会同时访问共享资源或者保证在开始新工作前，已经完成共享资源的准备工作。例如，各个线程同时开始或者同时结束同一段代码的执行。OpenMP 支持图 6-1 所示的两种线程同步机制：

（1）互斥锁同步机制：用来保护一块共享的存储空间，使所有在此共享的存储空间上执行的操作串行化。这样每一次访问这块共享内存空间的线程数最多为一个，从而保证了数据的完整性。互斥操作是针对需要保护的数据进行的操作，即在产生数据竞争的内存区域加入包括 CRITICAL、ATOMIC 等语句以及互斥函数构成的标准例程。

（2）事件同步机制：通过设置同步栅障来控制代码的执行顺序，使某一部分代码必须在其他代码执行完毕后才能开始执行，从而保证了多个线程之间的执行顺序。这种机制主要通过 ORDERED 指令、MASTER 指令、NOWAIT 指令、SECTIONS 指令和 SINGLE 指令等来控制规定线程顺序执行时所需要的同步栅障（BARRIER）。

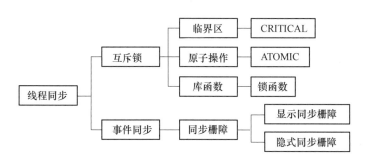

图 6-1　线程同步机制

6.1　互斥锁机制

在 OpenMP 中，提供了三种不同的互斥锁机制，用来对一块内存进行保护，它们分别是临界块操作（CRITICAL）、原子操作（ATOMIC）以及由库函数提供的锁操作[3]。

（1）临界块操作：临界块操作是对存在数据竞争的变量所在的代码区域前插入相应的

临界块操作语句，通过编译指导语句保护存在数据竞争的变量。

（2）原子操作：原子操作是指操作的不可分性。现代体系结构的多处理器计算机提供了原子更新的一个单一内存单元的方法，即通过单一的一条指令就能够完成数据的读取与更新操作，即操作在执行的过程中是不会被打断的。因此，通过这种方式就能够完成对单一内存单元的更新，从而提供一种更高效率的互斥锁机制。

（3）库函数的互斥锁支持：使用库函数的互斥锁支持的程序可以将函数放在程序员所需要的任意位置。而程序员必须自己保证在调用相应锁操作之后释放相应的锁，否则会发生多线程程序的死锁。另外，库函数还支持嵌套的锁机制。

6.2　事件同步机制

事件同步机制与并行区域中的隐式栅障密切相关。每个并行区域都会有一个隐含的同步栅障（BARRIER），同步栅障要求所有的线程同时执行到此栅障后才能继续执行下面的代码。例如，以下的结构都包含自己的隐含栅障。

```
!$OMP DO
!$OMP SINGLE
!$OMP SECTIONS
```

事件同步机制存在如下四种情况：

（1）为了避免在循环过程中出现不必要的同步栅障，可以增加 NOWAIT 指令到相应的编译指导语句中。

（2）为了实现线程间的同步，有时在需要的地方插入明确的同步栅障指令 BARRIER。

（3）在循环并行化中，在某些情况下需要规定执行的顺序才能保证结果的正确性。例如在循环中，大部分的工作可以并行执行，而其余的工作则需要等到前面的工作全部完成以后才能执行。这时就需要用 ORDERED 指令来保证：需要顺序执行的语句直到前面的循环都执行完毕之后才能执行。

（4）OpenMP 还提供了 MASTER 指令（只能由主线程执行）、SINGLE 指令（由某个线程执行）以及 FLUSH 指令（用于编程人员构造执行顺序）实现同步操作。

在进行同步操作时，需要考虑以下两点：

（1）不合适的同步机制或者算法会导致运行效率的急剧下降。

（2）使用多线程进行应用程序开发时要考虑同步的必要性，消除不必要的同步，或者调整同步的顺序，可能会大幅度提升程序的性能。

6.3　BARRIER 指令

BARRIER 指令要求并行区域内所有线程在此处同步等待其他线程，然后恢复并行执行 BARRIER 后面的语句，如图 6-2 所示。OpenMP 的许多指令（如 PARALLEL、DO、SINGLE 等）自身都带有隐含的栅障。这里，首先分析一下 5.2.2 节出现过的一个例子 dap.f。在这个例子里面，线程 0 做 1~4 的迭代，线程 1 做 5~7 的迭代，线程 2 做 8~10 的迭代，如果每次迭代的工作量不同，那么线程 1、2、3 完成他们各自的工作所需要的时间是不同的。这是因为!$OMP DO 里面带了隐含的栅障，所以某个线程可能比另外 2 个线程提前完成工作，但是这个线程不能继续向下执行并行区域后面的工作。隐含的栅障要求，每个线程在做完了自己的工作后必须在这里等待。直到所有的线程都完成了各自的工作后，才能往下执行。

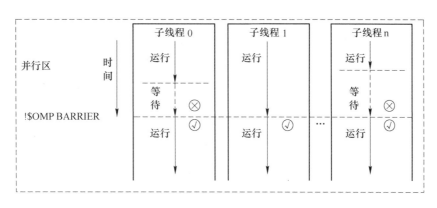

图 6-2　栅障结构执行示意图

栅障的设置会减慢程序执行的速度增加时间消耗，这与通过并行减少时间消耗的初衷是相违背的。那么，为什么部分指令需要设置隐含的栅障呢？这是因为 OpenMP 担心程序中后面的代码对这块代码存在依赖关系。如果这块代码的工作没有执行完毕就去执行后面的代码，可能会引起错误。但是 BARRIER 指令是一个时间消耗很大的栅障，如果大量使用会导致计算速度的急速下降，因此在程序中应尽量减少 BARRIER 指令的使用。

BARRIER 指令的语法格式如下：

!$OMP BARRIER

下面举例说明 BARRIER 的用法。

```
!File:bp. f
    program barrier_parallel
    implicit none
    include 'omp_lib. h'

    integer ：:tid,nthreads

    CALL OMP_SET_NUM_THREADS(3)

!$OMP PARALLEL PRIVATE(tid,nthreads)
    tid = OMP_GET_THREAD_NUM( )
    print '(a,i5)','hello from thread id = ',tid
!$OMP BARRIER
    if(tid = = 0)then
        nthreads = omp_get_num_threads( )
```

```
        print '(a,i5,a)','there are',nthreads,' threads to say hello! '
      end if
!$OMP END PARALLEL

      end program barrier_parallel
```

执行上述代码后，运行结果如下：

```
hello from thread id =      0
hello from thread id =      2
hello from thread id =      1
there are       3 threads to say hello!
```

从程序和输出结果可以看出，上述程序具有如下特点：

（1）该程序首先建立了 3 个线程，然后各个线程分别输出并行区域内线程总数和各自的线程号，最后进行统计并输出"hello from thread id"的线程的个数。

（2）因为第 2 项任务（统计）与第 1 项任务（输出"hello from thread id"）存在数据相关，所以必须等全部线程处理完第一项任务后才可以由主线程去执行第二项任务。如果各线程在打印输出后不进行同步，那么，在各线程未完成打印输出，就出现了线程总数统计情况。这显然不是期望的结果。

下列 OpenMP 结构之后有隐含的 BARRIER：

（1）END PARALLEL。

（2）END DO。

（3）END SECTIONS。

（4）END CRITICAL。

（5）END SINGLE。

6.4　NOWAIT 指令

每个 PARALLEL DO 指令都带有一个同步的栅障，对于循环而言，这样的栅障是必须的。因为编程人员必须在每个线程准备执行下一个循环迭代之前确认它们已经完成了前一次迭代，否则可能会影响其他线程的执行。当然，如果能够确定后面的代码对这块代码没有依赖，就可以使用 NOWAIT 把这个隐含的栅障去掉，从而加快运行速度。通常可以在 END DO、END SECTIONS 和 END SINGLE 后采用 NOWAIT 指令去除隐含的 BARRIER。

下面举例说明 NOWAIT 的用法。

```
!File:nd. f
      program nowait_do
      implicit none
      include 'omp_lib. h'

      integer,parameter ::m=4
```

```
        integer ::tid,nthreads,i

        CALL OMP_SET_NUM_THREADS(3)

!$OMP PARALLEL PRIVATE(tid,nthreads,i)

!$OMP DO
        do i = 1,m
            tid = OMP_GET_THREAD_NUM( )
            nthreads = OMP_GET_NUM_THREADS( )
            print '(a,i5,i5)','first do_loop:nthreads,id = ',nthreads,tid
        end do
!$OMP END DO

!$OMP DO
        do i = 1,m
            tid = OMP_GET_THREAD_NUM( )
            nthreads = OMP_GET_NUM_THREADS( )
            print '(a,i5,i5)','second do_loop:nthreads,id = ',nthreads,tid
        end do
!$OMP END DO NOWAIT

!$OMP DO
        do i = 1,m
            tid = OMP_GET_THREAD_NUM( )
            nthreads = OMP_GET_NUM_THREADS( )
            print '(a,i5,i5)','third do_loop:nthreads,id = ',nthreads,tid
        end do
!$OMP END DO

!$OMP END PARALLEL

        end program nowait_do
```

执行上述代码后，运行结果如下：

```
first do_loop:nthreads,id =        3        0
first do_loop:nthreads,id =        3        0
first do_loop:nthreads,id =        3        2
first do_loop:nthreads,id =        3        1
second do_loop:nthreads,id =        3        0
second do_loop:nthreads,id =        3        0
third do_loop:nthreads,id =        3        0
third do_loop:nthreads,id =        3        0
```

```
second do_loop:nthreads,id =        3     2
third do_loop:nthreads,id =        3     2
second do_loop:nthreads,id =        3     1
third do_loop:nthreads,id =        3     1
```

从程序和输出结果可以看出，上述程序具有如下特点：

（1）由于在第 1 个循环没有使用 NOWAIT，所以第 2 个 do 循环必须等到第 1 个循环执行完毕才能开始执行。这样，所有的关于"first do_loop …"的输出打印完毕后，才开始打印关于"second do_loop …"的输出。

（2）当第 2 个循环使用 NOWAIT 后，第 3 个 do 循环并没有等到第 2 个循环执行完毕就开始执行了。换言之，NOWAIT 可以将 do 指令后隐含的栅障去除。这样，关于"second do_loop …"的输出混杂在关于"third do_loop …"的输出中间。

6.5　MASTER 指令

MASTER 指令的语法格式如下：

```
!$OMP MASTER
    代码块
!$OMP END MASTER
```

MASTER 指令要求主线程去执行并行区域内的部分程序代码，而其他的线程则越过这段程序代码直接向下执行，如图 6-3 所示。

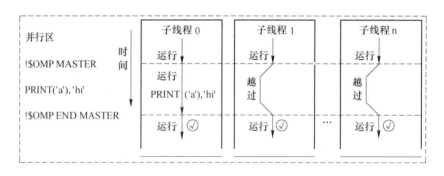

图 6-3　MASTER 结构执行示意图

在 MASTER 指令的使用过程中，应注意以下事项：

（1）MASTER 指令与 SINGLE 指令很类似。区别在于 MASTER 指令没有隐含的栅障，也不能使用 NOWAIT 指令；而 SINGLE 指令具有隐含的栅障。当主线程去执行 MASTER 结构，其他线程可以往下执行 MASTER 结构后面的语句而不必等待主线程；而 SINGLE 指令可采用任意一个线程去执行 SINGLE 结构，其他线程则需在隐含的栅障处等待同步。

（2）MASTER 结构内部不允许出现能够到达 MASTER 结构之外的跳转语句，也不允许有外部的跳转语句到达 MASTER 结构内部。

下面举例说明 MASTER 的用法。

```
!File:mp. f
      program master_parallel
      implicit none
      include 'omp_lib. h'

      integer ::tid,nthreads

      CALL OMP_SET_NUM_THREADS(3)

!$OMP PARALLEL PRIVATE(tid,nthreads)

      tid = OMP_GET_THREAD_NUM( )
      nthreads = OMP_GET_NUM_THREADS( )
      print '(a,i5,i5)','before master:nthreads,id = ',nthreads,tid

!$OMP MASTER

      tid = OMP_GET_THREAD_NUM( )
      nthreads = OMP_GET_NUM_THREADS( )
      print '(a,i5,i5)','master region:nthreads,id = ',nthreads,tid

!$OMP END MASTER

      tid = OMP_GET_THREAD_NUM( )
      nthreads = OMP_GET_NUM_THREADS( )
      print '(a,i5,i5)','after master:nthreads,id = ',nthreads,tid

!$OMP END PARALLEL

      end program master_parallel
```

执行上述代码后，运行结果如下：

before master:nthreads,id =	3	0
master region:nthreads,id =	3	0
after master:nthreads,id =	3	0
before master:nthreads,id =	3	2
after master:nthreads,id =	3	2
before master:nthreads,id =	3	1
after master:nthreads,id =	3	1

从程序和输出结果可以看出，上述程序具有如下特点：

（1）主线程 0 执行了一次 MASTER 结构，而其他线程只执行了并行区域内除 MASTER 结构外的语句。

（2）关于"after master…"的输出混杂在"before master…"和"master region…"这

些输出中间，表明子线程 1 和 2 在主线程 0 执行 MASTER 结构时没有进行同步而是继续执行后续的代码。

6.6 CRITICAL 指令

CRITICAL 指令包含的代码块称为临界块或 CRITICAL 结构。在执行上述的临界块之前，必须首先获得临界块的控制权，这样通过编译指导语句可以对存在数据竞争的并行区域内的变量进行保护。

CRITICAL 指令的语法格式如下：

```
!$OMP CRITICAL
    代码块
!$OMP END CRITICAL
```

在 CRITICAL 指令的使用过程中，应注意以下事项：

（1）在同一时间内只允许有一个线程执行 CRITICAL 结构，其他线程必须进行排队依次执行 CRITICAL 结构。

（2）CRITICAL 指令不允许互相嵌套。

（3）CRITICAL 结构内部不允许出现能够到达 CRITICAL 结构之外的跳转语句，也不允许有外部的跳转语句到达 CRITICAL 结构内部。

下面举例说明 CRITICAL 的用法。

```
!File:cm. f
      program critical_max
      implicit none
      include 'omp_lib. h'

      integer,parameter ::m = 10
      integer,dimension(1:m)::p
      integer ::tid,nthreads
      integer ::i,pmax,px

      CALL OMP_SET_NUM_THREADS(3)

      do i = 1,m
          p(i) = i
      end do

      px = 0
!$OMP PARALLEL PRIVATE(pmax,i,tid,nthreads)SHARED(p,px)
      pmax = 0

!$OMP DO
```

```
        do i = 1, m
            pmax = max( pmax, p( i ) )
        end do
!$OMP END DO NOWAIT

!$OMP CRITICAL
        tid = OMP_GET_THREAD_NUM( )
        nthreads = OMP_GET_NUM_THREADS( )
        print '( a, i5, i5 )', 'number of threads, id = ', nthreads, tid
        print '( a, i5, i5 )', 'pmax, px = ', pmax, px
        px = max( px, pmax )
!$OMP END CRITICAL

!$OMP END PARALLEL

        print '( a, i5 )', 'max( p( i ) ) = ', px

        end program critical_max
```

执行上述代码后，运行结果如下：

```
number of threads, id =     3     0
pmax, px =        4     0
number of threads, id =     3     2
pmax, px =       10     4
number of threads, id =     3     1
pmax, px =        7    10
max( p( i ) ) =      10
```

从程序和输出结果可以看出，上述程序具有如下特点：

（1）进入并行区时，3 个子线程各自拥有了变量 pmax 的副本。

（2）px 是共享变量，如果 3 个子线程拥有的变量 pmax 的副本同时与 px 比较后将最大值写入，就会出现数据竞争现象。因此，必须建立一个临界块，使每个线程排队执行临界块，从而实现各线程逐个与 px 求最大值后并将结果写入到共享变量 px，如图 6-4 所示。

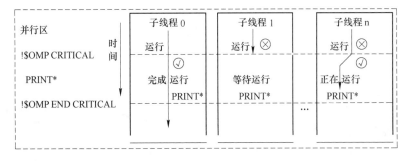

图 6-4　CRITICAL 结构执行示意图

6.7　ATOMIC 指令

ATOMIC 指令要求一个特定的内存地址必须自动更新，而不让其他的线程对此内存地址进行写操作。原子操作实际上是一个"微型"的 CRITICAL 指令。ATOMIC 指令在语法上可以认为等价于 CRITICAL 和 END CRITICAL。CRITICAL 指令对一个代码块有效，而 ATOMIC指令只对一个表达式语句有效。OpenMP 利用原子结构指令主要是用于防止多线程对内存的同一地址的并发写。

ATOMIC 指令的语法格式如下：

```
!$OMP ATOMIC
    表达式语句
```

ATOMIC 指令的作用范围是其后面的第一个表达式语句，并要求该表达式语句是一个单独的能够立即被执行的语句，其形式如下：

$$X = X \text{ 运算符 表达式}$$

或　　　　　　　　　　　　　$$X = \text{固有函数（X，标量表达式列表）}$$

其中，表达式是不引用 X 的标量表达式，运算符为 +、-、*、/、.AND.、.OR.、.EQV. 或 .NEQV.，固有函数为 MAX、MIN、IAND、IOR 或 IEOR。

原子操作和临界块操作比较，具有如下特点：

（1）临界块操作可以完成所有的原子操作。

（2）与临界块操作相比，原子操作可以更好地被编译优化，系统开销更小，执行速度更快。

（3）临界块的操作可以作用在任意的代码块上，且 CRITICAL 指令最终被翻译为加锁和解锁操作。而使用 ATOMIC 指令的前提条件是相应的语句块能够转化为一条机器指令，使处理器能够一次执行完毕而不会被打断。

（4）由于原子操作比锁操作速度快，因此对于可以使用 ATOMIC 指令的场合，应该尽量使用 ATOMIC 指令来代替 CRITICAL 指令。

（5）当对一个数据进行原子操作保护时，就不能对数据进行临界块的保护。这是因为原子操作保护和临界块保护是两种完全不同的保护机制，OpenMP 在运行过程中不能在这两种保护机制之间建立配合机制，所以编程人员在针对同一内存单元使用原子操作的时候需要在程序所有涉及的代码均加入原子操作的支持。

下面举例说明 ATOMIC 的用法。

```
!File:ams. f
    program atomic_max_sum
    implicit none
    include 'omp_lib. h'

    integer,parameter ::m = 10
    integer ::i,xymax,sum
    integer,dimension(1:m)::x,y
```

```
        call omp_set_num_threads( 3 )

        xymax = - 10
        sum = 0

!$OMP PARALLEL PRIVATE( i ) SHARED( x,y,xymax,sum )
!$OMP DO
        do i = 1,m
            x( i ) = i
            y( i ) = 10 * i
        end do
!$OMP END DO

!$OMP DO
        do i = 1,m
!$OMP ATOMIC
            sum = sum + x( i ) + y( i )
!$OMP ATOMIC
            xymax = max( xymax,x( i ),y( i ) )
        print '( a,3( i5 ) )','i,x( i ),y( i ) = ',i,x( i ),y( i )
        end do
!$OMP END DO

!$OMP END PARALLEL

        print *
        print '( a,3( i5 ) )','xymax,sum = ',xymax,sum

        end program atomic_max_sum
```

执行上述代码后，运行结果如下：

```
i,x( i ),y( i ) =      1     1    10
i,x( i ),y( i ) =      2     2    20
i,x( i ),y( i ) =      3     3    30
i,x( i ),y( i ) =      4     4    40
i,x( i ),y( i ) =      8     8    80
i,x( i ),y( i ) =      9     9    90
i,x( i ),y( i ) =     10    10   100
i,x( i ),y( i ) =      5     5    50
i,x( i ),y( i ) =      6     6    60
i,x( i ),y( i ) =      7     7    70

xymax,sum =          100   605
```

从程序和输出结果可以看出，上述程序具有如下特点：

（1）!$OMP ATOMIC 后的表达式语句只能是一个。如果存在多个表达式语句，则需使用多个 ATOMIC 指令。

（2）!$OMP ATOMIC 只能单独出现，不存在相应的!$OMP END ATOMIC。

6.8　ORDERED 指令

ORDERED 指令要求循环区域内的代码块必须按照循环迭代的次序来执行。这是因为在执行循环的过程中，部分工作是可以并行执行的，然而特定部分工作则需要等待前面的工作全部完成以后才能够正确执行。因此，可以通过使用 ORDERED 指令让这些特定工作按照串行循环的次序依次进行执行。

ORDERED 指令的语法格式如下：

```
!$OMP DO ORDERED
    do 循环开始区
!$OMP ORDERED
    代码块
!$OMP END ORDERED
    do 循环结束区
!$OMP END DO
```

ORDERED 指令在使用过程中需满足如下条件：

（1）ORDERED 指令一般与 DO 指令或 PARALLEL DO 指令联合使用，并且 ORDERED 指令需要与 END ORDERED 子句结合起来使用。

（2）在任意时刻，只允许一个线程执行 ORDERED 结构。

（3）在 ORDERED 结构内部不允许出现能够到达 ORDERED 结构之外的跳转语句，也不允许有外部的跳转语句到达 ORDERED 结构内部。

（4）一个 do 循环内部只能出现一次 ORDERED 指令。

下面举例说明 ORDERED 的用法。

```
!File:od. f
    program ordered_do
    implicit none
    include 'omp_lib. h'

    integer,parameter : :m = 10
    integer,dimension(1 :m) : :a
    integer : :tid,nthreads
    integer : :i

    CALL OMP_SET_NUM_THREADS(3)
```

```
      print '(a)','nthreads   id    i   a(i)'

!$OMP PARALLEL PRIVATE(i,tid,nthreads) SHARED(a)

!$OMP DO
      do i = 1,m
          tid = omp_get_thread_num( )
          nthreads = omp_get_num_threads( )
          a(i) = i
          print '(4(i6))',nthreads,tid,i,a(i)
      end do
!$OMP END DO

          print *

!$OMP DO ORDERED
      do i = 2,m
!$OMP ORDERED
          tid = omp_get_thread_num( )
          nthreads = omp_get_num_threads( )
          a(i) = a(i-1) - 1
          print '(4(i6))',nthreads,tid,i,a(i)
!$OMP END ORDERED
      end do
!$OMP END DO

!$OMP END PARALLEL

      end program ordered_do
```

上述代码的执行结果如下：

nthreads	id	i	a(i)
3	0	1	1
3	0	2	2
3	0	3	3
3	0	4	4
3	2	8	8
3	2	9	9
3	2	10	10
3	1	5	5
3	1	6	6
3	1	7	7

3	0	2	0
3	0	3	−1
3	0	4	−2
3	1	5	−3
3	1	6	−4
3	1	7	−5
3	2	8	−6
3	2	9	−7
3	2	10	−8

从程序和输出结果可以看出，上述程序具有如下特点：

（1）代码 a(i) = a(i-1) - 1 需要按照循环迭代次序依次执行，否则会出现数据竞争，因此需应用 ORDERED 结构。这样，各线程在执行这一段代码时严格按照循环迭代次序执行，并且获取当前线程号、获取当前并行区域内活动线程个数以及打印语句也属于 ORDERED 结构，因此打印的内容也按照顺序执行，如图 6-5 所示。

（2）同一循环内只能使用一个 ORDERED 指令。换言之，在同一个循环内不能多次使用 ORDERED 指令。

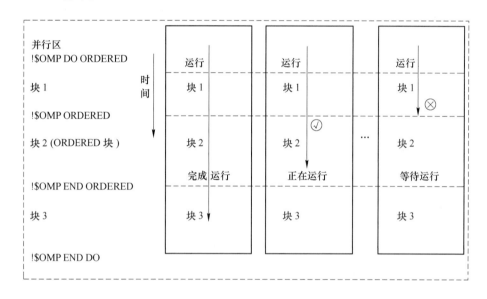

图 6-5　ORDERED 指令执行示意图

这里需要指出，上述同步指令具有明显的区别，见表 6-1。

表 6-1　不同同步指令间的差异

指　令	结构的执行方式	执行结构的线程	结　构	END 子句
SINGLE	如果没有 NOWAIT 子句，那么只有一个线程执行 SINGLE 结构，其他子线程则处于空闲状态	线程组中的某个子线程	多个语句	有

续表 6-1

指 令	结构的执行方式	执行结构的线程	结 构	END 子句
MASTER	主线程执行 MASTER 结构，而其他线程不用等待，继续往下执行 MASTER 指令代码块后面的语句	子线程 0	多个语句	有
CRITICAL	在同一时间内，只有一个线程执行 CRITICAL 结构，其他线程则进行排队依次执行 CRITICAL 结构	线程组所有线程	多个语句	有
ATOMIC	在同一时间内，只有一个线程执行 A-TOMIC 后面的语句，其他线程则进行排队依次执行此语句	线程组所有线程	单个语句	无
ORDERED	在同一时间内，只有一个线程执行 ORDERED 结构，其他线程则严格按照循环指标的先后次序排队执行 ORDERED 结构	线程组所有线程	多个语句	有

6.9 FLUSH 指令

FLUSH 定义了一个同步点，在该同步点处强制存储器的一致性，即确保并行执行的各线程对共享变量进行读操作时读取的是最新值。计算机一般将变量的值存放在寄存器中，这样在任何时刻不能保证寄存器与内存中的内容一致。高速缓存一致性确保了所有的处理器最终能看到单个地址空间，但 OpenMP 在为循环产生高效机器码时，将一个循环中的变量存在寄存器中是相当普遍的，因此不能保证内存能被及时更新，并保持一致。

FLUSH 指令的语法格式如下所示：

```
!$OMP FLUSH(变量列表)
```

具体而言，列表中的变量需要更新。如果省略列表，则表明对调用线程可见的所有变量进行更新。

下面举例说明 FLUSH 的用法。

```
!File:flush. f
    program flush
    implicit none
    include 'omp_lib. h'

    integer,parameter ::m = 1600000
    integer ::tid
    integer,dimension(0:m) ::x

    call OMP_SET_NUM_THREADS(2)

    x = −10
```

```
!$OMP PARALLEL PRIVATE(tid)SHARED(x)
     tid = OMP_GET_THREAD_NUM( )
     print '(a,3(i5))','initialization:x(i),tid = ',x(0),x(m),tid

!$OMP BARRIER
     if(tid == 1)then
        x = 1
     end if

     print '(a,3(i5))','before flush:x(i),tid = ',x(0),x(m),tid

!$OMP FLUSH(x)
     print '(a,3(i5))','after flush:x(i),tid = ',x(0),x(m),tid
!$OMP BARRIER
     print '(a,3(i5))','after barrier:x(i),tid = ',x(0),x(m),tid

!$OMP END PARALLEL

     end program flush
```

上述代码的执行结果如下：

initialization:x(i),tid =	-10	-10	0
initialization:x(i),tid =	-10	-10	1
before flush:x(i),tid =	1	-10	0
after flush:x(i),tid =	1	-10	0
before flush:x(i),tid =	1	1	1
after flush:x(i),tid =	1	1	1
after barrier:x(i),tid =	1	1	0
after barrier:x(i),tid =	1	1	1

从程序和输出结果可以看出，上述程序具有如下特点：

（1）在进入并行区域时，在 PARALLEL 开始处有一个隐含的 FLUSH，因此线程 0 和线程 1 看到的共享变量的值是一样的，均为 x(1) = -10，x(160000) = -10。

（2）在遇到第一个栅障 BARRIER 时，线程 0 和线程 1 首先进行同步。然后，线程 1 对数组 x 进行赋值 x = 1；由于线程 0 没有给数组 x 赋值的任务，就直接打印 x(1) 和 x(160000) 的值；由于此时线程 1 已经改变了寄存器 x(1) 的值并对内存做了相应改动，但还没有对 x(160000) 进行赋值，因此线程 0 输出结果为 x(1) = 1 且 x(160000) = -10。当线程 1 执行完对数组 x 的赋值任务后，线程 0 的输出结果则变为 x(1) = 1 且 x(160000) = 1。

（3）在遇到 FLUSH 刷新指令后，线程 0 能看见线程 1 对数组 x 的数据的改变。但由于线程 0 还未完成 x(160000) = 1。因此，线程 0 的输出仍为 x(1) = 1 且 x(160000) = -10。

（4）在遇到第一个栅障 BARRIER 时，线程 0 处于等待，而线程 1 完成数组 x 的赋值 x = 1 并打印相关输出后，与线程 0 进行同步。这时线程 0 能看见线程 1 完成对数组 x 的改变，因此线程 0 和线程 1 的输出均为 x(1) = 1 且 x(160000) = 1。

应该注意，编程人员很少需要使用 FLUSH 指令，这是因为此指令已被自动插入到大多数需要它的地方。在没有 NOWAIT 子句的情况下，FLUSH 在以下几种指令下隐含运行：

（1）BARRIER；

（2）CRITICAL 和 END CRITICAL；

（3）END DO；

（4）END SECTIONS；

（5）END SINGLE；

（6）END WORKSHARE；

（7）ORDERED 和 END ORDERED；

（8）PARALLEL 和 END PARALLEL；

（9）PARALLEL DO 和 END PARALLEL DO；

（10）PARALLEL SECTIONS 和 END PARALLEL SECTIONS；

（11）PARALLEL WORKSHARE 和 END PARALLEL WORKSHARE；

（12）OMP_ SET_ LOCK 和 OMP_UNSET_LOCK；

（13）ATOMIC；

（14）如果 OMP_TEST_LOCK、OMP_TEST_NEST_LOCK、OMP_SET_LOCK 和 OMP_UNSET_NEST_LOCK 能正确加锁，则 FLUSH 隐含运行。

下列指令则没有隐式 FLUSH：

（1）DO；

（2）END MASTER；

（3）SECTIONS；

（4）SINGLE；

（5）WORKSHARE；

（6）END PARALLEL NOWAIT。

6.10 小 结

本章介绍了线程组内各线程实现同步分为互斥锁同步和事件同步两种机制。互斥锁同步机制涉及 CRITICAL 指令、ATOMIC 指令和互斥函数构成的标准例程；而事件同步机制则涉及 ORDERED 指令、MASTER 指令、NOWAIT 指令、SECTIONS 指令、SINGLE 指令和 BARRIER 指令。

练 习 题

（1）简述数据竞争产生的原因及解决措施。

（2）简述并行计算中线程同步的意义。

（3）简述 CRITICAL 指令和 ATOMIC 指令的区别。

（4）简述 SINGLE 指令、MASTER 指令和 ORDERED 指令的区别。

（5）试采用 Machin 公式 $\pi = 16\arctan\dfrac{1}{5} - 4\arctan\dfrac{1}{239}$ 来计算圆周率。

（提示：$\arctan x = x - \dfrac{x^3}{3} + \dfrac{x^5}{5} - \dfrac{x^7}{7} + \cdots + (-1)^{n-1}\dfrac{x^{2n-1}}{2n-1}$）

7 运 行 环 境

在前面章节中，已经涉及了 OpenMP 环境变量及其作用，这些环境变量与编译过程无关，但是与运行环境有关。编程人员通过环境变量可以控制程序的运行，经常涉及的主要环境变量有 OMP_DYNAMIC、OMP_SCHEDULE、OMP_NUM_THREADS、OMP_NESTED 和 OMP_STACKSIZE。

在大多数情况下，OpenMP 的环境变量都有对应的库函数，两者的功能是一样的。在同时进行了设置的时候，一般是编译器默认实现的环境变量的优先级最低、编程人员设置的环境变量的优先级较高、库函数的优先级最高，如图 7-1 所示。因为用于并行计算的硬件系统通常由多个用户共同使用，且每个用户可以一次提交多个任务，而且每个任务对环境变量的要求也不尽相同，因此建议尽量少用环境变量，而应在程序中采用库函数进行设置。

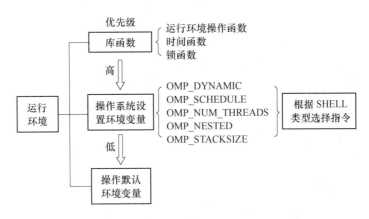

图 7-1　运行环境的设置

运行环境一般通过环境变量或运行环境操作函数进行设定。但在程序运行过程中，通常还经常使用时间函数来测试程序运行状况，利用锁函数来保障并行程序的正确运行。因此，本章将这三个方面内容统称为运行环境的设置方法。

7.1　环 境 变 量

7.1.1　OMP_DYNAMIC

环境变量 OMP_DYNAMIC 用来启用或禁用并行执行区域的线程数的动态调整。此值为 TRUE 或 FALSE；如果未设置，则使用缺省值 TRUE。需要注意的是，如果调用了函数 OMP_SET_DYNAMIC(.FALSE.)，则禁止动态调整线程数目。如果调用了函数 OMP_SET_

DYNAMIC(. TRUE.)，则允许使用函数 OMP_SET_NUM_THREADS( )或者 NUM_THREADS( )设置线程数目。

在 Linux 系统的 Bash Shell 下，环境变量 OMP_DYNAMIC 的设置方法如下：

```
export OMP_DYNAMIC = FALSE
```

7. 1. 2　OMP_SCHEDULE

环境变量 OMP_SCHEDULE 设置 PARALLEL DO 指令中运行时（RUNTIME）调度类型。如果未定义，则使用缺省值 STATIC。环境变量 OMP_SCHEDULE 的取值形式为"类型［，循环迭代次数］"。

在 Linux 系统的 Bash Shell 下，环境变量 OMP_SCHEDULE 的设置方法如下：

```
export OMP_SCHEDULE = STATIC,2
```

7. 1. 3　OMP_NUM_THREADS

环境变量 OMP_NUM_THREADS 设置在并行执行区域内使用的线程数目。可以使用 NUM_THREADS 子句或通过调用 OMP_SET_NUM_THREADS( )来覆盖此值。如果未设置，则使用缺省值 1。环境变量 OMP_NUM_THREADS 的取值是一个正整数。需要注意的是，环境变量 OMP_NUM_THREADS 必须在环境变量 OMP_DYNAMIC 为 . TRUE. 的情况下才能起作用。

在 Linux 系统的 Bash Shell 下，环境变量 OMP_NUM_THREADS 的设置方法如下：

```
export OMP_NUM_THREADS = 4
```

7. 1. 4　OMP_NESTED

环境变量 OMP_NESTED 用来启用或禁用嵌套的并行性，其值为 TRUE 或 FALSE，缺省值为 FALSE。需要注意的是，在程序中可以通过调用函数 OMP_SET_NESTED(. FALSE.)来覆盖环境变量 OMP_NESTED 的值。

在 Linux 系统的 Bash Shell 下，环境变量 OMP_NESTED 的设置方法如下：

```
export OMP_NESTED = FALSE
```

7. 1. 5　OMP_STACKSIZE

环境变量 OMP_STACKSIZE 为 OpenMP 创建的线程设置栈大小，其值是一个带后缀的正整数，其后缀 B、K、M 或 G，分别表示字节、千字节、兆字节或千兆字节。

在 Linux 系统的 Bash Shell 下，环境变量 OMP_STACKSIZE 的设置方法如下：

```
export OMP_STACKSIZE = 10M
```

7.1.6 环境变量的设置方法

首先，分析当前 Linux 系统使用的 Shell 环境，可采用如下命令：

```
echo$SHELL
```

然后根据不同的 Shell 环境，选用不同环境变量的设置方法，见表 7-1。

表 7-1 环境变量的设置

Shell	环 境 变 量
csh	setenv OMP_NUM_THREADS 3
sh、bash 和 ksh	export OMP_NUM_THREADS = 3
DOS	set OMP_NUM_THREADS = 3

需要指出的是，环境变量需要在程序运行前设置，在程序运行后再设置则不起作用。

下面举例说明如何利用环境变量控制数组相加运算的并行。

```fortran
!File:dsr. f
    program do_schdule_runtime
    implicit none
    include 'omp_lib. h'

    integer,parameter ::m = 10
    integer ::nthreads,tid,i,j
    real ::a

    a = 0. 0
!$OMP PARALLEL DO PRIVATE(i)SCHEDULE(runtime)
    do i = 1,m
        tid = OMP_GET_THREAD_NUM( )
        nthreads = OMP_GET_NUM_THREADS( )
        print '(a,3(i6))','nthreads,id,i = ',nthreads,tid,i
    end do
!$OMP END PARALLEL DO

    end program do_schdule_runtime
```

此程序在 Red Hat Linux 系统 Bash Shell 环境中利用 Intel Fortran 编译器进行编译、执行。具体过程如下：

```
ifort-openmp-o ttt dsr. f
export OMP_NUM_THREADS = 3
export OMP_SCHEDULE = STATIC,4
. /ttt
```

执行上述代码后，运行结果如下：

```
nthreads,id,i =      3      0      1
nthreads,id,i =      3      0      2
nthreads,id,i =      3      0      3
nthreads,id,i =      3      0      4
nthreads,id,i =      3      2      9
nthreads,id,i =      3      2     10
nthreads,id,i =      3      1      5
nthreads,id,i =      3      1      6
nthreads,id,i =      3      1      7
nthreads,id,i =      3      1      8
```

从程序和输出结果可以看出，上述程序具有如下特点：

（1）环境变量 OMP_DYNAMIC 的缺省值 TRUE，因此在实际使用中可省略此环境变量的设置。

（2）利用 OMP_NUM_THREADS = 3 设置并行执行区内子线程数量为 3。

（3）利用 OMP_SCHEDULE = STATIC，4 设置 DO 循环的并行调度类型为静态的，每次分配给子线程的循环迭代次数为 4。

（4）循环区域由 3 个子线程并行执行。子线程 0 负责 i = 1~4，子线程 1 负责 i = 5~8，子线程 2 负责 i = 9~10。

7.2 库 函 数

OpenMP 的优势主要体现在编译阶段的编译指导语句，但对运行阶段的支持较少。为了支持运行时对并行环境的控制和优化，OpenMP 提供了运行时库函数。但是要使用运行时库函数，必须在相应的源文件中包含头文件 omp_lib. h。当在 Linux 系统或 Windows 系统下使用 Intel Fortran 编译器时，Fortran 源代码可采用两种方式包含 OpenMP 头文件：

（1）use omp_lib。

（2）include 'omp_lib. h'。

这样，编程人员就可以采用类似于编程语言内部函数调用方式来使用 OpenMP 库函数。由于在没有库支持的编译器上无法正确识别存在 OpenMP 库函数的 OpenMP 程序，因此 OpenMP 库函数的调用打破了源代码在串行和并行之间的一致性。

OpenMP 中涉及的库函数分为三类，运行环境操作函数、时间函数和锁函数。为了方便编程人员，本章不但给出了 OpenMP 时间函数，还给出了 Fortran 语言中经常使用的时间函数，详见 7.2.3 节。

需要指出的是，如果仅调用 Fortran 常用时间函数，而不使用 OpenMP 库函数，那么就不必在相应的源文件中包含头文件 omp_lib. h。

7.2.1 运行环境操作函数

运行环境操作函数，基本上是对某个变量的读写或设置行为。表 7-2 给出了 omp_

lib. h 中这些运行环境操作函数及相关数据结构类型的声明。

表 7-2 运行环境操作函数

运行环境操作函数	描　述
subroutine OMP_SET_NUM_THREADS（num_threads）integer num_threads	确定在并行区域运行的子线程数量。此函数只能在并行区域之外调用，用于覆盖环境变量 OMP_NUM_THREADS 的值
integer function OMP_GET_NUM_THREADS( )	得到并行区域内正在运行的线程组中线程的数量。如果不在并行区域内调用，返回值为1
integer function OMP_GET_MAX_THREADS( )	得到并行区域能够得到的子线程最大数量。这个最大数量是 OpenMP 形成一个新的线程组能创建的最大线程数量。由于这个值是确定的，因此与此函数是在并行区域调用还是在串行区域调用无关。但是如果在串行区域调用了 OMP_SET_NUM_THREADS，则会改变接下来调用 OMP_GET_MAX_THREADS 的值
integer function OMP_GET_THREAD_NUM( )	得到正在执行代码的子线程的线程号。此函数在并行区域外或并行区域内都可以调用
integer function OMP_GET_NUM_PROCS( )	得到程序可以得到的处理器数量
logical function OMP_IN_PARALLEL( )	确定正在运行的代码区域处于并行状态还是串行状态。如果处于并行状态，则返回值为真；否则为假
subroutine OMP_SET_DYNAMIC（dynamic_threads）logical dynamic_threads	确定是否动态设定并行区域执行的线程数量。如果是假，那么按照并行区域前关于如何确定并行区域生成线程数量的原则去确定实际生成的线程数量；如果是真，那么运行时会根据系统资源等因素进行调整。"动态调整"并不是表示并行块执行的过程中会动态变化线程组线程数量，而是在设置了"动态"之后，接下来的并行区域会根据系统的当前状况进行判断来分配合理的线程数量。默认值是假
logical function OMP_GET_DYNAMIC( )	如果允许动态调整线程数量，则返回值为真；否则为假
subroutine OMP_SET_NESTED(nested) integer nested	确定是否能够嵌套并行。如果是真，则允许嵌套并行；否则不允许嵌套并行。默认值是假
logical function OMP_GET_NESTED( )	如果允许嵌套并行，则返回值为真；否则为假

对于 OpenMP 的环境变量而言，大部分环境变量都有对应的库函数，两者的功能是一样的。当环境变量和库函数同时使用时，库函数的优先级更高。

7.2.2 OpenMP 时间函数

OpenMP 提供的时间函数有两个，分别为 omp_get_wtime 和 omp_get_wtick。表 7-3 表明，这两个函数的返回值均是一个双精度实数。如果要得到系统时间，建议用函数 omp_get_wtime，函数返回值的单位是秒。函数 omp_get_wtime 一般成对出现，它们的返回值之差即表示执行这两个时间函数之间的代码块所需的时间。其基本用法为：

```
      real(kind = 8)::t1,t2

      t1 = OMP_GET_WTIME()
      代码块
      t2 = OMP_GET_WTIME()
      print *,'Elapsed CPU time = ',t2-t1,'s'
```

表7-3 时间函数

时 间 函 数	描　　　述
double-precision function OMP_GET_WTIME()	返回值是一个双精度实数，单位为秒。此数值代表相对于某个参考时刻而言已经经历的时间。此参考时刻在程序运行过程中保持不变
double-precision function OMP_GET_WTICK()	返回值是一个双精度实数，单位为秒。此数值等于连续的时钟计时周期之间的秒数，即计时器的精度

下面举例说明时间函数的用法。

```
!File:tt. f
      program timetick
      implicit none
      include 'omp_lib. h'

      integer,parameter ::m = 1000000
      integer ::i,j

      real(kind = 8)::start_time,end_time,used_time
      real(kind = 8)::tick
      real(kind = 8)::x

      call OMP_SET_NUM_THREADS(2)

      start_time = OMP_GET_WTIME()
      print '(a,f20. 5,a)','start_time = ',start_time,'  seconds. '

      do i = 1,m
!$OMP PARALLEL DO PRIVATE(j,x)
      do j = 1,m
          x = log(exp(sin(1. 1 ** 1. 1) ** 1. 1 +1. 0) +1. 0)
      end do
!$OMP END PARALLEL DO
      end do

      end_time = OMP_GET_WTIME()
      print '(a,f20. 5,a)','end_time = ',end_time,'  seconds. '

      used_time = end_time-start_time
```

```
print '(a,f20.5,a)','used_time = ',used_time,'   seconds.'

tick = OMP_GET_WTICK()
print '(a,d13.5,a)','tick = ',tick,'   seconds.'

end program timetick
```

执行上述代码后，运行结果如下：

```
start_time =     1342147241.75388   seconds.
end_time =       1342147242.97108   seconds.
used_time =               1.21720   seconds.
tick =    0.10000D-05   seconds.
```

从程序和输出结果可以看出，上述程序具有如下特点：

（1）编程人员通常关心的是程序运行的准确耗时，而不关心当前的时间，因此需要调用两次 OMP_GET_WTIME 函数，并将两次的返回值求差值。

（2）在程序中，只对内循环实行了并行。这样，每执行一次外循环，就进行一次创建和会合线程组的操作，这大大增加了时间消耗。因此，在对循环的实际应用中，尽量对外循环进行并行。

（3）针对本计算系统，连续的时钟计时周期为 1 微秒，即时钟计时精度为 1 微秒。

7.2.3　Fortran 常用时间函数

不同 Fortran 编译系统涉及的时间函数略有不同。在选择时间函数时，通常遵循"适合自己的才是最好的"这一原则。例如，如果程序需要运行几天，则没有必要使用毫秒级的时间函数，采用 OMP_GET_WTIME 这样精确到秒的时间函数就足够了。一般情况下，编程人员可能还会用到如下 5 种时间函数。

7.2.3.1　secnds

函数 secnds（x）的返回值是一个单精度实数，而参数 x 是参考时间，它们的单位都是秒。其基本用法为：

```
real(kind = 4)::t0,t1

t0 = secnds(0.0)
代码块
t1 = secnds(t0)
print *,'Elapsed CPU time = ',t1,'s'
```

7.2.3.2　cpu_time

子程序 cpu_time 的返回值 x 是一个单精度实数，表示当前 CPU 运行时间，单位是秒。其基本用法为：

```
real( kind = 4) : : t1 ,t2

call cpu_time( t1 )
代码块
call cpu_time( t2 )
print * ,'Elapsed CPU time  = ',t2-t1,'s'
```

7.2.3.3　system_clock

子程序 system_clock(count ,count_rate ,count_max)给出处理器时钟周期数。其中，第一个参数 count 是经过的时间周期数量，第二个参数 count_rate 是每秒内时钟计时周期的数量，第三个参数 count_max 是可以记录的最大周期数量。当 count 的数值超过 count_max 时，其值归 0 后重新开始计时。其基本用法为：

```
integer( kind = 8) : : count1 ,count2 ,count_rate ,count_max
call system_clock( count1 ,count_rate ,count_max )
代码块
call system_clock( count2 ,count_rate ,count_max )
print * ,'Elapsed CPU time  = ',real( count2-count1 )/count_rate,'s'
```

值得注意的是，这些参数和所定义整型参数的位数有关系，也就是和系统有关系。下面程序给出了整型变量字节数目对子程序 system_clock 计时周期和最大周期数量的影响。

```
!File:mst. f
    program max_system_clock
    integer( kind = 2) : : ic2 ,crate2 ,cmax2
    integer( kind = 4) : : ic4 ,crate4 ,cmax4
    integer( kind = 8) : : ic8 ,crate8 ,cmax8

    call system_clock( count = ic2 ,count_rate = crate2 ,count_max = cmax2 )
    call system_clock( count = ic4 ,count_rate = crate4 ,count_max = cmax4 )
    call system_clock( count = ic8 ,count_rate = crate8 ,count_max = cmax8 )

    print * ,ic2 ,crate2 ,cmax2
    print * ,'Elapsed CPU time( max kind = 2) = '
    print * ,cmax2/crate2 ,'seconds'
    print *

    print * ,ic4 ,crate4 ,cmax4
    print * ,'Elapsed CPU time( max kind = 4) = '
    print * ,cmax4/crate4/60/60 ,'hours'
    print *

    print * ,ic8 ,crate8 ,cmax8
    print * ,'Elapsed CPU time( max kind = 8) = '
```

```
        print  * ,cmax8/crate8/60/60/24/365 ,'years'

    end program max_system_clock
```

执行上述代码后，运行结果如下：

```
 21241    1000    32767
Elapsed CPU time( max kind = 2 ) =
    32 seconds

 1223372419          10000   2147483647
Elapsed CPU time( max kind = 4 ) =
    59 hours

        1371717813241987          1000000    9223372036854775807
Elapsed CPU time( max kind = 8 ) =
                292471 years
```

从程序和输出结果可以看出，上述程序具有如下特点：

（1）如果参数是 2 个字节的整数，则 count_ rate = 1000 意味着计时周期是 1 毫秒，且最大计时周期是 32 秒。

（2）如果参数是 4 个字节的整数，则 count_ rate = 10000 意味着计时周期是万分之一秒，且最大计时周期是 59 小时。

（3）如果参数是 8 个字节的整数，则 count_ rate = 1000000 意味着计时周期是 1 微秒，且最大计时周期是 292471 年。

7.2.3.4 date_and_time

子程序 date_and_time(date,time,zone,values) 的返回值包括很多信息，包括日期、时间、时区，最后一个参数是一个大小为 8 的整型数组，记录了年、月、日、时区差（以分钟计）、小时、分钟、秒、毫秒。时区差是指本地时间以及本地时间与格林威治标准时间之间的时差。其基本用法如下：

```
    character( len = 10 ) : : date,time,timezone
    integer( kind = 4 ) : : dimension( 1 :8 ) : : values

    call date_and_time( date,time,timezone,values )
```

子程序 date_and_time 给出的参数较多，比较复杂。具体情况见表 7-4 和表 7-5。

表 7-4　子程序 date_and_time 中各参数的意义

参　数	变量属性	说　明
date	character * 8	以 yyyymmdd 格式表示日期，其中 yyyy 表示四位数的年份，mm 表示两位数的月份，dd 表示两位数的日期

续表 7-4

参　　数	变量属性	说　　明
time	character * 10	以 hhmmss. sss 格式表示当前时间，其中 hh 表示小时，mm 表示分钟，ss. sss 表示秒和毫秒
zone	character * 5	以 hhmm 格式表示当地时间与英国伦敦格林威治标准时间的时差，其中，dd 表示小时，mm 表示分钟。北京时间比格林威治时间早 8 小时，即 zone = +0800
values	integer * 4 values（8）	这 8 个元素组成的整数数组具体意义见表 7-5

表 7-5　数组 **values** 的意义

数组编号	说　　明
values（1）	以 4 位整数表示年份，取值范围为 1 ~ 9999
values（2）	以 2 位整数表示月份，取值范围为 1 ~ 12
values（3）	以 2 位整数表示的日期，取值范围为 1 ~ 31
values（4）	以分钟数表示当地时区与格林威治标准时间的时差
values（5）	以 2 位整数表示小时，取值范围为 0 ~ 23
values（6）	以 2 位整数表示分钟，取值范围为 0 ~ 59
values（7）	以 2 位整数表示秒，取值范围为 0 ~ 59
values（8）	以 3 位整数表示毫秒，取值范围为 0 ~ 999

下面程序详细说明了子程序 date_ and_ time 中各参数的意义和用法。

```
!File:mdt. f
    program monthe_date_time
    character(8)  ::date
    character(10)::time
    character(5)  ::zone
    integer(kind=4),dimension(1:8)::values

    call date_and_time(DATE=date,ZONE=zone)
    call date_and_time(TIME=time)
    call date_and_time(VALUES=values)
    print '(a)','year_month_date   time        time_zone'
    print '(a,8x,a,2x,a)',date,time,zone
    print *

    print '(a)','year        month         date         timezone'
    print '(4(i5,5x))',(values(i),i=1,4)
    print *

    print '(a)','hour        minute       second       millisecond'
```

```
      print '(4(i5,5x))',(values(i),i=5,8)

      end program monthe_date_time
```

执行上述代码后，运行结果如下：

year_month_date	time	time_zone
20130620	201745.082	+0800

year	month	date	timezone
2013	6	20	480

hour	minute	second	millisecond
20	17	45	82

从程序和输出结果可以看出，上述程序具有如下特点：

（1）参数 date 将年、月、日的信息写在一起，可将其方便地写到文件中去，但将它转化为整型数据不方便。

（2）参数 time 将小时、分钟、秒和毫秒的信息写在一起，可将其方便地写到文件中去，但将它转化为整型数据不方便。

（3）参数 zonetime 表明的是当地时区与格林威治标准时间的时差。

（4）数组 values 将年、月、日、小时、分钟、秒和毫秒的数据分别存储，可根据需要选取合适的数据，但在实际应用过程中仍不方便。

7.2.3.5 实例分析

为了便于编程人员正确使用时间函数，现以常用的时间函数 secnd、cpu_time 和 system_clock 为例分析子程序 delay 的计算耗时。

```
!File:etf.f
      program example_time_function
      implicit none
      real(kind=4)::t0,t1

      real(kind=4)::cpu_start,cpu_finish

      integer::count_rate,count_max
      integer::count1,count2

C-----function secnd
      t0 = secnds(0.0)
      call delay
      t1 = secnds(t0)
      print *,'secnd = ',t1,'seconds.'
      print *
```

```
C-----subroutine cpu_time
      call cpu_time(cpu_start)
      call delay
      call cpu_time(cpu_finish)
      print *,"cpu_time = ",cpu_finish-cpu_start," seconds."
      print *

C-----subroutine system_clock
      call system_clock(count1,count_rate,count_max)
      call delay
      call system_clock(count2,count_rate,count_max)
      print *,"system_clock = ",real(count2-count1)/real(count_rate),"s."

      end program example_time_function

C-----------------------------------------------------------
      subroutine delay
      implicit none
      integer(kind=4)::i,j,m
      real(kind=4)::x

      m=10000
      do i=1,m
      do j=1,m
        x=sin(cos(log(real(j))))
      end do
      end do
      print *,'sub delay is called',x

      return
      end subroutine delay
```

执行上述代码后，运行结果如下：

```
sub delay is called-0.8288765
secnd =    1.303138        seconds.

sub delay is called-0.8288765
cpu_time =    1.304802        seconds.

sub delay is called-0.8288765
system_clock =    1.307300        s.
```

从程序和输出结果可以看出，上述程序具有如下特点：

（1）不同的时间函数给出了相同的结果。

（2）函数 secnd 和子程序 cpu_time 中的参数少，编程容易。

7.2.4 锁函数

锁机制是为了维护一块代码或者一块内存的一致性，从而使所有在其上的操作串行化。具体而言，线程在访问共享资源时对其加锁，在访问结束时进行解锁，这样可以保证在任意时间内，始终只有一个线程处于临界块中。其他希望进入临界块的线程都需要对锁进行测试。如果该锁已经被某一个线程所持有，则测试线程就会被阻塞，直到该锁被释放。否则，测试线程会不断重复上述过程。当锁使用完毕后，需要对锁进行销毁。

OpenMP 内包含 2 种类型的锁——简单锁和可嵌套锁，每一种都可以有 3 种状态——未初始化、已上锁和未上锁。简单锁不可以多次上锁，即使是同一线程也不允许。OpenMP 可以对锁实行以下 5 种操作：初始化（INITIALIZE）、上锁（SET）、解锁（UNSET）、测试（TEST）和销毁（DESTORY）。

相对于其他函数而言，锁操作相当复杂。表 7-6 给出了上述 5 种锁操作所对应的锁函数。

表 7-6　锁函数

锁 函 数	描 述
subroutine OMP_INIT_LOCK(lock) integer(kind = OMP_LOCK_KIND)::lock	初始化一个简单锁
subroutine OMP_SET_LOCK(lock) integer(kind = OMP_LOCK_KIND)::lock	简单锁加锁操作。执行该函数的线程阻塞等待加锁完成,得到简单锁的所有权
logical OMP_TEST_LOCK(lock) integer(kind = OMP_LOCK_KIND)::lock	非阻塞加锁,不阻塞线程的执行。对于简单锁,如果锁已经成功设置,返回值为真。否则,返回值为假
subroutine OMP_UNSET_LOCK(lock) integer(kind = OMP_LOCK_KIND)::lock	简单锁解锁,释放当前运行的线程对此简单锁的占有权
subroutine OMP_DESTROY_LOCK(lock) integer(kind = OMP_LOCK_KIND)::lock	销毁简单锁并释放内存
subroutine OMP_INIT_NEST_LOCK(lock) integer(kind = OMP_NEST_LOCK_KIND)::lock	初始化一个嵌套锁
subroutine OMP_SET_NEST_LOCK(lock) integer(kind = OMP_NEST_LOCK_KIND)::lock	嵌套锁加锁操作。执行该函数的线程阻塞等待加锁完成,锁计数器加1,得到或保留此嵌套锁的所有权
integer OMP_TEST_NEST_LOCK(lock) integer(kind = OMP_NEST_LOCK_KIND)::lock	非阻塞加锁,不阻塞线程的执行。对于嵌套锁,如果锁已经成功设置,返回值为锁计数器的新值。否则,返回值为0
subroutine OMP_UNSET_NEST_LOCK(lock) integer(kind = OMP_NEST_LOCK_KIND)::lock	嵌套锁解锁,锁计数器减1
subroutine OMP_DESTROY_NEST_LOCK(lock) integer(kind = OMP_NEST_LOCK_KIND)::lock	销毁嵌套锁并释放内存

7.2.4.1 简单锁

简单锁不可以多次上锁，即使是同一个线程也不允许。除了线程尝试给已经被某个线程持有的锁进行上锁操作不会阻塞外，其他情况线程均处于阻塞状态。

下面举例说明阻塞加锁的用法。

```
!File:lock. f
     program lock
     implicit none
     include 'omp_lib. h'

     integer,parameter ::m=5
     integer ::tid,i
     integer(OMP_LOCK_KIND)::lck

     call OMP_SET_NUM_THREADS(3)

     call OMP_INIT_LOCK(lck)

!$OMP PARALLEL DO PRIVATE(tid,i)SHARED(lck)
     do i=1,m
          tid=OMP_GET_THREAD_NUM( )

          call OMP_SET_LOCK(lck)
          print '(a,i3,a,i3)','thread id=',tid,'  i=',i
          call OMP_UNSET_LOCK(lck)
     end do
!$OMP END PARALLEL DO

     call OMP_DESTROY_LOCK(lck)

     end program lock
```

上述代码的执行结果如下:

```
thread id =   0   i =   1
thread id =   0   i =   2
thread id =   2   i =   5
thread id =   1   i =   3
thread id =   1   i =   4
```

从程序和输出结果可以看出,上述程序具有如下特点:

(1) 首先在进入并行区域前申请了 3 个线程,然后主线程 0 调用 OMP_INIT_LOCK 函数初始化一个简单互斥锁。

(2) 进入并行区域后,循环指标变量 (i = 1~5) 被分割为 3 个部分:主线程 0 负责 (i = 1, 2),子线程 1 负责 (i = 3, 4),子线程 2 负责 (i = 5)。子线程 0 调用 OMP_SET_LOCK 函数进行加锁操作而获得了锁。子线程 0 调用 OMP_TEST_LOCK 函数尝试进行简单锁的加锁操作。由于简单锁已被线程 0 加锁,因此线程 1 和线程 2 加锁失败,返回值为 FALSE。这就意味着正在执行的线程 0 早已拥有了简单锁。线程 0 在完成输出拥有锁的信息后调用 OMP_UNSET_LOCK 函数进行解锁操作。

（3）在线程 0 进行解锁操作后，线程 2 调用 OMP_SET_LOCK 函数进行加锁操作而获得了锁。子线程 1 调用 OMP_TEST_LOCK 函数尝试进行简单锁的加锁操作。由于简单锁已被线程 2 加锁，因此线程 1 加锁失败，返回值为 FALSE。线程 2 在完成输出拥有锁的信息后调用 OMP_UNSET_LOCK 函数进行解锁操作。

（4）在线程 2 进行解锁操作后，线程 1 调用 OMP_SET_LOCK 函数进行加锁操作而获得了锁。线程 1 在完成输出拥有锁的信息后调用 OMP_UNSET_LOCK 函数进行解锁操作。

（5）在并行区域结束后，调用 OMP_DESTROY_LOCK 函数销毁简单锁，释放内存。

（6）加锁操作的特点是，当 1 个线程加锁以后，其余请求锁的线程将形成 1 个等待队列，并在解锁后按优先级获得锁。因此，DO 结构内加锁和解锁之间的代码只允许 1 个线程执行。虽然试图将此 do 循环采用 3 个线程进行并行，但在实际执行过程中，当 1 个线程执行任务时，其他线程处于阻塞状态。

事实上，上述程序也可以通过 CRITICAL 指令来实现，且输出结果与阻塞加锁程序的输出结果完全一致。

```
!File:critical. f
      program critical
      implicit none
      include 'omp_lib. h'

      integer,parameter ::m = 5
      integer ::tid,i

      call OMP_SET_NUM_THREADS(3)
!$OMP PARALLEL DO PRIVATE(tid,i)
      do i = 1,m
         tid = OMP_GET_THREAD_NUM( )

!$OMP CRITICAL
         print '(a,i3,a,i3)','thread id = ',tid,'  i = ',i
!$OMP END CRITICAL

      end do
!$OMP END PARALLEL DO

      end program critical
```

下面举例说明非阻塞加锁的用法。

```
!File:lu. f
      program lock_unblock
      include 'omp_lib. h'
      integer(OMP_LOCK_KIND) ::lck
      integer ::idcpu,mcpu,counter,i
```

```
      call OMP_SET_NUM_THREADS(8)

      call OMP_INIT_LOCK(lck)

      counter = 0
!$OMP PARALLEL PRIVATE(idcpu,i) SHARED(lck) FIRSTPRIVATE(counter)
      idcpu = OMP_GET_THREAD_NUM()

      do while(. not. OMP_TEST_LOCK(lck))
c this thread does not yet have the lock,so it must do something else.
      print *
      print '(a,i5,a)','thread id',idcpu,' does not have a lock'
      print *
      counter = counter + 1
      end do
c this thread now has the lock and can do the work.
      print '(a,i5,a)','thread id',idcpu,' has a lock'
      print '(a,i5,a)','          counter = ',counter
      print '(a,i5,a)','thread id',idcpu,' released a simple lock'

      call OMP_UNSET_lock(lck)
!$OMP END PARALLEL

      call OMP_DESTROY_LOCK(lck)

      end program lock_unblock
```

上述代码的执行结果如下：

```
thread id     0 has a lock
      counter =       0
thread id     0 released a simple lock
thread id     4 has a lock
      counter =       0
thread id     4 released a simple lock

thread id     5 does not have a lock

thread id     5 has a lock
      counter =       1
thread id     5 released a simple lock
thread id     3 has a lock
      counter =       0
thread id     3 released a simple lock
thread id     1 has a lock
```

```
        counter =        0
thread id        1 released a simple lock
thread id        7 has a lock
        counter =        0
thread id        7 released a simple lock
thread id        6 has a lock
        counter =        0
thread id        6 released a simple lock
thread id        2 has a lock
        counter =        0
thread id        2 released a simple lock
```

从程序和输出结果可以看出，上述程序具有如下特点：

（1）首先，程序申请了8个线程，然后调用 OMP_INIT_LOCK 函数对简单锁进行了初始化；进入并行区域后，创建了8个线程，并且这8个线程分别拥有私有变量 counter（初始值为0）。

（2）因为这8个线程的创建时间不一致，先创建的线程0和4通过 OMP_TEST_LOCK 函数先后成功地取得了对简单锁的拥有权并对简单锁进行释放。由于它们取得简单锁的拥有权过程中未经历失败，因此它们的私有变量 counter 均为零。但在线程4拥有简单锁期间，线程5也试图获得简单锁，结果失败了。由于是非阻塞加锁，因此线程5可在此等待期间执行加法运算 COUNTER = COUNTER + 1。当线程4释放互斥锁后，线程5马上获得了简单锁，此时，线程5的私有变量 counter 不再为零，其值取决于线程5执行 OMP_TEST _LOCK 函数的次数。当线程5释放简单锁以后，线程3、1、7、6和2又先后成功地拥有了互斥锁，因此它们的私有变量 count = 0。

（3）在并行区域结束后，调用 OMP_DESTROY_LOCK 函数销毁简单锁，释放内存。

下面的例子是利用锁操作寻找正整数数组 A 中最大的元素。

```
!File:lm. f
      program lock_max
      include 'omp_lib. h'
      parameter( m = 1000 )

      integer lck
      integer idcpu,mcpu,i,a( m ),max,imax
!$OMP PARALLEL DO PRIVATE( idcpu,i ) SHARED( a )
      do i = 1, m
            idcpu = OMP_GET_THREAD_NUM( )
            a( i ) = idcpu + i + idcpu * i
      end do
!$OMP END PARALLEL DO
```

```
        print '(a)','-------------series program-------------'
        max = - 1
        imax = - 1
        do i = 1,m
            if(a(i). ge. max)then
                max = a(i)
                imax = i
            end if
        end do
        print '(a,i5,i5)','max,imax = ',max,imax
        print *

        call OMP_SET_NUM_THREADS(8)

        print '(a)','----parallel program without lock-----'
        max = - 1
        imax = - 1
!$OMP PARALLEL DO PRIVATE(i)SHARED(max,imax,a)
        do i = 1,m
            if(a(i). ge. max)then
                max = a(i)
                imax = i
            end if
        end do
!$OMP END PARALLEL DO
        print '(a,i5,i5)','max,imax = ',max,imax
    print *

        print '(a)','-------parallel program with lock------'
        call OMP_INIT_LOCK(lck)

        max = - 1
        imax = - 1
!$OMP PARALLEL DO PRIVATE(i)SHARED(max,imax,a)
        do i = 1,m
            call OMP_SET_LOCK(lck)
            if(a(i). ge. max)then
                max = a(i)
                imax = i
            end if
            call OMP_UNSET_LOCK(lck)
        end do
```

```
!$OMP END PARALLEL DO
      call OMP_DESTROY_LOCK(lck)

      print '(a,i5,i5)','max,imax = ',max,imax

      end program lock_max
```

上述代码的执行结果如下：

```
------------series program------------
max,imax = 8007 1000

----parallel program without lock-----
max,imax = 6131   875

------parallel program with lock------
max,imax = 8007 1000
```

从程序和输出结果可以看出，上述程序具有如下特点：

（1）此程序共分为四部分。第一部分是给正整数数组 A 赋值；第二部分是采用串行程序计算数组 A 的最大值，结果是最大值为 A［1000］＝8007；第三部分是采用没有锁操作并行程序计算；第四部分是采用锁操作并行程序计算。

（2）在没有采用锁操作的情况下，在比较过程中存在数据竞争现象。下面以两个线程为例来进行分析。设 A(1)＝1,A(2)＝2。线程 1 执行时，发现 A(1)＞MAX，因此需要令 MAX＝A(1)，IMAX＝1；此时，系统如果将线程 1 挂起，而线程 2 继续执行，则线程 2 发现 A(2)＞MAX,于是令 MAX＝A(2)，IMAX＝2，线程 2 完成；然后，系统唤醒线程 1 执行写操作：MAX＝A(1)，IMAX＝1。由于线程 2 的写操作发生在线程 1 的写操作之后，因此，共享变量 MAX＝1，IMAX＝1。这样的并行计算结果与串行结果不一致，并且具有不确定性（上述结果只给出了其中的一种情况）。

（3）在采用锁操作的情况下，在循环的执行过程始终存在一个互斥锁，这样循环代码段只允许一个线程执行，因此不存在数据竞争，从而得到正确的结果。

7.2.4.2 嵌套锁

嵌套锁与简单锁没有实质的不同，它们之间的区别在于使用嵌套锁时会引用锁计数器从而记录嵌套锁已被上锁的次数。事实上，简单锁就是一个一重嵌套锁。当一个子程序被所在程序的不同位置反复调用时，嵌套锁的合理使用能使编程人员不用担心子程序的调用次序问题。

同简单锁一样，可嵌套锁也有三种状态——未初始化、已上锁和未上锁。OpenMP 对可嵌套锁也可以实行以下五个操作：初始化（INITIALIZE）、上锁（SET）、解锁（UN-SET）、测试（TEST）和销毁（DESTORY）。除了当线程尝试给已经持有的锁上锁时不会阻塞外，线程还可以通过引用锁计数器知道嵌套锁已经被上锁了几次。除此之外，可嵌套锁与简单锁并没有其他差异。

下面这个例子是通过调用嵌套锁来实现正整数的加法和减法的并行计算。

```fortran
!File:nestlock. f
      program nestlock
      implicit none
      include 'omp_lib. h'
      integer( OMP_NEST_LOCK_KIND) ::lck
      integer ::x

      x = 1000
      call OMP_INIT_NEST_LOCK(lck)

!$OMP PARALLEL SECTIONS SHARED(X,LCK)
!$OMP SECTION
      call add(x,20,lck)
      print '(a)'
!$OMP SECTION
      call substract(x,10,lck)
!$OMP END PARALLEL SECTIONS

      call OMP_DESTROY_NEST_LOCK(lck)

      end program nestlock

C--------------------------------------------------------
      subroutine add(x,dx,lck)
      implicit none
      include 'omp_lib. h'
      integer( OMP_NEST_LOCK_KIND) ::lck
      integer ::x,dx

      if( dx . gt. 0. 0) then
         print '(a)','sub add'
      else
         print '(a)','sub add for sub substract'
      end if

      call OMP_SET_NEST_LOCK(lck)
      print '(a)','set nested lock for + operation'
            x = x + dx
      call OMP_UNSET_NEST_LOCK(lck)
      print '(a)','unset nested lock for + operation'

      return
      end subroutine add

C--------------------------------------------------------
```

```
subroutine substract( x , dx , lck )
implicit none
include 'omp_lib. h'
integer( OMP_NEST_LOCK_KIND) : : lck
integer : : x , dx

print '( a )' , 'sub substract'

call OMP_SET_NEST_LOCK( lck )
print '( a )' , 'set nested lock for-operation'
        call add( x , - dx , lck )
call OMP_UNSET_NEST_LOCK( lck )
print '( a )' , 'unset nested lock for-operation'

return
end subroutine substract
```

上述代码的执行结果如下：

```
sub add
set nested lock for + operation
unset nested lock for + operation

sub substract
set nested lock for-operation
sub add for sub substract
set nested lock for + operation
unset nested lock for + operation
unset nested lock for-operation
```

从程序和输出结果可以看出，上述程序具有如下特点：

（1）首先，主程序调用 OMP_INIT_NEST_LOCK 函数对一个嵌套锁进行了初始化。

（2）由于在执行过程中只能存在一个嵌套锁，因此上述代码能够保证子程序 add 一次只能被一个线程所调用，这样在调用子程序 substract 时不必知道子程序 add 内部的运行机制。

（3）在第一个 SECTION 块中执行 add 子程序时，首先给一个嵌套锁上锁，从而保证在做加法过程中对共享变量 x 的保护，最后给这个嵌套锁解锁。

（4）在第二个 SECTION 块中执行 substract 子程序时，必须等前面的嵌套锁解锁完毕，才能重新获得嵌套锁然后嵌套锁上锁，这是第一重嵌套锁；然后调用子程序 add，给嵌套锁再加一重嵌套锁，这是第二重嵌套锁；然后对共享变量 x 做加法；完成加法后，解除第二重嵌套锁后退回到 substract 子程序；最后在解除第二重嵌套锁后退回到主程序。

（5）最后，主程序调用 OMP_DESTROY_LOCK 函数销毁嵌套锁，释放内存。

7.2.4.3 死锁

通过锁操作可以在一定程度上避免数据竞争。每个线程在访问共享变量时必须申请得到锁，然后访问共享变量，访问完毕则要释放锁，以便其他线程访问共享变量。但是锁操作也会带来严重的问题。锁的最突出问题就是死锁。所谓死锁，是指各子线程彼此互相等待对方所拥有的资源，且这些线程在得到对方的资源之前不会释放自己所拥有的资源。这样，各线程都想得到资源而又都得不到资源，造成各子线程都不能继续执行。

下面考虑一个最简单的死锁例子。当两个线程以相反的顺序申请两个锁时，会出现死锁。线程 1 获得了锁 1，线程 2 获得了锁 2；然后线程 1 申请获得锁 2，同时线程 2 申请获得锁 1。这样，两个线程将永远阻塞，死锁就发生了。

死锁发生的条件是多方面的，下面给出死锁出现必须满足的四个条件[3]：

（1）互斥条件：线程对资源的访问是独占的，即每次只允许一个线程使用。如果另一个线程申请此资源，则申请线程必须等待至此资源被释放为止。

（2）非抢占条件：线程所占有的资源在未使用完毕之前，不能被其他进程强行抢夺，而只能由获得该资源的线程自己释放。

（3）占有并等待条件：一个线程在已经占有一个资源的同时继续请求其他资源，但是所申请的资源被其他线程所占有。所有线程在等待新资源的同时都不释放已经占有的资源。

（4）循环等待条件：线程对资源的请求形成一个循环链，链中每个线程占有的资源同时被下一个线程所申请。

死锁的预防就是破坏这些条件，具体方法如下[3]：

（1）每个线程都复制原本需要互斥访问的资源。这样，每个线程都拥有所需要资源的私有副本。每个线程可以通过访问自己的私有副本来实现对资源的访问，从而避免使用锁。如果需要的话，可在程序的最后再将每个线程所占有资源的副本进行合并从而形成一个单一的共享资源副本。

（2）如果资源无法被复制，就必须按照一定的顺序获取资源（锁），并确定适当的规则来获取锁。常用的规则有：1）如果所有锁都与一个名称关联，那么可以利用字母表作为定序规则；2）根据数据结构的拓扑结构，如链表、树等作为定序规则；3）如果知道将要访问的锁地址，则可以按照地址对锁进行排序。

（3）不抢占已经分配的资源。即当一个线程无法获取其他资源时，首先放弃自己已经占有的资源。

避免死锁是多线程程序的挑战之一。为了避免死锁的发生，建议在编程时遵循以下原则：

（1）对程序只进行局部并行优化，不要进行全局优化，从而减少程序的复杂性。

（2）对共享资源操作前一定要获得锁，完成操作以后一定要释放锁，同时要尽量短时间地占用锁。

（3）加锁顺序是关键。使用嵌套锁必须以相同顺序获取锁，以获取锁相反的顺序来释放锁。

（4）线程错误返回时应该释放它所获得的锁。

（5）复杂的加锁方案也可能造成死锁，因此尽量采用简单的加锁方案。

7.3 小 结

本章介绍了 OpenMP 中运行环境的设置方法。在目前的运行环境设置方法中，运行环境操作库函数的优先级最高，在操作环境中设置环境变量的优先级次之，操作环境的默认变量优先级最低。

OpenMP 中的库函数包括环境操作库函数、锁函数和时间函数。锁函数用于保障并行程序的正确运行，并同时要注意避免死锁的出现。时间函数常用于编程人员对程序的优化。不同编译器支持不同的时间函数，但是 OpenMP 定义了两个时间函数，OMP_GET_WTIME( ) 和 OMP_GET_WTICK( )。编程人员在实际应用过程中需要注意，时间函数可根据需要采用 OpenMP 定义的时间函数或 Fortran 中的时间函数，调用时间函数是为了确定不同程序区域的实际运行时间，从而确定需要并行的程序区域。

练 习 题

（1）请给出目前所使用的计算机的操作系统类型，并将环境变量 OMP_NUM_THREADS 的值设为 2。

（2）请列出目前使用的 Fortran 编译器所支持的时间函数。

（3）请编写一个程序计算圆周率，并利用时间函数给出此程序的计算耗时。

（4）模仿程序 lm. f 编写一个利用锁操作实现寻找一个实数数组 $x(i, j, k) = \dfrac{3i + 4j - 2k}{i \times j \times k}(i, j, k = 1 \sim 100)$ 的最小值，并指出最小值对应的下标。

（5）请说明阻塞加锁和非阻塞加锁的差别。

（6）请分析死锁产生的原因及产生的条件，并给出避免死锁需要遵循的原则。

8 OpenMP 3.0 新特征

OpenMP 2.5 是为程序中较规则的数组循环结构而设计的基于线程的并行计算标准。它提供 SINGLE、SECTION、WORKSHARE 等静态的显式任务划分，但对于动态或者非规则的多任务并行则不能提供直接和高效的支撑。在现实应用中，编程人员需要一种简单的方法来标识这些独立的工作单元，并且希望在执行过程中不必关心这些工作单元的调度。通常，这些工作单元以动态方式产生，并需要异步执行。但是对于这样的工作单元，OpenMP 2.5 不能很好地提供支持。因此，OpenMP 3.0 标准定义了任务级并行，并加入一些任务并行的指导语句[24]。Intel 11.0 以上版本的 Fortran 编译器已经实现 OpenMP 3.0 的任务级并行支持，它采用!$OMP TASK 来创建任务。

除了任务结构的引入以外，OpenMP 还对 DO 指令的子句进行了扩充，引入了嵌套循环的展开这一概念，同时还改变了锁拥有者的属性，如图 8-1 所示。

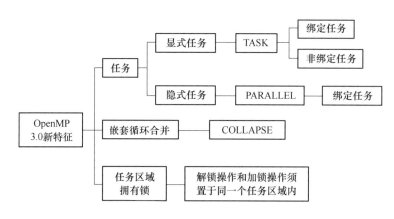

图 8-1　OpenMP 3.0 的新特征

8.1　任　务

实际上，每个子线程执行的工作就是任务的一部分。例如，遇到的一个并行区域的线程组需要完成的任务实质上就是隐式任务。这些隐式任务分配给线程组中的子线程完成，每个子线程完成任务中的一部分；同时，在并行区域结束处设置了隐含的栅障，要求所有的隐式任务必须在栅障处完成。只不过，在 OpenMP 2.5 以前的版本并没有将这样的工作命名为任务，而在 OpenMP 3.0 中，则将这样的工作显式地定义为任务（TASK）。

8.1.1　任务结构

在 Fortran 中，TASK 结构的定义方法如下：

```
! OMP TASK [子句列表]
            IF(标量表达式)
            UNTIED
            DEFAULT( PRIVATE ∣ FIRSTPRIVATE ∣ SHARED ∣ NONE )
            PRIVATE(变量列表)
            FIRSTPRIVATE(变量列表)
            SHARED(变量列表)
      代码块
! OMP END TASK
```

其中，方括号 [ ] 表示可选项。可选项可以在 IF、UNTIED、PRIVATE、SHARED、DE-FAULT 和 FIRSTPRIVATE 这些子句中进行选择。在任务内对 SHARED 子句中所列出的变量的所有引用是指在 TASK 指令之前的同名变量。对于每个 PRIVATE 和 FIRSTPRIVATE 变量，都会创建一个新存储，并且对 TASK 结构词法范围内的原始变量的所有引用都会被新存储的引用所替换。遇到任务时，将会使用原始变量的值初始化 FIRSTPRIVATE 变量。

TASK 指令定义了与任务及相应的数据环境相关联的代码。其任务结构可以放在程序中任何位置。当线程遇到任务结构时，就生成新的任务。当线程执行任务时，可能选择立即执行任务方式或延迟执行任务方式。任务的实际执行方式取决于任务调度，如果线程选择的是延迟执行任务方式，则任务会被放置在与当前并行区域相关联的任务池中。当前线程组中的线程将任务从该任务池中取出，并执行这些任务，直到该任务池为空。执行任务的线程有时与最初遇到该任务的线程不同。在 OpenMP 3.0 中存在两种任务：隐式任务和显式任务。

8.1.2　任务特征

任务是一个独立的工作单元，它由可运行的代码和数据环境组成[24,25]。其中，可运行代码是由创建该任务的线程在遇到任务结构时根据代码块进行封装打包的，而数据环境则是该线程根据任务结构的数据共享属性语句进行封装打包的。当线程遇到任务结构或 PARALLEL 结构时就生成任务。当线程遇到的是任务结构时，生成的是显式任务；当线程遇到的是 PARALLEL 结构或在隐式并行区内则生成的任务是隐式任务。

当线程执行一个任务时，就会生成一个任务区域。任务区域是一个线程在执行任务过程中遇到的全部代码。一个并行区域可以包含一个或多个任务区域。内层的任务结构可以嵌套在外层的任务结构中，但是内层的任务区域和外层的任务区域之间不能存在关系，必须是两个独立的区域。

因此，任务结构是任务指令和代码块；任务是线程遇到任务结构时打包的代码、指令和数据环境；任务区域是线程执行任务时的动态指令。

8.1.3　任务类别

8.1.3.1　显式任务

显式任务通过 TASK 指令来指定。这些显式任务可能会被遇到的子线程马上执行，也可能被延迟而被线程组内其他子线程来执行。显式任务又可以进一步划分为绑定（TIED）

任务和非绑定（UNTIED）任务两种。在缺省情况下，显式任务是绑定任务。

为了有效地执行不同的任务，允许线程在任务调度点暂停执行任务区域。如果任务代码从始至终均由一个线程来执行，则称此任务为绑定任务。在执行绑定任务过程中，执行绑定任务的线程可以在执行本任务期间暂停执行绑定任务，进行任务切换去执行其他任务，但是在以后某个时刻必须要返回继续执行本绑定任务。

如果任务可以由多个子线程执行，那么不同的子线程可以执行任务代码的不同部分，则称此任务为非绑定任务。即非绑定任务在暂停后，并不要求继续执行本任务的子线程是开始执行此任务的子线程，而可以由在当前线程组中任何子线程来恢复执行该非绑定任务。这样，任务切换可能发生在非绑定任务中的任何位置。非绑定任务可以通过将 UNTIED 子句与 TASK 指令一起使用来进行定义。

8.1.3.2　隐式任务

隐式任务是由隐式并行区域生成的任务，或是在执行期间遇到并行结构时生成的任务。每个隐式任务的代码都是在 PARALLEL 结构内的代码，并且每个隐式任务会分配给线程组中的不同子线程。需要指出的是，隐式任务都是绑定任务，即隐式任务从始至终均由最初分配的子线程来执行。

8.1.3.3　任务调度

在并行区域中生成的所有显式任务，必须保证它们在并行区域中遇到下一个显式或隐式栅障前完成。对于在遇到 PARALLEL 结构时生成的所有任务，则必须保证在该并行区域退出前完成。对于遇到通过 TASKWAIT 指令指定绑定到特定并行区域的显式任务，如果它的直接子任务都已经完成，则继续执行；否则将挂起等待直到其直接子任务都完成，但不要求其所有的子孙任务均已完成。

当线程到达任务调度点时，可以进行一次任务切换，即开始或恢复一个和当前线程组绑定的不同任务，也可以不做。OpenMP 标准为绑定任务定义了以下任务调度点：

（1）任务结构的创建（!$OMP TASK）。

（2）任务等待结构（!$OMP TASKWAIT）。

（3）隐式或显式栅障（!$OMP BARRIER）。

（4）任务的完成（!$OMP END TASK）。

此外，对于非绑定任务，任务切换则可以发生在该任务区域的任何位置。

当线程遇到任务调度点时，在遵循任务调度的前提下，可以执行以下操作：

（1）开始执行一个绑定任务。

（2）恢复任意和自己绑定的被挂起的任务。

（3）开始执行一个非绑定任务。

（4）恢复任意被挂起的非绑定任务。

在任务的调度过程中，需要遵循以下限制：

（1）当 TASK 结构中存在 IF 子句，并且标量表达式的值是 .FALSE. 时，遇到任务的子线程必须立即执行任务。IF 子句可用来避免生成许多细粒度任务以及将这些任务放在任务池中所造成的开销。

（2）当调度新的绑定任务（即没有开始执行的绑定任务）时，如果新的绑定任务是任务集合中某个任务的子孙任务才能被调度；如果绑定到线程的任务集合是空集则可以调度任意新的绑定任务。

（3）在一个存在 IF 子句的显式任务中使用 CRITICAL 和锁时，如果 IF 子句表达式为 . FALSE. ，则任务立即执行，不受任务调度（2）的约束。

（4）任务调度点将任务区域动态地划分为几个部分，每一个部分均需从头到尾不中断地执行，同一个任务区域的不同部分按照它们被遇到的顺序执行。

需要注意的是，为了避免死锁的发生，在非绑定任务中不建议使用 CRITICAL 指令和锁。这是因为 CRITICAL 是基于（或绑定到）特定线程，而锁是基于（或绑定到）特定任务的，因此获得 CRITICAL 的线程和获得锁的任务有义务释放资源。

8.1.4 任务同步

任务的同步方式有两种：栅障和 TASKWAIT。栅障保证在栅障之前生成的所有任务都必须完成；而 TASKWAIT 则保证当前任务的直接子任务（而不是所有子孙任务）都必须完成[24]。

8.1.4.1 栅障

如果到达栅障的子线程是线程组中最后到达的子线程且总任务不等于零，则设立标志表示所有线程已经到达栅障。如果此时共享池中还存在任务，则线程组中的子线程按照先来先服务的顺序依次从任务池中提取任务执行，直到所有任务已经完成且最后一个子线程到达。

8.1.4.2 TASKWAIT 指令

指令 TASKWAIT 用于使一个任务处于等待状态直到它的所有子任务被执行完毕。在实际应用过程中，TASKWAIT 不能与 if、while、do、case 一起使用。当线程遇到 TASKWAIT 指令时，就会检查当前任务是否存在子任务。当存在子任务且处于等待执行状态，则线程调度其子任务运行，同时将当前任务保存在线程的任务池中；如果未完成的子任务都在运行，则线程挂起，等待所有的子任务完成。当最后一个子任务完成后，发送信号通知当前任务，然后线程继续执行当前任务。

TASKWAIT 指令的语法格式如下：

```
!$OMP TASKWAIT
```

需要注意的是，指令 TASKWAIT 是指在完成直接子任务（而不是所有子孙任务）时进行等待。

8.1.5 DO 指令、SECTIONS 指令和 TASK 指令

任务的执行必须具备三大要素：代码块、数据环境以及执行任务的线程，而执行任务的线程具有两个显著特征：

（1）每个遇到任务的线程会执行任务的一部分。

（2）线程组中的部分线程会稍后执行任务。

从任务执行的角度来看，DO 指令也可以看作是某一个线程执行某一次迭代。如果将每一次迭代看成一个 TASK，那么 DO 指令也就是 TASK 的工作方式了。在 DO 指令只能用于循环迭代的基础上，OpenMP 还提供了 SECTIONS 指令来构造一个 SECTIONS，然后在 SECTIONS 结构中定义了一系列的 SECTION，每一个 SECTION 由一个线程执行。这样，每

一个 SECTION 就相当于 DO 指令的每一次迭代，只是使用 SECTIONS 指令会更灵活，更简单。实际上，DO 和 SECTIONS 在某种程度上是可以转换的，下面的例子是使用 DO 指令和 SECTIONS 指令分别执行四个任务。

如果采用!$OMP DO 指令，则程序可表示如下：

```fortran
! File:pd. f
    program print_do
    implicit none
    include'omp_lib. h'

    integer::i,m
    integer,dimension(1:100)::a,b

    call OMP_SET_NUM_THREADS(6)

    m = 4

    do i = 1,100
        a(i) = i
        b(i) = 1
    end do

!$OMP PARALLEL PRIVATE(i) SHARED(a,m)
!$OMP DO
    do i = 1,m
        call print_task(a(i))
    end do
!$OMP END DO
!$OMP END PARALLEL

    end program print_do

C-----------------------------------------------------
    subroutine print_task(i)
    implicit none
    include'omp_lib. h'

    integer::i,tid,nthreads
    tid = OMP_GET_THREAD_NUM()
    nthreads = OMP_GET_NUM_THREADS()
    print'(a,i8,i8,i8)','print task:nthreads,tid,i = ',nthreads,tid,i

    return
    end subroutine print_task
```

执行上述代码后，运行结果如下：

print task：nthreads, tid, i =	6	0	1
print task：nthreads, tid, i =	6	1	2
print task：nthreads, tid, i =	6	2	3
print task：nthreads, tid, i =	6	3	4

如果采用!$OMP SECTIONS 指令，则程序可改写如下：

```fortran
! File:ps. f
      program print_sections
      implicit none
      include 'omp_lib. h'

      integer::i
      integer,dimension(1:100)::a

      call OMP_SET_NUM_THREADS(6)

      do i=1,100
          a(i) =i
      end do

!$OMP PARALLEL PRIVATE(i)SHARED(a)
!$OMP SECTIONS
!$OMP SECTION
          i=1
          call print_task(a(i))
!$OMP SECTION
          i=2
          call print_task(a(i))
!$OMP SECTION
          i=3
          call print_task(a(i))
!$OMP SECTION
          i=4
          call print_task(a(i))
!$OMP END SECTIONS
!$OMP END PARALLEL
      end program print_sections
C-------------------------------------------------
      subroutine print_task(i)
      implicit none
```

```
        include 'omp_lib. h'

        integer : :i,tid,nthreads

        tid = OMP_GET_THREAD_NUM( )
        nthreads = OMP_GET_NUM_THREADS( )
        print'( a,i8,i8,i8 )','print task:nthreads,tid,i = ',nthreads,tid,i

        return
        end subroutine print_task
```

执行上述代码后,运行结果如下:

print task:nthreads,tid,i =	6	0	1
print task:nthreads,tid,i =	6	1	2
print task:nthreads,tid,i =	6	3	4
print task:nthreads,tid,i =	6	2	3

上述两个程序表明:DO 指令和 SECTIONS 指令具有一些类似之处。其实,可以将 SECTIONS 指令理解为 DO 指令的展开形式。SECTIONS 指令适合于执行少量的任务,这些任务之间没有迭代关系。很显然,上面的例子中四个任务之间没有迭代关系,且与循环迭代变量也没有关联,适合用 SECTIONS 去解决。

当然此任务也可用 TASK 指令来完成。

```
! File:pt. f
        program print_do
        implicit none
        include 'omp_lib. h'

        integer : :i,m
        integer,dimension( 1:100 ) : :a,b

        call OMP_SET_NUM_THREADS( 6 )

        m = 4

        do i = 1,100
            a( i ) = i
            b( i ) = 1
        end do
!$OMP PARALLEL PRIVATE( i ) SHARED( a,m )
!$OMP SINGLE
        do i = 1,m
!$OMP TASK FIRSTPRIVATE( i ) SHARED( a )
```

```
                call print_task( a( i ) )
!$OMP END TASK
        end do
!$OMP END SINGLE
!$OMP END PARALLEL

      end program print_do
```

C--

```
      subroutine print_task( i )
      implicit none
      include 'omp_lib. h'

      integer : : i, tid, nthreads

      tid = OMP_GET_THREAD_NUM( )
      nthreads = OMP_GET_NUM_THREADS( )
      call pause_seconds( 2 )
      print '( a, i8, i8, i8 )', 'print task : nthreads, tid, i = ', nthreads, tid, i

      return
      end subroutine print_task
```

C--

```
      subroutine pause_seconds( i )
      implicit none
      include'omp_lib. h'

      integer : : i
      real( kind = 8 ) : : start_time, end_time, used_time, pause_time

      pause_time = abs( i )

      start_time = OMP_GET_WTIME( )
      used_time = - 1. 0

      do while( used_time < pause_time )
         end_time = OMP_GET_WTIME( )
         used_time = end_time - start_time
      end do

      return
      end subroutine pause_seconds
```

执行上述代码后，运行结果如下：

print task：nthreads，tid，i =	6	0	4
print task：nthreads，tid，i =	6	3	1
print task：nthreads，tid，i =	6	4	3
print task：nthreads，tid，i =	6	2	2

从程序和输出结果可以看出，上述程序具有如下特点：

（1）采用 SINGLE 指令表示只有一个线程会执行下面的代码，但是所有的 6 个线程均可以参与执行生成的任务。如用取消 SINGLE 指令，那么会执行 6 次（因为程序指定的线程组内有 6 个子线程）。去除 !$OMP SINGLE 和 !$OMP END SINGLE 后，程序的运行结果如下：

print task：nthreads，tid，i =	6	0	4
print task：nthreads，tid，i =	6	2	4
print task：nthreads，tid，i =	6	1	4
print task：nthreads，tid，i =	6	4	4
print task：nthreads，tid，i =	6	5	4
print task：nthreads，tid，i =	6	3	4
print task：nthreads，tid，i =	6	0	3
print task：nthreads，tid，i =	6	2	3
print task：nthreads，tid，i =	6	1	3
print task：nthreads，tid，i =	6	4	3
print task：nthreads，tid，i =	6	5	3
print task：nthreads，tid，i =	6	3	3
print task：nthreads，tid，i =	6	0	2
print task：nthreads，tid，i =	6	2	2
print task：nthreads，tid，i =	6	1	2
print task：nthreads，tid，i =	6	4	2
print task：nthreads，tid，i =	6	5	2
print task：nthreads，tid，i =	6	3	2
print task：nthreads，tid，i =	6	0	1
print task：nthreads，tid，i =	6	2	1
print task：nthreads，tid，i =	6	1	1
print task：nthreads，tid，i =	6	4	1
print task：nthreads，tid，i =	6	5	1
print task：nthreads，tid，i =	6	3	1

（2）子程序 pause_seconds（2）的意思是在此处暂停 2 秒。这样，在子程序 print_task 中调用子程序 pause_seconds（2）是使子程序 print_task 的计算负载足够大，从而使所生成的任务能够调度 4 个进程。如果在子程序 print_task 中不调用子程序 pause_seconds（2），则任务的计算负载过小，则调用较少的进程（2 个进程）即可完成，运行结果如下：

print task: nthreads, tid, i =	3	0	4
print task: nthreads, tid, i =	3	1	1
print task: nthreads, tid, i =	3	1	2
print task: nthreads, tid, i =	3	1	3

事实上，以上三个例子的作用是相同的。但是当任务的数量 m 太大了。比如 m = 10000，可以采用 DO 指令，而采用 SECTIONS 指令无疑是极不方便的。而且 SECTIONS 指令不能使用嵌套形式，如：

```
!$OMP SECTIONS
        do i = 1,m
!$OMP SECTION
            call print_task(a(i))
        end do
!$OMP END SECTIONS
```

这样的程序是不符合 OpenMP 标准的。因此 SECTIONS 指令所执行的任务是显式的，任务的分配是静态的。但是 DO 指令在进行并行执行之前，必须进行任务的划分，而且当循环变量指标的增量不确定时，则无法给出正确的结果。例如：

```
!$OMP PARALLEL
!$OMP DO
        do i = 1,m,b(i)
            call print_task(a(i))
        end do
!$OMP END DO
!$OMP END PARALLEL
```

在上例中，循环变量指标的增量的值取决数组 b(i)，不是常数，无法采用 DO 指令执行，但是采用 TASK 指令却能实现。

```
! File:pt2. f
        program print_do
        implicit none
        include 'omp_lib. h'

        integer ::i,m
        integer,dimension(1:100) ::a,b

        call OMP_SET_NUM_THREADS(6)

        m = 4

        do i = 1,100
```

```fortran
          a(i) = i
          b(i) = i
        end do

        i = 1
!$OMP PARALLEL FIRSTPRIVATE(i) SHARED(a)
!$OMP SINGLE
        do while(i < = m)
!$OMP TASK FIRSTPRIVATE(i) SHARED(a)
          call print_task(a(i))
!$OMP END TASK
          i = i + b(i)
        end do
!$OMP END SINGLE
!$OMP END PARALLEL

      end program print_do
```

C--

```fortran
      subroutine print_task(i)
      implicit none
      include 'omp_lib. h'

      integer : : i, tid, nthreads

      tid = OMP_GET_THREAD_NUM()
      nthreads = OMP_GET_NUM_THREADS()
      call pause_seconds(2)
      print '(a, i8, i8, i8)', 'print task:nthreads, tid, i = ', nthreads, tid, i

      return
      end subroutine print_task
```

C--

```fortran
      subroutine pause_seconds(i)
      implicit none
      include 'omp_lib. h'

      integer : : i
      real (kind = 8) : : start_time, end_time, used_time, pause_time

      pause_time = abs(i)

      start_time = OMP_GET_WTIME()
      used_time = - 1. 0
```

```
    do while( used_time  <  pause_time)
        end_time = OMP_GET_WTIME( )
        used_time = end_time-start_time
    end do

    return
    end subroutine pause_seconds
```

执行上述代码后，运行结果如下：

print task:nthreads,tid,i =	6	0	4
print task:nthreads,tid,i =	6	4	1
print task:nthreads,tid,i =	6	1	2

从程序和输出结果可以看出，上述程序具有如下特点：

（1）第一个任务是 i = 1，调用子程序 print_ task 打印 a(i) = a(1) = 1，由子线程 4 执行。

（2）第二个任务是 i = i + b(1) = 1 + 1 = 2，调用子程序 print_ task 打印 a(i) = a(2) = 2，由子线程 1 执行。

（3）第三个任务是 i = i + b(2) = 2 + 2 = 4，调用子程序 print_ task 打印 a(i) = a(4) = 4，由子线程 0 执行。

综上所述，TASK 指令和前面的 DO 指令和 SECTIONS 指令的区别在于 TASK 指令可以"动态"地定义任务，而 DO 指令和 SECTIONS 指令只能"静态"地定义任务。在运行过程中，利用 TASK 指令就可以定义一个任务，并且任务由一个线程去执行，而其他的任务可以并行执行。当某一个任务执行了一半或者将要执行完毕的时候，程序可以去创建第二个任务。任务分配给一个线程去执行，是一个动态的过程，而不像 SECTIONS 指令和 DO 指令那样，在运行之前，就可以判断出如何去分配任务。TASK 指令的另一个突出特点是它可以进行嵌套定义，这样 TASK 指令可以用于递归的情况。总体而言，TASK 指令主要适用于不规则的循环迭代（如上面的循环）和递归的函数调用，这些都是无法利用 DO 指令完成的情况。

8.1.6　TASK 指令与递归算法

在数学上，斐波那契数列（Fibonacci Sequence）可以采用如下的递归方法来定义：

$$F_0 = 0$$
$$F_1 = 1$$
$$F_n = F_{n-1} + F_{n-2}$$

如果采用文字来描述，斐波那契数列从 0 和 1 开始，之后的斐波那契系数就由之前的两数相加获得。斐波那契数列是 0、1、1、2、3、5、8、13、21、34、55、89、144、233、377、610、987、1597、2584、4181、6765、10946……特别指出：0 不是第一项，而是第零项。

图 8-2 给出了计算斐波那契数列的递归算法。虽

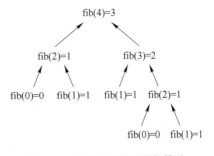

图 8-2　斐波那契数列递归算法

然递归算法不是计算斐波那契数列最好的方法，但它却是 TASK 指令应用的一个很好的实例。

下面的例子是采用串行程序计算斐波那契数列。

```fortran
! File：fib. f
        program fibonacci
        implicit none

        integer :: n, fib

        n = 45

        print'(a,i3,a,i20)','fib(',n,') = ',fib(n)

        end program fibonacci
C----------------------------------------------------
        recursive function fib(n) result(fib_result)
        implicit none

        integer ::fib_result
        integer ::i,j,n

        if(n < 2)then
           fib_result = n
        else
           i = fib(n - 1)
           j = fib(n - 2)
           fib_result = i + j
        end if

        return
        end function fib
```

执行上述代码后，运行结果如下：

```
fib(45) =               1134903170
```

由于此串行程序涉及调用递归子程序，因此采用 OpenMP 2.5 很难被并行。但是 OpenMP 3.0 中的 TASK 指令可以很好地解决计算斐波那契数列中递归调用的并行难题。

```fortran
! File:ft. f
        program fibonacci_task
        implicit none
        include 'omp_lib. h'

        integer ::n,fib
```

```fortran
      n = 45

      CALL OMP_SET_DYNAMIC(. FALSE. )
      CALL OMP_SET_NUM_THREADS(8)

!$OMP PARALLEL SHARED(n)
!$OMP SINGLE
      print'(a,i3,a,i8)','fib(',n,') = ',fib(n)
!$OMP END SINGLE
!$OMP END PARALLEL

      end program fibonacci_task

C------------------------------------------------
      recursive function fib(n) result(fib_result)
      implicit none
      include 'omp_lib. h'

      integer ::fib_result
      integer ::i,j,n

      if(n < 2) then
        fib_result = n
      else

!$OMP TASK SHARED(i) FIRSTPRIVATE(n)
        i = fib(n - 1)
!$OMP END TASK

!$OMP TASK SHARED(j) FIRSTPRIVATE(n)
        j = fib(n - 2)
!$OMP END TASK

!$OMP TASKWAIT

        fib_result = i + j

      end if

      return
      end function fib
```

执行上述代码后，运行结果如下：

fib(45) =   1134903170

从程序和输出结果可以看出，上述程序具有如下特点：

（1）调用函数 OMP_SET_DYNAMIC（. FALSE. ）禁止动态调整线程数量，调用函数 OMP_SET_NUM_THREADS（8）确定线程组中最大线程数量为 8。

（2）SINGLE 指令确定了只有 1 个线程将执行调用 fib(n) 的 print 语句。

（3）recursive function fib(n) 表示 fib(n) 是 1 个递归函数。

（4）在递归函数 fib(n) 中利用 TASK 指令定义了两个任务：一个任务用来计算 i = fib(n−1)，另一个任务用来计算 j = fib(n−2)。只有当这两个任务完成后，它们的返回值进行求和才能产生函数 fib(n) 的返回值。这样，在第一次调用时，存在两个任务 i = fib(n−1) 和 j = fib(n−1)。在调用执行函数 fib(n−1) 和函数 fib(n−2) 任务的过程中又反过来各生成两个子任务。这样子任务不断产生下一级子任务，直到传递到函数 fib(n) 的参数值小于 2 为止。

（5）在执行当前任务过程中会生成的子任务，TASKWAIT 指令用来实现在完成这些子任务的过程中进行等待。在本例中，在调用函数 fib(n) 的过程中生成两个任务（即计算 i 和 j 的任务），这样需要保证在对函数 fib(n) 的调用返回以前这两个任务已经完成。

（6）虽然只有 1 个线程执行 SINGLE 指令，也只有 1 个线程调用递归函数 fib(n)，但是所有的 8 个线程都参与执行了所生成的任务。

8. 2　COLLAPSE 子句

COLLAPSE 子句只能用于一个嵌套循环，它可以将多层嵌套循环进行合并并展开到一个更大的循环空间，从而增加将在线程组上进行划分调度的循环总数。

以下为使用 COLLAPSE 子句的例子：

```fortran
! File:dc. f
      program do_collapse
      implicit none
      include 'omp_lib. h'

      integer,parameter ::l=4,m=4,n=2
      integer ::tid,i,j,k

      call OMP_SET_NUM_THREADS(3)

!$OMP PARALLEL DO COLLAPSE(2) PRIVATE(i,j,k,tid) DEFAULT(SHARED)
      do i=1,l
        do j=1,m
          do k=1,n
              tid = OMP_GET_THREAD_NUM( )
              print '(a,4(2x,i4))','tid,i,j,k = ',tid,i,j,k
          end do
        end do
      end do
```

```
!$OMP END PARALLEL DO

    end program do_collapse
```

执行上述代码后，运行结果如下：

tid,i,j,k =	0	1	1	1
tid,i,j,k =	0	1	1	2
tid,i,j,k =	0	1	2	1
tid,i,j,k =	0	1	2	2
tid,i,j,k =	0	1	3	1
tid,i,j,k =	0	1	3	2
tid,i,j,k =	0	1	4	1
tid,i,j,k =	0	1	4	2
tid,i,j,k =	0	2	1	1
tid,i,j,k =	0	2	1	2
tid,i,j,k =	0	2	2	1
tid,i,j,k =	0	2	2	2
tid,i,j,k =	1	2	3	1
tid,i,j,k =	1	2	3	2
tid,i,j,k =	1	2	4	1
tid,i,j,k =	1	2	4	2
tid,i,j,k =	1	3	1	1
tid,i,j,k =	1	3	1	2
tid,i,j,k =	1	3	2	1
tid,i,j,k =	1	3	2	2
tid,i,j,k =	1	3	3	1
tid,i,j,k =	1	3	3	2
tid,i,j,k =	2	3	4	1
tid,i,j,k =	2	3	4	2
tid,i,j,k =	2	4	1	1
tid,i,j,k =	2	4	1	2
tid,i,j,k =	2	4	2	1
tid,i,j,k =	2	4	2	2
tid,i,j,k =	2	4	3	1
tid,i,j,k =	2	4	3	2
tid,i,j,k =	2	4	4	1
tid,i,j,k =	2	4	4	2

从程序和输出结果可以看出，上述程序具有如下特点：

（1）此程序包含 3 层嵌套循环。应用 COLLAPSE（2）将最外面的两层循环（循环指标变量分别为 i=1~4 和 j=1~4）合并成一个大循环（4×4=16）。在本例中此大循环由线程组中的线程执行，而最内部的循环（循环指标变量为 k）未并行化。

（2）最外层的两个嵌套循环合并化的大循环共循环 16 次，分别分给线程组中的 3 个子线程来完成。其中子线程 0 负责 6 次循环，分别是（i=1, j=1~4）和（i=2, j=1~2）；子线程 1 负责 5 次循环，分别是（i=2, j=3~4）和（i=3, j=1~3）；子线程 2 也负责 5 次循环，分别是（i=3, j=4）和（i=4, j=1~4）。

8.3   锁拥有者的变迁

从 OpenMP 2.5 升级到 OpenMP 3.0 以后，锁的拥有者发生了变化。在 OpenMP 2.5 中，线程拥有锁，所以解锁的操作由遇见此函数的线程来执行。换言之，加锁操作和解锁操作可以不在同一个并行区域内。但是在 OpenMP 3.0 中，锁由任务区域所拥有，因此解锁操作和加锁操作必须在同一个任务区域内。第 7.2.4 节中关于简单锁和嵌套锁的例子均既符合 OpenMP 2.5 规范，也符合 OpenMP 3.0 规范。

锁的拥有者的变化要求编程人员在使用锁时必须十分小心。下面的程序符合 OpenMP 2.5 规范，但是不符合 OpenMP 3.0 规范。

```fortran
! File:lock25. f
      program lock25
      implicit none
      include 'omp_lib. h'

      integer,parameter : :m =5
      integer : :tid,i
      integer (kind = OMP_LOCK_KIND) : :lck

      call OMP_SET_NUM_THREADS(3)

      i =0

      call OMP_INIT_LOCK(lck)
      call OMP_SET_LOCK(lck)

!$OMP PARALLEL PRIVATE(tid,i) SHARED(lck)
!$OMP MASTER
      i =i +1
      tid = OMP_GET_THREAD_NUM( )
      call OMP_UNSET_LOCK(lck)
      print '(a,i3,a,i3)','thread id = ',tid,'   i =',i
!$OMP END MASTER
!$OMP END PARALLEL
```

```
call OMP_DESTROY_LOCK(lck)

end program lock25
```

上述代码的执行结果如下：

```
thread id =   0   i =   1
```

从程序和输出结果可以看出，上述程序具有如下特点：

（1）因为执行串行区的线程就是执行并行区域的线程组中的主线程 0。因此在串行区由主线程 0 进行加锁操作；而在并行区，由于使用了 MASTER 指令，因此执行解锁操作的线程也是主线程 0。这样，上述程序符合 OpenMP 2.5 规范。

（2）加锁操作（调用 OMP_SET_LOCK 函数）是在串行区域进行，而解锁操作（调用 OMP_UNSET_LOCK 函数）却在并行区域进行。换言之，加锁操作和解锁操作不在同一个任务区域进行，这样，上述程序不符合 OpenMP 3.0 规范。

8.4　小　　结

本章介绍了 OpenMP 3.0 中 TASK 指令的用法。对于静态的显式任务，可采用 DO、SECTIONS、WORKSHARE 等指令进行任务划分，而对于动态或者非规则的多任务并行则可使用 TASK 指令进行并行。

对于 OpenMP 2.5，OpenMP 3.0 在循环和锁方面有两个显著改变。其一是引入 COLLAPSE 子句将多层嵌套循环进行合并并展开到一个更大的循环空间；另一个是关于锁拥有者，OpenMP 3.0 要求锁只能由任务区域所拥有，因此解锁操作和加锁操作必须在同一个任务区域内。

練 习 题

（1）请给出任务的定义，并对任务进行分类。
（2）简述任务的调度方式。
（3）在任务的执行过程中，试分析任务同步的实现策略。
（4）试分析 WORKSHARE 指令和 COLLAPSE 指令之间的区别。
（5）简述 OpenMP 3.0 和 OpenMP 2.5 中对锁操作的区别。
（6）采用 TASK 指令来并行计算圆周率。

9 应用实例

实际应用过程存在各种常见的计算问题，例如排序、搜索、矩阵运算和 FFT 变换等，对不同的计算问题可采用不同的并行方案。因为其中的很多问题所对应的研究方法已经趋于稳定和成熟，所以最简单最实用的解决方法就是查阅相关的文献[6]并调用相应的程序库或函数库。当然，这些问题的解决不是本书的重点。在这里，我们仅举几个简单例子，对图 9-1 所示的循环优化、大数组的建立、多维数组的运算、粗粒度的获得、不同类型变量（全局变量、局部变量、共享变量、私有变量）之间的联系和差异这些问题进行具体分析。

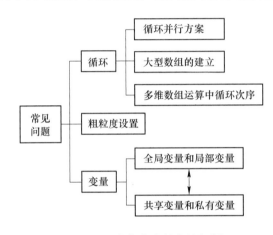

图 9-1　程序优化中的常见问题

9.1　循环的并行

古今中外，许多人致力于圆周率的研究与计算，为了计算出圆周率的越来越准确的近似值，一代代的数学家为这个神秘的数贡献了无数的时间与心血。公元前 1700 年，古埃及人认为 $\pi = (4/3)^4 \approx 3.16$。公元前 250 年，希腊科学家阿基米德（Archimedes）在《圆的度量》中采用圆内接和外正切正多边形的周长确定圆周长的上下界。他从正六边形开始，逐次加倍计算到正 96 边形，得到 $3\frac{10}{71} < \pi < 3\frac{1}{7}$，开创了圆周率计算的几何方法（亦称古典方法或阿基米德方法），得出精确到小数点后两位的圆周率值。公元 263 年，中国数学家刘徽在注释《九章算术》时只用圆内接正多边形的边数逐渐逼近圆周的方法（即割圆术）求得圆周率的近似值 3.1416。公元 480 年，中国数学家祖冲之进一步得出精确到小数点后 7 位的圆周率值，给出不足近似值 3.1415926 和过剩近似值 3.1415927，还得到两个近似分数值，密率 355/113 和约率 22/7。1949 年，里特韦斯纳（Reitwiesner）等在美国制造的第一台电脑上计算出圆周率的 2037 个小数值。目前，随着科技的不断进步，计

算机的运算速度越来越快，圆周率的值也越来越精确。

计算圆周率最简便的方法是积分法，

$$\pi = 4\arctan(1) = \int_0^1 4(\arctan(x))'\mathrm{d}x = \int_0^1 \frac{4}{1+x^2}\mathrm{d}x \approx \sum_{i=1}^n f(x_i)\Delta x$$

一般地，要计算定积分 $\int_a^b f(x)\mathrm{d}x$，也就是计算曲线 $y = f(x)$ 与直线 $y = 0$、$x = a$ 和 $x = b$ 所围成的曲边梯形的面积。图 9-2 给出了矩形法计算积分的过程。其中，Δx 是矩形的宽度，高度 $f(x_i)$ 是第 i 个间隔的中点 x_i 所对应的函数值。

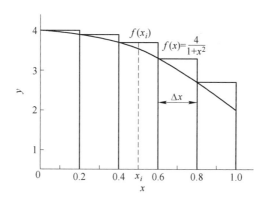

图 9-2　积分法计算圆周率示意图

9.1.1　单重循环

9.1.1.1　串行方案

首先采用串行程序计算圆周率。

```
! File:pis. f
    program pi_seriel
    implicit none

    integer ( kind = 4 ) , parameter ::num_steps = 1000000000
    integer::i

    real ( kind = 8 ) ::x,pi,sum,step
    real ( kind = 8 ) ::start_time,end_time,used_time

    call cpu_time( start_time)

    step = 1. 0/dble( num_steps)
    sum = 0. 0

    do i = 0 ,num_steps - 1
        x = ( dble(i) + 0. 5) * step
```

```
        sum = sum + 4. 0/(1. 0 + x * x)
    end do

    pi = step * sum

    call cpu_time(end_time)

    used_time = end_time-start_time

    print '(a,f13. 7,a)','used_time = ',used_time,'   seconds'

    print '(a,f20. 15,a)','pi = ',pi,' --calculated'
    print '(a)','pi =   3. 141592653589793 --correct'

    end program pi_seriel
```

执行上述代码后，运行结果如下：

```
used_time =      3. 3454920   seconds
pi =   3. 141592653589768 --calculated
pi =   3. 141592653589793 -correct
```

从程序和输出结果可以看出，上述程序具有如下特点：

（1）在数值计算中，为了减小截断误差的影响，通常将涉及的实型变量均定义为双精度变量。双精度变量有两种定义方式：real（kind = 8）和 double precision。在将整数 i 转变为双精度实数时，也有两种形式 real（i, kind = 8）和 dble（i）。

（2）区间 [0，1] 被均匀分成了 num_step 份，由于采用的是矩形法求积分，涉及的函数值 $f(x_i)$ 从 $f(x_0)$ 至 $f(x_{num\_step-1})$，共有 num_step 个。

（3）在实际应用中，遇到的最多的是对循环体的并行，而这正是 OpenMP 最擅长的部分。

9. 1. 1. 2　PARALLEL 指令方案

在并行区域内采用本身的 PARALLEL 指令进行计算，程序如下：

```
! File:pip. f
    program pi_parallel
    implicit none
    include 'omp_lib. h'

    integer（kind = 4）,parameter ::num_steps = 1000000000
    integer,parameter ::nthreads = 4

    integer ::i,tid

    real（kind = 8）::x,pi,step
```

```
      real (kind = 8) ::start_time,end_time,used_time
      real (kind = 8),dimension(0:nthreads-1) ::sum

      start_time = OMP_GET_WTIME()

      call OMP_SET_NUM_THREADS(nthreads)

      step = 1.0/dble(num_steps)
      pi = 0.0

!$OMP PARALLEL PRIVATE(x,i,tid) DEFAULT(SHARED)
      tid = OMP_GET_THREAD_NUM()
      sum(tid) = 0.0
      do i = tid,num_steps-1,nthreads
          x = (dble(i) +0.5) * step
          sum(tid) = sum(tid) +4.0/(1.0 + x * x)
      end do
!$OMP END PARALLEL

      do i = 0,nthreads-1
          pi = pi + step * sum(i)
      end do

      end_time = OMP_GET_WTIME()

      used_time = end_time-start_time
      print '(a,f13.7,a)','used_time = ',used_time,'  seconds'

      print '(a,f20.15,a)','pi = ',pi,' --calculated'
      print '(a)','pi =    3.141592653589793 --correct'

      end program pi_parallel
```

执行上述代码后，运行结果如下：

```
used_time =       0.8620808   seconds
pi =    3.141592653589845 --calculated
pi =    3.141592653589793 --correct
```

从程序和输出结果可以看出，上述程序具有如下特点：

（1）此程序是串行方案 pis.f 的并行版。程序中最明显的改变是将串行方案的求积分循环

```
    do i = 0,num_steps-1
```

替换为

```
do i = tid,num_steps − 1,nthreads
```

（2）将线程号变量 tid、循环指标变量 i 和横轴坐标 x 定义为私有变量。

（3）一维数组 sum 的元素个数与线程组中线程的数量相等，且数组 sum 的元素指标与子线程号是一致的。例如，sum（0）仅对应子线程 0，sum（1）仅对应子线程 1。虽然数组 sum 是共享变量，但是它的每个元素与线程组中的子线程一一对应，不被其他子线程访问，即各线程仅对数组 sum 中相应元素进行读写。换言之，共享变量数组 sum 中各元素对于各子线程来说是"私有变量"。这样，各线程对公有变量 sum 的读写操作不会引起数据竞争。

（4）退出并行区域后，采用串行方式对数组 sum 进行求和。

（5）此程序的最大特点在于对循环的计算进行并行时，线程号显式地出现在计算过程中。这样的并行方式会对串行程序进行较大的修改，不利于在串行编译器上进行调试，因此不是推荐的并行程序方式。

9.1.1.3 CRITICAL 指令方案

在并行区域内采用 PRIVATE 和 CRITICAL 指令进行计算，程序如下：

```
! File:pipc. f
        program pi_parallel_critical
        implicit none
        include 'omp_lib. h'

        integer（kind = 4）,parameter ::num_steps = 1000000000
        integer,parameter ::nthreads = 4

        integer ::i,tid

        real（kind = 8）::x,pi,step,sum
        real（kind = 8）::start_time,end_time,used_time

        start_time = OMP_GET_WTIME( )

        call OMP_SET_NUM_THREADS(nthreads)

        step = 1. 0/dble(num_steps)
!$OMP PARALLEL PRIVATE(tid,x,i,sum) DEFAULT(SHARED)
        tid = OMP_GET_THREAD_NUM( )
        sum = 0. 0
        do i = tid,num_steps − 1,nthreads
            x =（dble(i) + 0. 5）* step
            sum = sum + 4. 0/(1. 0 + x * x)
        end do
```

```
!$OMP CRITICAL
        pi = pi + step * sum
!$OMP END CRITICAL
!$OMP END PARALLEL

        end_time = OMP_GET_WTIME( )

        used_time = end_time-start_time
        print '(a,f13.7,a)','used_time =',used_time,'   seconds'

        print '(a,f20.15,a)','pi =',pi,' --calculated'
        print '(a)','pi =     3.141592653589793 --correct'

        end program pi_parallel_critical
```

执行上述代码后，运行结果如下：

```
used_time =      0.8982258    seconds
pi =      3.141592653589845 --calculated
pi =      3.141592653589793 --correct
```

从程序和输出结果可以看出，上述程序具有如下特点：

（1）与 PARALLELR 指令方案相比，除了将线程号变量 tid、循环指标变量 i 和横轴坐标 x 定义为私有变量，还将求和变量 sum 定义为私有变量。

（2）对各线程的私有变量 sum 进行求和时，会出现数据竞争，因此采用 CRITICAL 指令建立临界块，并引入共享变量 pi 对各线程的私有变量 sum 进行求和。

（3）此程序与 PARALLELR 指令方案的区别在于将公有变量数组 sum 改为私有变量 sum，将在串行区域对数组 sum 的求和改为在并行区域建立临界块对私有变量 sum 进行求和。

（4）在此程序中，CRITICAL 指令可由效率更高的 ATOMIC 指令来取代。

（5）由于对串行程序进行了较大的修改，且线程号显式地出现在程序中，这不利于采用串行编译器进行调试，因此不是推荐的并行程序方式。

9.1.1.4 DO 指令方案

使用 DO 指令进行并行计算的程序如下：

```
! File:pid.f
        program pi_do
        implicit none
        include 'omp_lib.h'

        integer(kind=4),parameter ::num_steps=1000000000
        integer,parameter ::nthreads=4

        integer ::i,tid
```

164

```
      real（kind =8）::x,pi,step
      real（kind =8）::start_time,end_time,used_time
      real（kind =8）,dimension(0:nthreads)::sum

      start_time = OMP_GET_WTIME( )

      call OMP_SET_NUM_THREADS(nthreads)

      step = 1.0/dble(num_steps)
      pi =0.0
!$OMP PARALLEL PRIVATE(x,i,tid) DEFAULT(SHARED)
      tid = OMP_GET_THREAD_NUM( )
      sum(tid) =0.0
!$OMP DO
      do i =0,num_steps -1
          x = (dble(i) +0.5) * step
          sum(tid) = sum(tid) +4.0/(1.0 + x * x)
      end do
!$OMP END DO
!$OMP END PARALLEL

      do i =0,nthreads -1
          pi = pi + step * sum(i)
      end do

      end_time = OMP_GET_WTIME( )

      used_time = end_time-start_time
      print '(a,f13.7,a)','used_time =',used_time,'   seconds'

      print '(a,f20.15,a)','pi =',pi,'--calculated'
      print '(a)','pi =    3.141592653589793 --correct'

      end program pi_do
```

执行上述代码后，运行结果如下：

```
used_time =      0.8547130   seconds
pi =    3.141592653589855 --calculated
pi =    3.141592653589793 --correct
```

从程序和输出结果可以看出，上述程序具有如下特点：

（1）此程序是对 PARALLEL 指令方案的改进。相对于程序 pip.f 来说，在并行区域的循环部分的程序的复杂度降低，易读性提高，后期的程序维护工作量减小。

（2）上述代码虽然在循环变量指标设定的过程中没有出现线程号，但在求和过程中仍涉及线程组的子线程号，因此仍不是推荐方案。

9.1.1.5 REDUCTION 子句方案

使用带 REDUCTION 子句的 DO 指令进行并行计算，程序如下：

```fortran
! File:pir. f
      program pi_reduction
      implicit none
      include 'omp_lib. h'

      integer（kind＝4）,parameter ::num_steps＝1000000000
      integer,parameter ::nthreads＝4

      integer ::i

      real（kind＝8）::x,pi,step,sum
      real（kind＝8）::start_time,end_time,used_time

      start_time＝OMP_GET_WTIME( )

      call OMP_SET_NUM_THREADS(nthreads)

      step＝1. 0/dble(num_steps)
      sum＝0. 0
!$OMP PARALLEL PRIVATE(x,i) DEFAULT(SHARED)
!$OMP DO REDUCTION( + :sum)
      do i＝0,num_steps－1
          x＝(dble(i)＋0. 5)＊step
          sum＝sum＋4. 0/(1. 0＋x＊x)
      end do
!$OMP END DO
!$OMP END PARALLEL

      pi＝step＊sum

      end_time＝OMP_GET_WTIME( )

      used_time＝end_time-start_time
      print '(a,f13. 7,a)','used_time＝',used_time,'  seconds'

      print '(a,f20. 15,a)','pi＝',pi,' --calculated'
      print '(a)','pi＝   3. 141592653589793 --correct'

      end program pi_reduction
```

执行上述代码后，运行结果如下：

```
used_time =        0.8607759    seconds
pi =        3.141592653589855  --calculated
pi =        3.141592653589793  -correct
```

从程序和输出结果可以看出，上述程序具有如下特点：

（1）此程序未修改串行方案的数值计算代码。因此，程序维护的工作没有增加。

（2）此并行方案的突出特点是只涉及变量的私有属性和共享属性的选择，并引用了规约操作解决数据冲突问题。

（3）上述代码在 do 循环的计算过程中始终没有出现线程号，这是推荐方案。

（4）在循环末尾时，各子线程应执行同步操作，然后进行归约运算，从而保证运算结果的正确性，因此不建议 REDUCTION 子句与 NOWAIT 子句同时使用。

9.1.1.6 方案总结

对编程人员而言，对程序代码的基本要求是正确、清晰、简单、通用、快捷。但是需要注意的是，工程人员往往专注于本学科的内容，对并行计算不太精通。因此，在工程计算中，通常将主要精力放在串行程序的调试上，然后使用 OpenMP 进行并行从而快速地得到结果。在这个过程中，与专业程序员不同，工程人员并不希望花费大量的精力在并行方法上。因此往往希望并行代码简单、容易调试、出错率低。

对比计算圆周率的 4 个并行方案和输出结果，可以发现上述程序的如下特点：

（1）4 种计算圆周率的并行算法所需的时间消耗基本相同。

（2）使用带 REDUCTION 子句的 for 循环制导程序 pir.f 不是速度最快的，但是对串行程序改动最小、最容易实现的，这就是工程技术人员的首选方案。

（3）在并行区域内采用 PRIVATE 和 CRITICAL 指令的并行程序 pipc.f 将线程号、线程数量引入到循环计算中，如 do i = tid，num_steps − 1，nthreads，这种并行方案比较复杂，建议在较熟练掌握 OpenMP 后再进行类似的并行处理。

（4）不同编译器可能给出不同的编译结果。例如，NUM_STEPS 是具有常数属性的整型变量，在并行区域应该定义成共享变量。例如：在程序 pir.f 的并行区域内，将变量属性的定义由

```
!$OMP PARALLEL PRIVATE(x,i) DEFAULT(SHARED)
```

改为

```
!$OMP PARALLEL PRIVATE(x,i) SHARED(step,num_steps)
```

如果在 Linux 系统中采用 Intel Fortran 编译，

```
ifort -openmp -o ttt pir.f
```

会报错如下：

```
fortcom:Error:pir.f,line 21:A variable is required in this OpenMP context.    [1000000000]
!$OMP PARALLEL PRIVATE(x,i) SHARED(step,num_steps)
--------------------------------------^

fortcom:Error:pir.f,line 21:Subobjects are not allowed in this OpenMP clause; a named variable
must be specified.
!$OMP PARALLEL PRIVATE(x,i) SHARED(step,num_steps)
^

compilation aborted for pir.f(code 1)
```

而在 Linux 系统中采用 GCC 编译，

```
gfortran -fopenmp -o ttt pir.f
```

则可以正常编译执行。

在 Linux 系统下，存在大量免费支持 OpenMP 的 Fortran 编译器，因此建议并行计算系统采用 Linux 系统，并安装两个以上的 Fortran 编译系统。这样，在调试程序过程中，分辨错误来源是编译系统还是并行程序本身就比较方便。

9.1.2 多维数组和嵌套循环

在数值计算程序的编写过程中，循环嵌套的次序对程序的计算性能至关重要。采用并行算法的程序涉及的数组一般是大型数组。由于缓存的读取速度通常比内存读取速度高两个数量级，因此充分利用缓存提高缓存命中率是提高数值计算速度的关键。目前的计算机硬件体系结构决定了 CPU 在读取大批量数据时，如果这一批数据都位于临近的内存中，读取操作会执行得较快。例如：CPU 在读取数据 $x(i,j,k)$ 时，根据邻近原则，就会把 $x(i,j,k)$ 附近的数组数据也读入缓存中。这样，在进行循环顺序设计时，将最邻近的数据操作放在循环的最内层，就能够提高缓存的命中率。

多维数组有两种存储方式：行优先顺序和列优先顺序。在 BASIC 语言、PASCAL 语言和 C/C++ 语言中，数组在内存中都是按行优先顺序存放的；而在 Fortran 语言中，数组在内存中是按列优先顺序存放的。

列优先顺序也称为高下标优先或右边下标优先于左边下标。具体实现时，按列号从小到大的顺序，先将第一列中元素全部存放好，再存放第二列元素、第三列元素、…、依次类推。下面以图 9-3 中二维数组 X_{mn} 为例说明行优先顺序存放和列优先顺序存放的区别。

行优先顺序存放是指将数组元素按行向量排列，在第 i 个行向量后面是第 $i+1$ 个行向量。例如，二维数组 X_{mn} 的按行优先顺序存放的次序为：

$$x_{11},\ x_{12},\ \cdots,\ x_{1n},\ x_{21},\ x_{22},\ \cdots,\ x_{2n},\ \cdots,\ x_{m1},$$
$$x_{m2},\ \cdots,\ x_{mn}$$

如果将行优先顺序存放推广到多维数组，则规定为最右下标的元素先排。

列优先顺序存放是将数组元素按列向量排列，

$$X_{mn}=\begin{bmatrix} x_{11} & x_{12} & \cdots & x_{1n} \\ x_{21} & x_{22} & \cdots & x_{2n} \\ \vdots & \vdots & & \vdots \\ x_{m1} & x_{m2} & \cdots & x_{mn} \end{bmatrix} \begin{array}{l} m \\ 个 \\ 行 \\ 向 \\ 量 \end{array}$$

n个列向量

图 9-3 二维数组 X_{mn} 的向量表示

在第 i 个列向量后面是第 i + 1 个列向量。例如，二维数组 X_{mn} 按列优先顺序存放的次序为：

x_{11} ，x_{21} ，…，x_{m1} ，x_{12} ，x_{22} ，…，x_{m2} ，…，x_{1n} ，x_{2n} ，…，x_{mn}

如果将列优先顺序存放推广到多维数组，则规定为最左下标的元素先排。

以数组 x(2,2,2) 为例，其按列优先顺序存放次序为：

x(1,1,1)，x(2,1,1)，x(1,2,1)，x(2,2,1)，x(1,1,2)，x(2,1,2)

下面以对数组 x(i,j,k) 求和为例来说明嵌套循环的循环顺序对程序性能的影响。通常的编程习惯是 ijk，但这对 Fortran 而言是效率最低的顺序。下面举例说明循环次序对计算耗时的影响。

```fortran
! File:li. f
      program loop_index
      implicit none
      include 'omp_lib. h'

      integer,parameter::m = 1000
      integer::i,j,k

      real (kind = 8)::start_time,end_time,used_time
      real (kind = 8),dimension(1:m,1:m,1:m)::x
      real (kind = 8)::sum

      call OMP_SET_NUM_THREADS(8)

      do k = 1,m
      do j = 1,m
      do i = 1,m
         x(i,j,k) = 1.0d0
      end do
      end do
      end do

C-----------loop index:k j i
      start_time = OMP_GET_WTIME( )

      sum = 0. 0
!$OMP PARALLEL DO PRIVATE(k) SHARED(j,i,x) REDUCTION( + :sum)
      do k = 1,m
         do j = 1,m
            do i = 1,m
               sum = sum + x(i,j,k)
            end do
         end do
      end do
```

```
!$OMP END PARALLEL DO
      end_time = OMP_GET_WTIME( )
      used_time = end_time − start_time
      print '(a,i20)','k,j,i = ',m
      print '(a,d15.7)','sum = ',sum
      print '(a,f20.5,a)','k,j,i:used_time = ',used_time,'    seconds.'
      print *

C----------loop index:j k i
      start_time = OMP_GET_WTIME( )

      sum = 0.0
!$OMP PARALLEL DO PRIVATE(k) SHARED(j,i,x) REDUCTION( + :sum)
      do j = 1,m
        do k = 1,m
          do i = 1,m
             sum = sum + x(i,j,k)
          end do
        end do
      end do
!$OMP END PARALLEL DO
      end_time = OMP_GET_WTIME( )
      used_time = end_time − start_time
      print '(a,i20)','j,k,i = ',m
      print '(a,d15.7)','sum = ',sum
      print '(a,f20.5,a)','k,j,i:used_time = ',used_time,'    seconds.'
      print *

C---------loop index:i j k
      start_time = OMP_GET_WTIME( )

      sum = 0.0
!$OMP PARALLEL DO PRIVATE(i) SHARED(j,k,x) REDUCTION( + :sum)
      do i = 1,m
        do j = 1,m
          do k = 1,m
             sum = sum + x(i,j,k)
          end do
        end do
      end do
!$OMP END PARALLEL DO
```

```
        end_time = OMP_GET_WTIME( )
        used_time = end_time-start_time
        print '(a,i20)','i,j,k = ',m
        print '(a,d15.7)','sum = ',sum
        print '(a,f20.5,a)','i,j,k:used_time = ',used_time,'  seconds.'
        print *

C----------loop index:i k j
        start_time = OMP_GET_WTIME( )

        sum = 0.0
!$OMP PARALLEL DO PRIVATE(i) SHARED(j,k,x) REDUCTION( + :sum)
        do i = 1,m
          do k = 1,m
            do j = 1,m
                sum = sum + x(i,j,k)
            end do
          end do
        end do
!$OMP END PARALLEL DO
        end_time = OMP_GET_WTIME( )
        used_time = end_time-start_time
        print '(a,i20)','i,j,k = ',m
        print '(a,d15.7)','sum = ',sum
        print '(a,f20.5,a)','i,j,k:used_time = ',used_time,'  seconds.'

        end program loop_index
```

对程序的编译命令为:

```
ifort -openmp -o cpi li. f
```

程序的执行命令为:

```
./cpi
```

但是程序不能执行,会出现如下的错误提示:

```
segmentation fault
```

此时如果令 m = 100,即将三维数组 x 的大小缩小 1000 倍后,重新编译,则可正常运行。这是由于 OpenMP 对私有变量的大小有限制造成的。在 Linux 系统的解决办法如下:

```
ulimit  − s unlimited
export KMP_STACKSIZE = 10000M
```

KMP_STACKSIZE 后数字参数需要根据程序所需的内存来确定。在本例中，程序内存需求主要来源于一个双精度三维实数组 a，而双精度实数的字长为 8，因此，当 m = 1000 时，程序所需内存约为 $1000 \times 1000 \times 1000 \times 8 = 8G$；当 m = 100 时，程序所需内存约为 $100 \times 100 \times 100 \times 8 = 8M$。

表 9-1 总结了程序的输出结果。从中可以看出本程序具有如下特点：

（1）当数组 a 的维数较小（例如 m = 100 或 m = 200）时，由于计算量较小，因此循环次序对计算耗时的影响不明显。

（2）当数组 a 的维数较大（例如 m = 500 或 m = 1000）时，由于计算量较大，因此循环次序对计算耗时的影响十分明显。这时，将数组 $a(i,j,k)$ 中的第一维指标变量 i 作为循环指标变量放在循环的最内层是比较好的方法，而将 i 放在循环的最外层是比较差的方法。

表 9-1　不同数组维数下循环顺序对计算耗时（s）的影响

循环次序	m = 100	m = 200	m = 500	m = 1000
kji	0.01365	0.01443	0.08132	0.65082
jki	0.00577	0.01014	0.08116	0.69555
ijk	0.00108	0.01845	1.29724	10.50471
ikj	0.00033	0.01811	1.31592	10.55917

综上，多核计算机的每颗 CPU 都有各自的局部高速缓存，CPU 访问自己的局部缓存的速度要比访问主存或访问其他 CPU 的缓存快得多。因此并行化设计必须考虑如何合理地使用缓存，以避免在读写数据时产生相关冲突。为了实现缓存的快速访问，对于多重嵌套循环体的并行化设计，建议遵循如下原则：

（1）尽量对最外层循环进行并行化。这样，在并行区域内可以得到最大的计算工作量，从而增大并行粒度。

（2）最里层的循环变量是变换最快的可变下标变量，而且在最里层应该是按照顺序访问的数组元素，从而提高缓存局部性。因此，对于数组 $x(i,j,k)$ 而言，Fortran 语言的循环次序应为 kji，C 语言的循环次序应为 ijk，这样可以保证从主存中将数组元素连续地取出并放入缓存之中，从而达到快速访问缓存、提高并行效率的目的。

9.2　粗粒度的设置

在并行计算中，由于存在线程组的建立等并行时间消耗，因此必须保证每个线程的任务具有一定的粒度，才能有效地减少总体计算时间。在设置粗粒度的过程中，最简单的方法是使用 IF 子句或 if 条件语句。下面以 8.1.6 节的斐波那契数列的计算程序为例进行说明。

9.2.1　IF 子句

为了避免每个任务的粒度过细，可以要求当 n 较小时不能产生一个新的任务。按照此

思想，可以将递归函数 fib(n)中的 TASK 结构增加如下实现条件并行的 IF 子句，即将

!$OMP TASK SHARED(i) FIRSTPRIVATE(n)

替换为

!$OMP TASK SHARED(i) FIRSTPRIVATE(n) IF(n>30)

并编写相应的串行计算斐波那契数列程序。这样，通过保证每个任务的最小计算量为 fib (30)，从而有效地避免任务粒度过小而造成任务生成的开销过大。

下面的例子采用了 TASK 指令和 IF 子句计算斐波那契数列。

```fortran
! File:fti. f
      program fibonacci_task_if
      implicit none
      include 'omp_lib. h'

      integer ::n,fib
      real (kind =8) ::start_time,end_time,used_time

      start_time = OMP_GET_WTIME( )

      n =45

      CALL OMP_SET_DYNAMIC(. FALSE. )
      CALL OMP_SET_NUM_THREADS(8)

!$OMP PARALLEL SHARED(n)
!$OMP SINGLE
      print'(a,i3,a,i20)','fib(',n,') = ',fib(n)
!$OMP END SINGLE
!$OMP END PARALLEL

      end_time = OMP_GET_WTIME( )

      used_time = end_time-start_time
      print '(a,f13. 7,a)','used_time = ',used_time,'   seconds'

      end program fibonacci_task_if

C----------------------------------------------------
      recursive function fib(n) result(fib_result)
      implicit none
      include 'omp_lib. h'

      integer::fib_result
      integer::i,j,n
```

```
      if( n < 2 ) then
          fib_result = n
      else
!$OMP TASK SHARED( i )  FIRSTPRIVATE( n )  IF( n > 30 )
          i = fib( n − 1 )
!$OMP END TASK
!$OMP TASK SHARED( j )  FIRSTPRIVATE( n )  IF( n > 30 )
          j = fib( n − 2 )
!$OMP END TASK

!$OMP TASKWAIT

          fib_result = i + j

      end if

      return
      end function fib
```

9.2.2　if 语句

为了避免每个任务的粒度过细，还可以要求当 n 较小时不能产生一个新的任务。按照此思想，可以将递归函数 fib(n)中条件判断语句

```
      if( n < 2 ) then
          fib_result = n
```

替换为

```
      if( n < 30 ) then
          fib_result = fib_serial
```

并编写相应的串行函数来计算斐波那契数列程序。这样，每个任务的最小计算量为 fib（30），从而有效地避免任务粒度过小而造成任务生成的开销过大。

优化后的计算斐波那契数列程序如下：

```
! File:ftis. f
      program fibonacci_task_if_series
      implicit none
      include 'omp_lib. h'

      integer : :n,fib,fib_series
      real ( kind = 8 ) : :start_time,end_time,used_time

      start_time = OMP_GET_WTIME( )
```

```
      n = 45

      CALL OMP_SET_DYNAMIC(. FALSE. )
      CALL OMP_SET_NUM_THREADS(8)

!$OMP PARALLEL SHARED(n)
!$OMP SINGLE
      print'(a,i3,a,i20)','fib(',n,') = ',fib(n)
!$OMP END SINGLE
!$OMP END PARALLEL

      end_time = OMP_GET_WTIME()

      used_time = end_time - start_time
      print '(a,f13. 7,a)','used_time = ',used_time,'   seconds'

      end program fibonacci_task_if_series
C------------------------------------------------------------
      recursive function fib(n) result(fib_result)
      implicit none
      include 'omp_lib. h'

      integer ::fib_result,fib_series
      integer ::i,j,n

      if(n < 30)then
         fib_result = fib_series(n)
      else

!$OMP TASK SHARED(i) FIRSTPRIVATE(n)
         i = fib(n - 1)
!$OMP END TASK

!$OMP TASK SHARED(j) FIRSTPRIVATE(n)
         j = fib(n - 2)
!$OMP END TASK

!$OMP TASKWAIT

         fib_result = i + j

      end if

      return
      end function fib

C------------------------------------------------------------
```

```
recursive function fib_series(n) result(fib_result)
implicit none

integer ::fib_result
integer ::i,j,n

if(n<2)then
    fib_result = n
else
    i = fib_series(n-1)
    j = fib_series(n-2)
    fib_result = i + j
end if

return
end function fib_series
```

9.2.3 方案总结

为了方便比较计算斐波那契数列不同方案的性能，取 n = 45，给出了这些方案的计算耗时。表 9-2 表明，在某些条件下，并行程序的计算时间比串行程序还要长。这是因为在并行执行任务期间存在任务的生成、同步等并行开销。如果任务的计算负载过小，则计算耗时远小于任务调度耗时，那么就出现了并行程序（ft. f 和 fti. f）的计算时间大于串行程序（fib. f）的计算时间。

表 9-2   不同方案计算斐波那契数列的时间消耗

方　案	串行方案 fib. f	TASK 结构 ft. f	IF 子句下 TASK 结构 fti. f	if 条件语句下 TASK 结构 ftio. f
计算耗时/s	19. 9239051	216. 5539200	76. 0549650	2. 6756861

表 9-2 还表明，IF 子句下 TASK 结构并行程序 fti. f 的并行加速比为 0. 26，并行效率为 0. 03，并行性能极差；if 条件语句下 TASK 结构并行程序 ftio. f 的并行加速比为 7. 4，并行效率为 0. 93，并行性能很好。同样是增加任务的粒度，但是并行效率却存在巨大差异，这说明增大任务粒度需要技巧。在并行程序 fti. f 中采用 IF 子句进行并行判断时，存在并行开销，由于程序采用递归算法计算斐波那契数列，因此当 n ≥ 2 时，每进行一次递归调用（时）就需要进行二次条件并行判断，这样累积下的并行开销很大。然而采用条件语句 if 后，当 n < 30 时直接调用串行算法就有效地回避了并行开销，从而取得了接近于 1 的并行效率。

9.3　全局变量和局部变量

在编写数值计算程序中，程序员通常需要在程序中设置若干个全局变量，减少了由于不同模块之间进行数据传递而带来的时间消耗。全局变量也称为外部变量，具有全局作用域。在程序开始执行时，给全局变量分配存储区，在程序执行完毕后就释放；在函数或子程序中使用全局变量，需要对全局变量进行说明。

全局变量具有如下特点：

（1）全局变量是静态存储方式。程序在开始运行时为其分配内存，在执行过程中不释放全局变量所占用的内存空间，在结束时释放该内存。与局部变量的动态分配、动态释放相比，全局变量的生存期比较长。

（2）因为程序在执行过程中，全局变量的内存不需要再分配，因此使用全局变量的程序运行时速度更快一些。

（3）全局变量的作用域是整个源程序，存在对局部变量名字空间的污染。由于全局变量破坏了函数的封装性能，所以全局变量不能重名。

与全局变量对应的是局部变量。局部变量（或自动变量）是在本模块（主程序、函数或子程序）中不进行特别声明的变量。局部变量只在本模块中有效，或者说它们的作用域只限于本模块。当子程序或函数返回时，系统将释放子程序或函数中局部变量占用的内存。变量的局部化为大型程序的开发提供了便利。不同的编程人员可以分工合作编写不同的模块，而不必担心各模块中使用的变量是否同名。由于模块中的局部变量只在本模块中有效，因此不同模块中出现的同名变量不会互相影响。

9.3.1 common 定义

在 Fortran 77 中，常用 common 语句来声明全局变量。全局变量的使用与声明时的相对位置有关。如果在主程序中定义全局变量：

```
integer ::a,b
common a,b
```

同时，在子程序或自定义函数中定义全局变量：

```
integer ::c,d
common c,d
```

则 a 和 c 共用相同的内存，b 和 d 共用相同的内存。

如果程序中用到较多的全局变量，则需要将它们进行归类。这时，可以在定义这些全局变量的 common 后面加上区间名。例如，在主程序中定义全局变量：

```
common /group1/ a,b
common /group2/ c,d,e
```

这样，当子程序或函数使用部分全局变量时就不必把所有全局变量都列出来。只需做如下声明就可以使用全局变量 a 和 b 了。

```
common /group1/ a,b
```

下面举例说明默认情况下各变量的类型。

```
! File:vtc. f
      program variable_type_common
      implicit none
      include 'omp_lib. h'

      integer,parameter::m=5
      integer tid,nthreads,i
      integer,dimension(1:m)::a,b,c
      common/input/ a,c

      call OMP_SET_NUM_THREADS(2)

      do i=1,m
          a(i)=i
          b(i)=10*i
          c(i)=100*i
      end do

      print '(a,5(1x,i4))','a(i)=',(a(i),i=1,m)
      print '(a,5(1x,i4))','b(i)=',(b(i),i=1,m)
      print '(a,5(1x,i4))','c(i)=',(c(i),i=1,m)

      tid=OMP_GET_THREAD_NUM()
      nthreads=OMP_GET_NUM_THREADS()

      print '(a,i4,i4)','--before parallel:nthreads,tid=',nthreads,tid

!$OMP PARALLEL DEFAULT(SHARED) PRIVATE(tid,nthreads,i)
      tid=OMP_GET_THREAD_NUM()
      nthreads=OMP_GET_NUM_THREADS()

      print *
      print '(a,i4,i4)','--during parallel:nthreads,tid=',nthreads,tid

!$OMP DO
      do i=1,m
          call work(b,i,tid)
      end do
!$OMP END DO

!$OMP END PARALLEL

      print *
      print '(a,i4,i4)','--after parallel:nthreads,tid=',nthreads,tid
```

```
    print '(a,5(1x,i4))','a(i) =',(a(i),i=1,m)
    print '(a,5(1x,i4))','b(i) =',(b(i),i=1,m)
    print '(a,5(1x,i4))','c(i) =',(c(i),i=1,m)

    end program variable_type_common

C----------------------------------------------------
    subroutine work(b,index,tid)
    implicit none
    integer,parameter ::m=5
    integer,dimension(1:m) ::a,b,c
    common /input/ a,c

    integer tid,nthreads,i
    integer ::temp,index

    temp = tid

    c(index) = a(index) + b(index)

    print '(a,i4,i4)','subroutine work:index,tid = ',index,tid
    print '(a,5(1x,i4))','c(i) =',(c(i),i=1,m)

    return
    end subroutine work
```

上述代码运行后，结果如下：

```
a(i) =     1    2    3    4    5
b(i) =    10   20   30   40   50
c(i) =   100  200  300  400  500
--before parallel:nthreads,tid =      1    0

--during parallel:nthreads,tid =      2    0
subroutine work:index,tid =      1    0
c(i) =    11  200  300  400  500
subroutine work:index,tid =      2    0
c(i) =    11   22  300  400  500
subroutine work:index,tid =      3    0
c(i) =    11   22   33  400  500

--during parallel:nthreads,tid =      2    1
subroutine work:index,tid =      4    1
```

```
c(i) =    11    22    33    44    500
subroutine work:index,tid =    5    1
c(i) =    11    22    33    44    55

--after parallel:nthreads,tid =      1    0
a(i) =     1     2     3     4     5
b(i) =    10    20    30    40    50
c(i) =    11    22    33    44    55
```

从程序和输出结果可以看出，上述程序具有如下特点：

（1）程序的任务是利用多线程实现数组相加（c = a + b）。其中，子线程 0 调用了 3 次子程序 work，分别实现对数组索引变量 i = 1、2、3 时数组相加，而子线程 1 调用了 2 次子程序 work，分别实现对数组索引变量 i = 4、5 时数组相加。由于不同子线程仅对数组 a 和 b 进行读操作，对数组 c 的不同数组索引变量 i 进行写操作，所以不会出现数据竞争问题。

（2）三个数组 a、b 和 c 采用不同的方式被所有线程共享：数组 a 和 c 定义为全局变量，数组 b 定义为局部变量。主程序中的局部变量 idcpu、mcpu、i 和子程序中的局部变量 temp 则是各个线程的私有变量，各线程间互不可见。这些变量的属性分别通过如下方式实现：

1）子句 DEFAULT（SHARED）PRIVATE（idcpu，mcpu，i）将并行区域内变量 idcpu、mcpu 和 i 定义为私有变量，其他变量均定义成共享变量。这里需要提出，i 是循环指标，在!$OMP DO 指令下默认为私有变量。

2）数组 a 和 c 在主程序和子程序 work 中均通过 common 语句定义成全局变量，因此在主程序和子程序 work 中的数组 a 和 c 实现内存共享。同时，子程序 work 出现在并行区域内，子句 DEFAULT（SHARED）将数组 a 和 c 定义成共享变量，这样数组 a 和 c 对各线程而言是可见的。

3）数组 b 不是全局变量，子句 DEFAULT（SHARED）将数组 b 定义成共享变量。同时，它在子程序 work 的哑元表出现，通过哑实结合实现主程序和子程序 work 之间的数据传递。因此在主程序和子程序 work 中的数组 b 实现内存共享。

4）在子程序 work 中对全局变量也可进行如下定义：

```
integer,dimension(1:m) ::aa,b,dd
common /input/ aa,dd
```

这里，子程序中的变量 aa 和主程序中的变量 a 均指向同一内存地址，而子程序中的变量 dd 和主程序中的变量 a 也指向同一内存地址。

9.3.2 module 定义

Fortran 77 定义公共块的方式是 common 语句。在 Fortran 90 中，全局变量通过 module 定义。采用 module 形式重写上述程序 vtc. f，可表示如下：

```fortran
! File:vtm. f
      module input
      integer,parameter ::m=5
      integer,dimension(1:m),save ::a,c
!$OMP THREADPRIVATE(A,C)
      end module input

      program variable_type_module
      use input
      implicit none
      include 'omp_lib. h'

      integer tid,nthreads,i

      integer,dimension(1:m) ::b

      call OMP_SET_NUM_THREADS(2)

      do i=1,m
         a(i)=i
         b(i)=10*i
         c(i)=100*i
      end do

      print '(a,5(1x,i4))','a(i) =',(a(i),i=1,m)
      print '(a,5(1x,i4))','b(i) =',(b(i),i=1,m)
      print '(a,5(1x,i4))','c(i) =',(c(i),i=1,m)

      tid=OMP_GET_THREAD_NUM()
      nthreads=OMP_GET_NUM_THREADS()

      print '(a,i4,i4)','--before parallel:nthreads,tid =',nthreads,tid

!$OMP PARALLEL DEFAULT(SHARED) PRIVATE(tid,nthreads,i)
      tid=OMP_GET_THREAD_NUM()
      nthreads=OMP_GET_NUM_THREADS()

      print *
      print '(a,i4,i4)','--during parallel:nthreads,tid =',nthreads,tid

!$OMP DO
      do i=1,m
         call work(b,i,tid)
      end do
```

```
!$OMP END DO

!$OMP END PARALLEL

    print *
    print '(a,i4,i4)','--after parallel:nthreads,tid = ',nthreads,tid
    print '(a,5(1x,i4))','a(i) = ',(a(i),i = 1,m)
    print '(a,5(1x,i4))','b(i) = ',(b(i),i = 1,m)
    print '(a,5(1x,i4))','c(i) = ',(c(i),i = 1,m)

    end program variable_type_module

C--------------------------------------------------
    subroutine work(b,index,tid)
    use input
    implicit none

    integer,dimension(1:m) ::b

    integer tid,nthreads,i
    integer ::temp,index

    temp = tid

    c(index) = a(index) + b(index)

    print '(a,i4,i4)','subroutine work:index,tid = ',index,tid
    print '(a,5(1x,i4))','c(i) = ',(c(i),i = 1,m)

    return
    end subroutine work
```

在上述程序的 module 模块中，将全局变量 a 和 c 定义为保存（save）属性。当子程序完成运行之后，具有 save 属性的变量 a 和 c 能够保持它的值；而不具有 save 属性的变量则不能保证能够保持它们的值，尽管在一些 Fortran 的实现中，所有的公用块被认为具有 save 属性，但是为了确保程序的正确性，建议事先赋予公用块中的变量具有 save 属性。

9.3.3 全局变量和局部变量、共享变量和私有变量

全局变量、局部变量和共享变量、私有变量的区别与联系如下：

（1）全局变量和局部变量是指变量的作用域不同。无论程序是串行程序还是并行程序，程序内的变量不是全局变量，就是局部变量。如果不进行特殊说明，程序中的变量均为局部变量，而全局变量则需要利用 common 语句进行定义，或利用 module 定义并使其具有 save 属性。

（2）共享变量和私有变量是针对并行区域而言的，它们只在并行区域内有意义。具体而言，在并行区域内，子线程只访问共享变量所在的内存空间，而对私有变量则建立各自的私有变量副本；在并行区域外或串行程序则不存在共享变量和私有变量的概念。

（3）全局变量在主程序运行结束时才会释放内存，而局部变量只在本模块（子程序、函数或主程序）中有效。即子程序和函数中的局部变量在子程序和函数结束时就会释放内存，主程序中的局部变量只有在主程序运行结束时才能释放内存。

（4）当变量为局部变量时，通过 DEFAULT（PRAVITE）子句、PRIVATE 子句、FIRSTPRIVATE 或者 LASTPRIVATE 将此局部变量定义为私有变量；通过 DEFAULT（SHARED）子句和 SHARED 子句将此局部变量定义为共享变量。当变量为全局变量时，通过 THREADPRIVATE 将此全局变量定义为私有变量，或者通过 DEFAULT（SHARED）子句和 SHARED 子句将此全局变量定义为共享变量。

需要指出，在私有变量和共享变量的定义和使用上，建议遵循以下原则：

（1）如果变量可能被不同的线程同时进行写操作，则这个变量就应该声明为私有变量。一般来说，并行区域中临时用到的一些中间变量应该是私有变量。

（2）除循环指标变量和 REDUCTION 指令变量列表中的变量外，所有变量在并行区域内均被默认为共享变量。这一默认原则可以通过 DEFAULT（PRIVATE/SHARED）从句强行改变。

（3）如果在多重 do 循环中存在过多的中间变量，那么对变量的私有属性和共享属性进行区分将变得十分困难，或者虽然清楚但是很麻烦。一个可行的解决办法是保留最外层循环，将里面的循环写成一个函数或子程序，然后在该处调用此函数或子程序。这样，从结构上看就是对一重循环进行并行化，条理清楚不容易出现差错。当然，传递给子函数或子程序的参数一般需要声明为私有变量。

9.3.4 私有变量和段错误

OpenMP 对私有变量的大小有限制，这样线程正在使用的栈空间超过限制值提示段错误（segmentation fault）。因此，在出现此错误提示后，可通过下述方法进行判定：如果程序以串行方式能够正确执行，但是进行 OpenMP 并行时则提示段错误；通过把某个（或部分）私有变量数组的维数变小，段错误提示消失而且和串行时结果一致。

由于 OpenMP 标准没有设定一个线程可以拥有的栈空间大小，因此不同编译器给每个线程设定的栈空间大小是不一样的。例如，在 Linux 环境 Intel Fortran 编译器下，线程可以拥有的栈空间默认值为 4MB，相当于一个 700×700 的二维双精度实数数组；而在 Linux 环境 gfortran 编译器下，线程可以拥有的栈空间默认值为 2MB，相当于一个 500×500 的二维双精度实数数组。

如果编译器支持 OpenMP3.0 以上的版本，可通过设置 OMP_ STACKSIZE 这个环境变量来解决。例如：

```
setenv OMP_STACKSIZE 3001500B
setenv OMP_STACKSIZE "4000 k "
setenv OMP_STACKSIZE 12M
```

```
setenv OMP_STACKSIZE "12M"
setenv OMP_STACKSIZE"22 m"
setenv OMP_STACKSIZE "1G"
setenv OMP_STACKSIZE 30000
```

如果编译器支持的 OpenMP 版本较低，则需要识别 Linux 的用户界面（shell），在不同的用户界面下使用不同的命令。下面以线程栈空间为 15 MB，并将系统用户界面的栈空间上限不加限制为例进行说明。

如果 Linux 的用户界面是 csh/tcsh，则输入：

```
setenv KMP_STACKSIZE 15000000
limit stacksize unlimited
```

如果 Linux 的用户界面是 ksh/sh/bash，则输入：

```
export KMP_STACKSIZE = 12000000
ulimit -s unlimited
```

9.4 小　结

循环是大多数计算程序中计算耗时最多的部分。OpenMP 提供了 PARALLEL 指令、CRITICAL 指令、DO 指令和 REDUCTION 指令 4 种常见方案来实现循环的并行化。对于嵌套循环，应该关注多维数组的存放方式。根据不同的编程语言，针对多维数组选择合理的循环嵌套次序可以有效地提高缓存命中率，从而大幅度地提高数值计算速度。

增大线程任务的粒度、减少线程组创建等并行时间消耗所占比率，可以有效地减少总体计算时间，而使用 IF 指令和 if 条件语句是两个常用方法。

全局变量减小了变量的个数，减少了由于实际参数和形式参数之间数据传递带来的时间消耗，因此在偏微分方程数值求解中得到了广泛的应用。Fortran77 采用 common 语句来定义全局变量，Fortran 90 则采用 module 来定义全局变量，但是可以采用相同的方法将这两种方式定义的全局变量定义为私有变量或者共享变量。

在涉及大型数组计算场合，段错误是一个经常出现的错误。这个错误通常是由于数组过大造成的。如果程序不能以串行方式运行，则应先估算程序中大型数组所占内存数量，然后设置合理的 KMP_STACKSIZE 的值；如果程序能以串行方式运行，但不能以并行方式运行，则尝试扩大每个线程所拥有的栈空间大小，即扩大 OMP_STACKSIZE 这个环境变量。

练习题

（1）简述对嵌套循环进行优化的方法。

（2）简述在计算过程中增大线程粒度的方法。

（3）简述如何在程序中区分局部变量和全局变量。

（4）简述将局部变量定义成私有变量和共享变量的方法。

（5）简述将全局变量定义成私有变量和共享变量的方法。

（6）简述 IF 子句和 if 语句的差异。

（7）请指出三维数组 $y(20,30,40)$ 在内存中的存放次序，并采用计算效率最高的方法对此数组进行赋值。

$$y(i,j,k) = \frac{i + j + k}{i \times j}$$

10 高性能计算程序的实现途径

一个高效的高性能计算程序首先取决于对实际问题的理解，并根据要求选择合理的数学模型和求解算法，这是一个高性能计算程序的前提条件。在此基础上，通过优化串行程序和引入并行算法提高程序的运行性能是实现高性能计算的有效途径。一般而言，通过改进代码可以提高 10% 到几倍的计算速度，通过充分发挥硬件性能，可以提高几倍到十几倍的计算速度，而通过改进算法，则可以数十倍、数百倍甚至上千倍地提高计算速度。

对于从事编程工作的科技人员来说，最重要的事情是写出正确的计算耗时能够忍受的程序。在编程过程中，满足工程需要是编程人员的首要目标。如果通过升级硬件和软件并对串行程序进行优化能够满足计算要求，就没有必要对串行程序进行并行化；如果对程序进行自动并行就能满足要求，进行手动并行就没有必要。这是因为花费大量的精力并承担优化带来的风险而仅仅获得小幅度性能的提升是不明智的，而且极致的优化是一件既耗时又麻烦的事情，这将使编程人员陷入无休止的测试、测试、再测试……这样的循环工作中。因此，程序的优化应当适可而止，从而节省精力做一些更有意义的事情。同时，为了方便数学模型的升级和程序的改写，不宜盲目追求计算速度而牺牲程序的可读性。

在实际应用中，高性能计算程序的编写和实现可遵循图 10-1 提供的途径。从科学问题到高性能计算程序的获得，主要经历如下七个步骤：数学模型和求解方法的确定、串行程序的编写和调试、程序热点分析、串行程序优化和并行化。其中，数学模型和求解方法的确定是科学问题的核心，串行程序结果的正确性是高性能程序的基础，串行程序和并行程序性能优化则是高性能程序的精髓，程序优化的适可而止是高性能程序的明智之举。

串行程序的优化是高性能计算程序优化的前提。串行优化主要解决串行算法瓶颈、循环、向量化和数据局部化等瓶颈、内存访问瓶颈和数据输入输出瓶颈等问题。优化后的串行程序的计算耗时有时能减少为优化前计算耗时的几分之一。程序优化大致可分为四类：

（1）局部优化：这类优化的对象是特定的循环或代码块。

（2）过程优化：这类优化的对象是特定的函数或者特定的子程序。

（3）过程间优化：这类优化的对象是单个文件内函数或者子程序之间的关系。

（4）文件间优化。这类优化的对象是不同文件内函数或者子程序之间的关系。

编程人员通常进行的局部优化和过程优化，常用的手段是向量化和并行化。而编译开关优化则涉及这四类优化，常用手段是自动向量化、自动并行化、高级别优化、过程间优化和性能测试评估优化。

串行程序的并行优化是大规模高性能计算程序优化的必由之路。并行优化主要解决串行占优瓶颈、同步和锁等线程瓶颈、MPI 通讯瓶颈、负载均衡瓶颈等问题。常用并行手段是 OpenMP 和 MPI。

需要指出的是，在实现计算程序的高性能化过程中必须明确如下两点：

（1）程序的正确性和稳定性是高性能计算程序的必要条件。

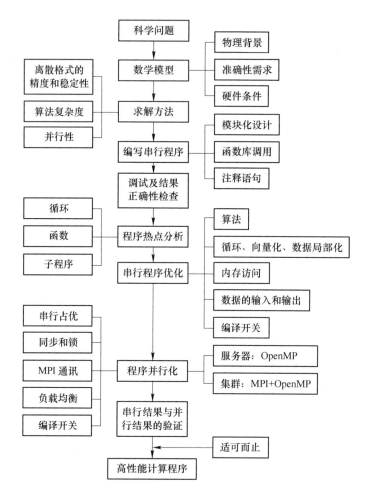

图 10-1　高性能计算程序的实现途径

（2）为了便于数学模型的升级和维护，要求程序具有较强的可读性。

10.1　硬件条件和操作系统

硬件系统和操作系统的提升是减小程序执行时间的最简捷和最有效的途径。通过直接购买新的服务器或升级 CPU、内存和硬盘来改善程序运行的硬件环境；将 Windows 系统转为 Linux 系统、将 32 位操作系统转变为 64 位操作系统也能够提高计算程序的运行效率。一旦达到计算机处理器速度的极限的时候，就应该考虑程序的优化。

10.2　科学问题算法的优化

科学问题的算法是获得高性能程序的根基。通常情况下，算法主要涉及数学模型的选择和求解方法这两个方面。对于同一个科学问题，不同数学模型导致的计算量差异可以高达几个数量级，而求解方法则会对计算量和并行性产生根本影响。下面以连铸结晶器内钢液传输过程的数值模拟为例来进行说明。

10.2.1 数学模型

首先要明确需要求解的物理问题，并根据实际问题的精度要求和硬件限制选择合适的数学模型。不同的数学模型带来的计算量差异可以相差几个数量级。在钢包和结晶器内钢液流动行为研究方面的工作大致可分为如下几个方面：

（1）钢液的单相流动行为。在研究结晶器内钢液流动过程中，通常将钢液的流动简化为等温牛顿流体湍流流动。因此，现有的三大类数学模型（直接数值模拟、大涡模拟和湍流模型）均可解决此问题。虽然直接数值模拟和大涡模拟计算都能给出钢液的非稳态流动信息，但是计算网格尺寸很小，这样过大的计算量会造成计算时间太长，不是解决工业应用问题的最佳方案。相对而言，湍流模型精度能够满足工业要求，对计算硬件的要求不高同时计算时间相对较短。因此，在大多数情况下，编程人员一般选择用计算量相对较小的湍流模型。

湍流模型有很多子类。常见的有零方程模型、一方程模型、双方程模型、雷诺应力方程模型和代数应力模型。零方程模型和一方程模型计算量较小，但是准确性较差；而雷诺应力方程模型和代数应力模型可描述各向异性湍流，但计算量较大且不易收敛；相对而言，双方程模型计算量适中，所给出的结果能够满足工业需要。

事实上，双方程模型还可细分为 k-ε 双方程模型、k-ω 双方程模型等子类。而 k-ε 双方程模型又可细分为标准 k-ε 双方程模型、低雷诺数 k-ε 双方程模型、重组化群 k-ε 双方程模型和可实现 k-ε 双方程模型等。在工程应用中，应根据实际流体流动特点来选择不同的模型。一般而言，采用标准 k-ε 双方程模型即可满足要求。

这样，解决此问题需要求解质量守恒方程、动量守恒方程和标准 k-ε 双方程模型。这是由 6 个偏微分方程组成的偏微分方程组[26]。

（2）结晶器液面波动行为。描述结晶器内自由液面波动行为主要有流体体积法（VOF）和水平集法（Lever Set）这两种方法[27-30]。

VOF 方法的基本思想是在欧拉网格系统上定义一个函数 f，并根据每个网格内所含某种物质的体积量来计算相界面的位置和方向，然后利用体积跟踪的方法求解函数 f。此函数 f 表征的是计算单元中液态流体占据单元空间的体积分数。通常，距离界面较远的网格单元，函数 f 的值为 0 或 1；界面附近的网格单元，函数 f 的值在 0 和 1 之间。由于在界面附近的网格单元函数 f 是不连续的，通常存在很强的间断，因此对时间的分辨能力不强的低阶格式对函数 f 的求解不是很理想，而高阶格式在非结构网格下又不易构造。这样，构造精确的界面法向具有一定的困难。总体而言，VOF 方法是一种几何与代数相结合的方法，即在上一时刻重构界面，然后用代数方法算出下一时刻的函数 f 的值。它具有很好的守恒性，可以表示复杂界面的结构和变化，相界面的锐利程度相对较高。但是函数 f 的不连续性会导致解的振荡或参数的陡峭变化被抹平，从而难以准确计算相界面法向方向、曲率及相关物理量。

而 Level Set 方法则将随时间运动的物质界面看作是一个高阶函数 Φ 的零等值面。在每个时刻 t，只要求出函数 Φ 的值就能区分计算区域中的各相，确定其零等值面的位置，也就是运动界面的位置。此函数 Φ 是格点离开界面的最短距离的符号函数。由于函数 Φ

是沿界面法向方向的单调函数，因此根据函数 Φ 的符号可判断格点是位于界面内侧还是外侧。同时应该注意到，函数 Φ 在计算域上是连续的且呈规则的分布，且函数 Φ 直接隐含界面的几何属性，不需要重构界面，这样构造的界面比 VOF 方法光滑。总体而言，Level Set 方法的相界面可以表示为连续函数，对相界面曲率、法向向量等几何参数的计算非常方便，适合于描述尖锐的表面变化。但是在函数 Φ 的输运和重新初始化过程中，Level Set 方法不能保证方程的质量守恒。

因此，冶金学者通常采用 VOF 模型来研究钢液的自由表面的波动，这样就需要求解质量守恒方程、动量守恒方程、标准 k-ε 双方程模型和函数 f 的微分方程，这是由 7 个偏微分方程组成的偏微分方程组[26]。

（3）吹氩条件下钢液流动行为。

吹氩条件下的钢液流动问题是一个多相流问题。采用数值方法研究多相流的方法有欧拉—欧拉（Euler-Euler）方法和欧拉—拉格朗日（Euler-Lagrange）方法[31,32]。欧拉—欧拉方法，也称作双流体方法，是将钢液和气泡两相分别作为连续介质，两相在同一空间点共存，各相遵守各自的质量和动量守恒方程，两相之间通过相间作用力和共用的压力场互相耦合。欧拉—拉格朗日方法的前提是气泡相的体积比率很低，这样可以将钢液作为连续相，采用时均的动量方程和湍流模型求解；离散相则通过跟踪流体中大量气泡的运动得到。在计算过程中，须考虑离散相和连续相之间动量和质量的交换。

在冶金领域，采用欧拉—欧拉方法研究结晶器内钢液流动行为比较普遍。欧拉—欧拉方法方法又有两种模型：混合物模型和欧拉模型。混合物模型是一种简化的多相流模型，它是采用单流体方法研究多相流动，利用相对速度描述气泡相的运动，采用混合特性参数描述两相流场，通过求解混合物的动量方程描述研究区域的流场。其缺点在于界面特性包括不全，难以处理各相的扩散和脉动特性。而欧拉模型将钢液和气泡看成两种流体，空间各点都具有这两种流体各自不同的速度。这些流体存在于同一空间并相互渗透，但各有不同的体积分数，且相互间存在滑移。这样，各相在空间中就具有连续的速度及体积分数分布。

由于欧拉模型的计算量比混合物模型要大，且难收敛。因此，通常采用混合物模型描述吹氩条件下的钢液流动行为。这样就需要求解质量守恒方程、动量守恒方程、标准 k-ε 双方程模型和含气率守恒方程，这是由 7 个偏微分方程组成的偏微分方程组。

综上，在解决实际问题时，必须充分了解问题的物理背景，并根据应用对准确性的要求和实验室的硬件条件确定数学模型，这是有效解决实际问题过程中最重要的一步。

10.2.2　求解方法

确定数学模型的求解方法是解决实际问题的第二步。对于上述偏微分方程的求解，存在着有限差分、有限元和控制体积三种数值方法[26]。

10.2.2.1　有限差分方法

有限差分方法是一种直接将微分问题转变为代数问题的近似数值解法。这种方法数学概念直观，表达简单，是发展较早且比较成熟的数值方法。有限差分法的优点是直观，理论成熟，容易实现二阶以上的高精度计算，编程和并行都比较容易。目前，有限差分方法主要适用于结构化网格，但对复杂区域的适应性较差且数值解的守恒性难以保证。

需要注意的是，高阶精度格式和低阶精度格式具有如下的区别和联系：

（1）相对于低阶精度格式而言，高阶精度格式的计算量较大，但可采用较少的网格。

（2）一阶精度格式（如一阶上风格式）是绝对稳定的，但是高阶格式是有条件稳定的。

（3）相对于低阶精度格式而言，高阶计算用的网格数量较少。在工程应用中，一般采用二阶精度格式就足够了，三阶精度以上格式基本只用于算法研究。

（4）高阶精度格式和低阶精度格式不是对立的。低阶精度格式的结果可以为高阶精度格式提供很好的初值条件。

10.2.2.2 有限元法

有限元方法的基础是变分原理和加权余量法。它最早应用于结构力学，后来广泛地应用于求解热传导、电磁场、流体力学等连续性问题。有限元法最突出的优点是处理复杂区域比较容易，精度可控，缺点是计算量大且内存需求大。在求解流体流动与传热问题时，对流项的离散处理方法及在不可压流体原始变量法求解方面没有控制体积法成熟。

10.2.2.3 控制体积法

控制体积法，又称为控制容积法或有限体积法。控制体积法和有限差分法之间最本质的区别在于离散方程的对象不同。控制体积法是基于控制体的积分方程推导出来的，而有限差分法是基于微分方程直接推导出来。因此，控制体积法的精度不但取决于积分时的精度，还取决于对导数处理的精度，一般有限容积法的精度为二阶。当然，因为输运变量在每一个控制体内都能满足积分守恒，所以对于整个计算区域自然也能实现积分守恒性。而有限差分法直接由微分方程导出，不涉及积分过程，各种导数借助泰勒级数展开式直接写出离散方程，不一定具有守恒性。但是有限差分法可以采用高阶格式来获得二阶以上的精度。

控制体积法兼有有限差分和有限元这两种方法的特点。有限元必须假定输运变量在网格节点之间的变化规律服从某个插值函数，并将其作为近似解，其目标是得到插值函数来获得物理量在空间的分布。有限差分的目标是得到输运变量在网格节点上的数值，而不会考虑输运变量在网格节点之间的变化规律。控制体积法在控制体上对微分方程进行积分时，必须假定输运变量在控制体节点之间的变化规律服从某个插值函数，才能得到每个控制体的离散方程，这与有限元方法相类似；而与有限差分法相类似体现在控制体积法的目标是得到输运变量在控制体节点上的数值，而无需考虑输运变量在控制体节点之间的变化规律。因此，控制体积法在得到离散方程组后便可忘记插值函数的存在。

有限差分法、有限元法和控制体积法具有各自的优点和缺点。总的看来，控制体积法非常适合于流体流动和传热问题计算，可以应用于不规则网格，容易实现并行计算，但最高精度仅能达到二阶。因此，控制体积法是求解结晶器内钢液流动行为的首选方法。

在确定求解方法后，还需要根据计算区域确定网格生成方法。网格的生成方法可分为结构化网格、块结构化网格、非结构化网格、非结构化和结构化的混合网格以及自适应网格。结构化网格又可分为正交曲线坐标系中常规网格、适体坐标网格和直角坐标网格[33]。不同网格生成方法对所对应的离散方程的复杂程度存在巨大的差异。对于大多数编程人员来说，建议采用直角坐标网格这种最简单的网格形式。这是因为板坯和方坯结晶器内腔形状简单，直角坐标网格能够满足要求，而且直角坐标网格下的离散方程相对而言也比较简单。

结晶器内钢液流动是一个典型的对流扩散问题。对于动量守恒方程的对流项和扩散项的离散格式一直是计算流体力学中的一个热点课题。对扩散项一般采用二阶截差的中心差分格式，而对对流项则存在一阶迎风、二阶迎风、中心差分等多种格式[33]，对非稳态项的算法则有隐式算法和显式算法两种，这些算法又可细分为一阶格式和二阶格式。在格式的选择上，要综合考虑假扩散、守恒性、稳定条件，越界现象等多个因素。目前，对对流项选用二阶迎风格式来减小假扩散，而对非稳态项则选用二阶的隐式算法，这样既可以保证计算精度，又能采用较大的时间步长进行计算。

求解不可压缩流场的方法可分为两大类：联立求解代数方程和顺序求解代数方程。顺序求解代数方程可进一步分为非原始变量法和原始变量法，原始变量方法又可细分为分步法、抛射法、人工压缩性法、惩罚法、压力 Poisson 方程法和压力修正法[33]。目前，常用的是压力修正法中的 SIMPLE 系列算法（求解压力耦合方程的半隐式方法）和 PISO 算法（压力的隐式算子分割算法）。而 SIMPLE 系列算法有标准 SIMPLE 算法、SIMPLER 算法（改进的 SIMPLE）、SIMPLEC 算法（一致的 SIMPLE）等。在工程应用中，SIMPLE 系列算法中的标准 SIMPLE 算法得到了广泛的应用。

求解离散方程得到的代数方程组是偏微分方程求解的一个关键环节。对于规则区域，计算时间主要取决于代数方程组的求解；对于非规则区域，网格生成和代数方程组的求解上占据了大部分求解时间。代数方程组的求解方法分为直接解法和迭代解法。直接解法主要有 Gauss 消元法、三对角矩阵的追赶算法和 LU 分解法等；迭代解法则有 Gauss-Seidel 方法、强隐过程方法和共轭梯度法等[33,34]。为了加速由椭圆形方程离散得到的代数方程的迭代收敛速度，另一类有效方法是多重网格法。需要注意的是，对于相同的代数方程组，需要充分考虑系数矩阵的特点，不同的求解方法的求解效率可能相差几个数量级。例如，对于大型的三对角方程组的求解，如果采用 Gauss 算法，会需要海量的内存和无法忍受的时间消耗。但采用追赶法，则在普通的 PC 机上就可以轻松完成。对于结晶器内钢液流动行为，建议将 Gauss-Sedel 迭代和三对角矩阵的追赶算法相结合，并利用多重网格法进行加速求解。

综上，选择合理的求解方法需要考虑数值格式的精度和稳定性、编程的难度和复杂度，从而编写出易维护、易扩展、易实现并行的串行程序。

10.3 串行程序的编写

实际上，串行程序的编写和调试是同步进行的。串行程序的合理化设计为后续的程序的设计和优化奠定了良好的基础。下面以结晶器内钢液的单相流动行为为例来进行说明。

（1）模块化设计。程序的模块化是指大型程序的编写不是从逐条输入计算机语句和指令开始，而是首先采用主程序、子程序、子函数等构件将程序的主要结构、主要功能和流程表达出来，并定义和协调好各构件之间的输入、输出及相互关系，从而得到一系列以功能块为单位的算法描述；最后采用功能块作为程序基本单元进行程序设计实现其求解算法的方法。模块化的目的是为了降低程序复杂度，使程序设计、调试和维护等操作简单化。

由于需要求解质量守恒方程、动量守恒方程和标准 $k\text{-}\varepsilon$ 双方程模型，而且采用 SIM-

PLE 算法解决压力和速度的耦合问题，因此可将程序分为网格划分、常数项输入、变量初始化、边界条件、压力方程的离散、速度方程的离散、k-ε 方程的离散、代数方程组的求解、数据存储这 9 大模块。

（2）函数库的利用。常用的函数库通常是经过优化的，并且大多数函数库还支持并行。这样，它们的性能一般会比用户编写的同样功能的函数的性能要高。因此，利用现有的函数库既减少程序调试的工作量，又能成倍甚至成数量级地提升程序性能。目前，著名的高性能数学函数库有 BLAS、LAPACK 和 FFTW 等，如图 1-1 所示。在本例中可能涉及的函数库是 LAPACK 函数库、MKL 函数库或 IMSL 函数库。

（3）程序的注释语句。科学问题的计算通常会涉及复杂的公式，为了方便程序的后期维护，建议在程序相关位置加入注释语句，并给出相应的参考文献等信息。

10.4 常见的调试器

在 Linux 系统下，常见的调试器有以下几种：

（1）GDB 是一个由 GNU 开源组织发布在 Unix/Linux 操作系统下基于命令行的程序调试工具。

（2）DDD 是具有图形界面的调试器，它提供了友好的图形界面，为程序的调试提供方便，并将数据结构按照图形的方式直观地显现出来。

（3）Intel Debugger（简称 IDB）是 Linux 操作系统下 Intel 编译器的一部分。它的优点是不需要在源程序中添加额外的代码，并且允许编程人员监视并干预程序的运行。Intel 编译器的调试器有两种：命令行的 IDBC 和图形界面的 IDB。

10.5 高性能程序的优化步骤

串行程序的编写是高性计算程序的基础。如果采用 Intel 编译器将串行程序优化成一个高性能计算程序，那么可在编译过程中采用图 10-2 给出的 7 个步骤进行优化。

（1）进行程序正确性调试。常用开关是-O0。此选项提供了单步跟踪方式来检查和确定程序的错误类型和位置。

（2）进行高级别（HLO）优化。常用的优化开关是-O2。这是一个安全、可靠的优化选项，可以满足大部分的优化要求。此选项一般通过内联、常数传播、向量化、循环展开和数据预取等方面的优化来提升程序性能。通常，编程人员需要在编译后代码大小、编译耗时和运行耗时之间进行权衡从而选择合适的优化开关。相应的优化报告可采用-opt-report 系列的开关生成。

（3）针对实际应用的处理器进行优化。当使用-O2 和-O3 开关进行编译时，缺省值是开启自动向量化，支持 SSE2 指令集。但是计算机硬件的发展十分迅速，不同的处理器采用不同的架构，支持不同的单指令多数据流（Single Instruction Mutiple Data，简称 SIMD）扩展（如 SSE、SSE2、SSE3、SSSE3、SSE4、AVX 等），具有不同的性能。通常，采用当前使用的处理器所支持的最新指令集会提升程序的性能。但是，普通科技人员往往不了解计算系统的硬件类型，因此，建议在 Intel Fortran 编译器中采用-xHost 开关，让编译器自动

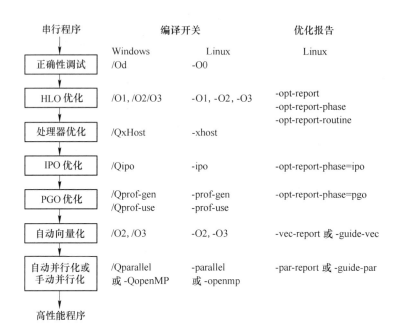

图 10-2   程序优化的 7 个步骤

探测并采用计算系统的处理器支持的最新指令集。

（4）进行过程间（IPO）优化。常用的优化开关是-ip 和-ipo。对于单文件情况，建议打开 – ip 开关进行文件内部过程间的优化；对于多个文件情况，建议打开-ipo 开关进行多个文件内部过程间的优化。它采用静态的方法对程序进行拓扑分析，适用于包含频繁调用中小型函数的程序，此选项一般通过死函数的消除、无用变量的消除、函数内联、消除和减少重复计算、简化循环等方面的优化来提升程序性能。相应的优化报告可采用-opt-re-port-phase = ipo 开关生成。

（5）进行性能测试评估（PGO）优化。常用开关是-prof-gen 和-prof-use。它采用动态的方法收集程序性能测评信息，然后进行更加精确的分支预测、更好地确定内联函数、优化函数执行次序、更好地进行向量化。相应的优化报告可采用-opt-report-phase = pgo 开关生成。

（6）进行自动向量化。在进行高级别（HLO）优化时，开关-O2 和开关-O3 已经开启了自动向量化选项。此开关通过循环展开、数据依赖分析、指令重排等方式充分挖掘程序内部的并行性，安全有效地利用 SSE、SSE2 和 SSE3 指令并行地执行，有效地提高程序性能。相应的优化报告可采用-vec-report 或-guide-vec 开关生成。

（7）进行自动并行化或手动并行化。常用开关是-parallel 或-openmp。程序的自动并行化是自动地将串行程序的一部分代码转换为多线程代码。自动并行化的执行步骤可分为数据分析、循环分类、依赖分析、高阶并行化、数据划分和多线程代码生成等。支持这一选项的开关是-parallel。但是，由于编译器默认的调度策略不一定适合计算程序，因此经自动化并行的程序执行时间可能会比程序的串行时间长。这样，编程人员必须比较程序在串行和并行两个情况下的运行时间来决定是否需要自动并行。在设置自动并行化后，编译器不对现有代码进行更改，而是对可能受益于并行化的循环进行并行化。如果自动并行化不能满足提升程序性能的需要，应有必要利用 OpenMP 或 MPI 进行手动并行化。相应的优化报告可采用-par-report 或-guide-par 开关生成。

需要注意的是，上述优化方式具有如下联系：

（1）自动向量化开关-vec 已经包含在-O2 或-O3 开关中，而自动并行化开关-parallel 必须与-O2 或-O3 开关配合使用。如果采用的是-O0 或-O1 开关则会忽略-parallel 和-vec 开关。

（2）自动向量化是对嵌套循环的内层循环进行向量化，而自动并行化则是对嵌套循环的外层循环进行并行化。

10.6　串行程序的正确性调试

10.6.1　程序的错误类型

程序中出现的错误按性质可分成三大类：语法错误、语义错误和逻辑错误。

（1）语法错误。语法错误是指违反语法规范的错误，这类错误通常在编译阶段发现，因此又被称为编译错误。例如，表达式中运算符与操作数的类型不兼容，变量赋值时的类型与变量声明时的类型不匹配等。编译器一旦发现语法错误就会停止编译，并给出相应错误信息。这样，编程人员只要根据系统的出错信息，就能及时发现和更正语法错误。

（2）语义错误。语义错误是指程序在语义上存在的错误。例如，除数为零，变量的赋值超过它的允许范围等。这类语义错误不能被编译系统发现，只有在程序运行时才能被系统发现。通常，这类错误可以通过静态安全检查和动态安全检查来发现。

（3）逻辑错误。程序可以通过编译并能运行，但是运行结果却与期望结果不一致，这类错误称为逻辑错误。例如，死循环，逻辑判断语句错误等因素导致的错误结果等。通常，这类错误无法由编译系统发现。这时，编程人员必须借助自己对程序的理解和相关经验，并借助设置断点、显示变量值等调试功能，找到错误原因及出错位置，从而改正错误。

10.6.2　计算程序中常见错误

对于语法错误，可以在编译过程中进行更正。其次，需要保证程序的正确执行，这就涉及更正语义错误和算法中的逻辑错误，通常这个步骤可通过单步调试运行来实现。

在科学计算程序中，常见错误总结如下：

（1）不符合运算法则。例如：0 不能作为除数，0 和负数没有对数。

（2）数组越界。对某个数组的越界访问往往会破坏其他相邻数据结构的值，有时甚至会出现内存访问错误导致程序崩溃。

（3）变量初始化。部分编译器具有把未初始化的变量自动设置为 0 的选项，那么在这类平台上进行程序开发的编程人员很可能养成不对变量进行初始化就加以引用的习惯。但是，部分编译器在运行时会将未被初始化的自动变量进行随机赋初始值。因此，当未进行变量初始化的程序被移植到新平台上后，由于新的编译器不支持变量自动初始化为 0 的功能，那么程序虽然可以编译通过，但是在运行过程中会出现随机变化的不确定值。

（4）函数参数传递。调用函数时参数数量、类型与原函数参数列表存在差异。

（5）变量精度。在计算过程中，容易出现大数和小数，但是单精度实数无法表征或无法准确表征这些数。因此，建议将所有实数均定义为双精度实数。

　　需要注意的是，在不同平台上编译执行 Fortran 程序有时会出现的一些奇怪的现象。例如，同一段程序接受相同的输入，在多次运行过程中输出的数值结果却是随机变化的不确定值；或者同一段程序在没有打开编译器的优化选项的时候能够给出正确的数值结果，但是在打开某些优化选项的时候却给出错误的结果，有时甚至会出现程序崩溃的现象。

　　通常，这些程序在原有的系统上都是能够正常运行的，但是仅仅是换了一个编译器，或者增加了一个优化开关就出现错误。在这种情况下，大多数编程人员的第一直觉是正在使用的编译器出现了问题，事实上，此类错误的原因往往不是这么简单。大量程序调试经验表明：如果一个程序出现了上述的两种情况，那么很可能是程序代码存在缺陷，而不是编译器生成了错误的代码。能引起上述现象的常见程序错误有变量未经过初始化就直接引用和数组的越界访问等。

10.6.3　静态安全检查

　　程序的静态安全检查（Static Security Analysis，简称 SSA）不需要运行可执行文件，直接在编译时对源代码进行分析，找出错误或隐患。SSA 编译源代码后不会生成可执行文件，而是给出分析报告。SSA 分析是 Intel Fortran 编译器的一个十分有用的功能，在 Linux 系统中对应的编译命令为：

```
-diag-enable sc[n]
```

其中，enable 代表允许进行 SSA 分析；n 的取值为 1～3，其值代表的是报告错误的等级。1 表示只显示严重错误，2 表示显示所有错误，3 表示显示所有错误和警告。

　　静态安全检查给出的常见错误和警告类型如下：

（1）数组越界。

（2）变量没有进行初始化。

（3）数学溢出和除数为 0。

（4）死代码或冗余代码。

（5）在程序的不同位置进行不一致的变量说明。

（6）对数函数运算出现非法值。

（7）Fortran 语法错误。

　　下面就通过静态安全检查给出例子 error. f 中的错误。

```
! File:error. f
      program error
      implicit none
      real (kind = 8) :: e,g,h
      real :: temp
      integer :: a(5),i

      i = 6
```

```
        print '(a,i6,i6)','i,a(i) = ',i,a(i)

        print '(a,f13.5)','temp = ',temp

        print *,'this is a test'
        e = 0
        g = 1./e

        e = -1.
        h = log(e)

        print *,e,g,h

        end program error
```

如果希望显示所有错误和警告，则在源文件所在目录下键入

```
ifort error. f -diag-enable sc3
```

输出结果如下：

```
ifort:remark #10336:Static security analysis complete; results available in
"./r000sc/r000sc. inspxe"
```

通常，编译器会将 SSA 检查结果保存在当前目录下以 r***sc 命名的子目录中。在本例中，生成的子目录名为 r000sc，编程人员需要阅读的文件是 r000sc/data. 0/r000sc. pdr。这是一个文本文件，可以通过任意文本编辑器打开。内容如下：

```xml
<? xml version = "1.0" encoding = "utf-8" ? >
<! -- DO NOT EDIT THIS FILE -- >

<diags major = "2" minor = "0" >
<diag id = "1" >
  <type >2048 </type >
  <weight >100 </weight >
  <sc_verbose > error. f(10):error #12048:buffer overflow:array index of &quot;A&quot; is
outside the bounds; array &quot;A&quot; of size (1:5)is indexed by value 6 </sc_verbose >
    <message >
        <thread >
            <stacktrace >
                <loc >
                    <file >/home/leihong/error. f </file >
```

```
                              < line > 10 < /line >
                              < sym > A < /sym >
                              < func > MAIN_ < /func >
                              < funcline > 8 < /funcline >
                          < /loc >
                     < /stacktrace >
                < /thread >
           < /message >
     < /diag >
     < diag id = "2" >
         < type > 2301 < /type >
         < weight > 1 < /weight >
         < sc_verbose > error. f( 10) ; warning #12301 ;&quot ; A[ ]&quot ; is set to zero value by de-
fault < /sc_verbose >
         < message >
              < thread >
                   < stacktrace >
                        < loc >
                              < file >/home/leihong/error. f < /file >
                              < line > 10 < /line >
                              < sym > A[ ] < /sym >
                              < func > MAIN < /func >
                              < funcline >8 < /funcline >
                          < /loc >
                     < /stacktrace >
                < /thread >
           < /message >
     < /diag >
     < diag id = "3" >
         < type > 2143 < /type >
         < weight > 100 < /weight >
         < sc_verbose > error. f( 12) ; error #12143 ;&quot ; TEMP&quot ; is uninitialized < /sc_verbose >
         < message >
              < thread >
                   < stacktrace >
                        < loc >
                              < file >/home/leihong/error. f < /file >
                              < line > 12 < /line >
                              < func > MAIN < /func >
```

```
                        < funcline > 10 < /funcline >
                    < /loc >
                < /stacktrace >
            < /thread >
        < /message >
    < /diag >
    < diag id = "4" >
        < type > 2061 < /type >
        < weight > 95 < /weight >
        < sc_verbose > error. f( 16 ) : error #12061 : divide by zero < /sc_verbose >
        < message >
            < thread >
                < stacktrace >
                    < loc >
                        < file > /home/leihong/error. f < /file >
                        < line > 16 < /line >
                        < func > MAIN < /func >
                        < funcline > 14 < /funcline >
                    < /loc >
                < /stacktrace >
            < /thread >
        < /message >
    < /diag >
    < diag id = "5" >
        < type > 2038 < /type >
        < weight > 60 < /weight >
        < sc_verbose > error. f( 19 ) : error #12038 : illegal value passed to &quot; log&quot; in ar-
gument 1 < /sc_verbose >
        < message >
            < thread >
                < stacktrace >
                    < loc >
                        < file > /home/leihong/error. f < /file >
                        < line > 19 < /line >
                        < func > MAIN < /func >
                        < funcline > 17 < /funcline >
                    < /loc >
                < /stacktrace >
            < /thread >
```

198

```
    </message >
</diag >
</diags >
```

此报告给出了 5 个分析结果，分别是：

（1）第 10 行存在数组越界。

```
< sc_verbose > error. f(10) : error #12048 : buffer overflow : array index of &quot;A&quot; is outside
the bounds; array &quot;A&quot; of size (1 : 5) is indexed by value 6 </sc_verbose >
```

表明源程序的第 10 行数组 a 是一个一维数组，上下边界为 1 ~ 5，但是程序却要求访问 a
(6)，因此数组 a 越界。

（2）第 10 行的数组 a 在程序中没有被赋值。目前由编译器对数组 a 赋初始值 a = 0。

```
< sc_verbose > error. f(10) : warning #12301 : &quot;A[ ]&quot; is set to zero value by
default </sc_verbose >
```

（3）第 12 行变量 temp 未被初始化就加以引用。

```
< sc_verbose > error. f(12) : error #12143 : &quot;TEMP&quot; is uninitialized </sc_verbose >
```

（4）第 16 行除数为 0。

```
< sc_verbose > error. f(16) : error #12061 : divide by zero </sc_verbose >
```

（5）第 19 行进行对数运算时出现非法值。

```
< sc_verbose > error. f(19) : error #12038 : illegal value passed to &quot;log&quot; in argument
1 </sc_verbose >
```

综上，由于 SSA 的报告一般较长，阅读很不方便。因此，在实际调试中，一般是将 n
的值由 1 逐级取到 3 来排除错误和警告。

10.6.4 动态安全检查

静态安全检查仅能给出程序中存在的部分错误，不能排除程序中存在的所有错误。比
如，在程序运行过程中，随着迭代的进行，出现了将 0 作为除数或者对 0 和负数取对数等
情况。因此，程序在通过静态安全检查后，还需进行动态安全检查。

例如：在程序 dce. f 的子程序 test 中，当 i = 1 时，e = -2，这样在第 11 行 f = log（e）
中将会出现对负数取对数的情况。下面就通过动态安全检查寻找例子 dce. f 中的错误。

```
! File : dce. f
    program dynamic_check_error
```

```
    call test

    end program dynamic_check_error
C------------------------------------------------
    subroutine test
    implicit none
    real (kind = 8) ::e,f
    integer ::i

    do i = 1,5
        e = i - 3
        f = log(e)
        print '(a,i6,e12.3,e12.3)','i,f =',i,e,f
    end do

    return
    end subroutine test
```

在 Linux 系统中，动态检查对应的编译命令为：

```
ifort -g -traceback -fp-stack-check -check all -fpe0 -warn all dce.f
./a.out
```

此编译命令可以捕捉到浮点异常，找出越界调用数组等问题。执行该命令后，运行结果如下：

```
forrtl:error (65):floating invalid
```

Image	PC	Routine	Line	Source
libpthread.so.0	00000039DC00C430	Unknown	Unknown	Unknown
a.out	00000000004631DD	Unknown	Unknown	Unknown
a.out	0000000000403152	test_	16	dce.f
a.out	000000000040358B	MAIN__	4	dce.f
a.out	000000000040303C	Unknown	Unknown	Unknown
libc.so.6	00000039DB31C3FB	Unknown	Unknown	Unknown
a.out	0000000000402F6A	Unknown	Unknown	Unknown

```
Aborted
```

从程序和输出结果可以看出，调试信息给出了如下要点：

（1）第 1 条"forrtl：error（65）：floating invalid"表明错误类型是浮点运算错误。

（2）第 5 条"a.out　　　　　　　　0000000000403152　test_
16　dce.f"表明错误发生的行号位于程序 dce.f 的子程序 test 的第 16 行。

（3）第 6 条"aa. out   000000000040358B   MAIN_ _

4   dce. f"表明错误发生的行号位于程序 dce. f 的第 4 行。这是因为此错误是在主程序调用子程序 test 的过程中出现的。

上述动态安全检查中的编译开关各项意义如下：

（1）-g 表示处于调试状态。

（2）-traceback 表示当出现一个严重错误时，告诉编译器产生额外的信息来允许显示源文件的跟踪信息。

（3）-fp-stack-check 表示检查浮点堆栈访问冲突异常情况。

（4）-check all 表示打开所有的检查选项。

（5）-fpe0 表示在主程序的运行过程中处理浮点异常情况。0 表示这些浮点异常情况包括浮点无效、除数为 0 和堆栈溢出情况。

（6）-warn all 表示给出所有的警告信息。

10. 6. 5　IDBC 串行调试

串行调试是指通过重复执行程序找到程序中逻辑错误，并加以改正。串行调试通常利用输出打印、断点设置、单步执行等技术来监视和控制程序的运行状态，逐步逼近错误代码位置。具体而言，随着每一条机器指令的进行，程序的状态不断地发生变化，因此必须设置断点强迫程序在指定的位置暂停，从而获取变量的内容，了解程序的状态，这样才能发现程序出现异常的位置。

程序的调试有两种模式。一种是在正常执行模式下的程序调试，这种调试方式主要是借助打印语句（print 或 write）和暂停语句（pause）来分析程序的运行；另一种是在调试执行模式下的程序调试，它通常要借助于各种集成开发环境。

目前，调试器有两大类：图形界面调试器和命令行界面调试器。图形界面调试器通常是商业件，需要购买才能得到，而且调试选项功能和位置会随软件的升级而发生变化。但是，大多数命令行调试器是免费的，并且功能十分强大，且命令行格式相对固定，基本不随软件的升级而改变。

Intel 的命令行调试器 IDBC 有两种调试模式：IDB 模式和 GDB 模式，分别以下述方式启动：

（1）IDB 模式：idbc -idb。

（2）GDB 模式：idbc -gdb。

其中，GDB 模式是 idbc 启动的默认模式。

下面在 Linux 环境中，采用 Intel 的命令行调试器 IDBC 对程序 di. f 进行编译和调试。

```
! File：di. f
        program debug_idbc
        implicit none
        integer ：：a,b,c,d

        a = 1
        b = 2
        c = 3
```

```
        call change(a,b,c,d)

        b = - a
        c = - d

        print *,'a,b,c,d = ',a,b,c,d

        end program debug_idbc
C---------------------------------------------------
        subroutine change(x,y,z,u)
        implicit none
        integer ::x,y,z,u

        y = 10 * x
        z = 100 * x + y
        u = 1000 * x + y + z

        return
        end subroutine change
```

具体步骤如下：

（1）首先对程序 di. f 的所有输出行进行编号后，并输入到另外一个文件 di. txt。

```
cat -n di. f > di. txt
```

这是一个文本文件，可采用 Linux 环境下文本编辑器 vi 或 emacs 打开，或打印出来。文件具体内容如下：

```
  1   ! File:di. f
  2          program debug_idbc
  3          implicit none
  4          integer ::a,b,c,d
  5
  6          a = 1
  7          b = 2
  8          c = 3
  9
 10          call change(a,b,c,d)
 11
 12          b = - a
 13          c = - d
 14
 15          print *,'a,b,c,d = ',a,b,c,d
```

```
16
17          end program debug_idbc
18
19    C-----------------------------------------------
20          subroutine change(x,y,z,u)
21          implicit none
22          integer ::x,y,z,u
23
24          y = 10 * x
25          z = 100 * x + y
26          u = 1000 * x + y + z
27
28          return
29          end subroutine change
```

这样，编程人员在采用 idbc 进行调试时，可以十分便利地确定设置断点的行号和需要显示的变量名。

（2）采用-g 和-o 开关对源程序 di. f 进行编译，生成调试模式的可执行文件 cpi。

```
ifort -g -o cpi di. f
```

（3）利用调试器 IDBC 采用 GDB 模式调试文件 cpi，进入 idbc 行命令环境。

```
idbc -gdb cpi
```

执行结果如下：

```
Intel(R) Debugger for applications running on Intel(R)64,Version 12. 1,Build [77. 329. 14]
-----------------------------------------------
object file name:cpi
FOR NON-COMMERCIAL USE ONLY
Reading symbols from /home/leihong/cpi... done.
```

（4）在（idb）环境中，显示第5行到第10行的内容。即在（idb）后面输入

```
list 5,10
```

执行结果如下：

```
5
6           a = 1
7           b = 2
8           c = 3
9
10          call change(a,b,c,d)
```

（5）在（idb）环境中，在第 8 行设置第 1 个断点，即在（idb）后面输入

```
break 8
```

执行结果如下：

```
Breakpoint 1 at 0x402ab5 :file /home/leihong/di. f, line 8.
```

（6）在（idb）环境中运行程序到第 1 个断点处，即在（idb）后面输入

```
run
```

执行结果如下：

```
Starting program :/home/leihong/cpi
[New Thread 9025（LWP 9025）]

Breakpoint 1 , debug_idbc（）at /home/leihong/di. f :8
8                 c = 3
```

输出结果给出了主程序名为 debug_ idbc，其在硬盘上的位置为/home/leihong/，文件名为 di. f，并给出断点处程序代码内容 c = 3。

（7）显示变量 b 的值，即输入

```
print b
```

执行结果如下：

```
$1 = 2
```

$1 = 2 表示的是调试过程中第 1 个变量 b 的值是 2。

（8）显示变量 c 的值，即输入

```
print c
```

执行结果如下：

```
$2 = 1
```

$2 = 1 表示的是调试过程中第 2 个变量 c 的值是 1。由程序可知，变量 c 的初值为 3。因此这表明在运行到第 8 行的意思是执行完第 7 行，停止执行到第 8 行前。

（9）在子程序 change 中第 25 行设置第 2 个断点，即输入

```
break 25
```

执行结果如下：

Breakpoint 2 at 0x402c39:file /home/leihong/di. f,line 25.

（10）运行程序到第 2 个断点处，即在（idb）后面输入

continue

执行结果如下：

Continuing.

Breakpoint 2,change（x = 1,y = 10,z = 3,u = 127）at /home/leihong/di. f:25
25　　　　　　　　z = 100 * x + y

（11）显示变量 y 的值，即输入

print y

执行结果如下：

$3　=　10

（12）向前执行一步，即输入

step

执行结果如下：

26　　　　　　　　u = 1000 * x + y + z

（13）显示变量 z 的值，即输入

print z

执行结果如下：

$4　=　110

（14）显示目前所在位置及调用关系，即输入

backtrace

执行结果如下：

#0　0x0000000000402c4e in change（x = 1,y = 10,z = 110,u = 127）at /home/leihong/di. f:26
#1　0x0000000000402af1 in debug_idbc（）at /home/leihong/di. f:10

输出结果表明，目前程序执行到子程序 change 的第 26 行，并给出了变量 x、y、z 和 u 的当前值。同时也指出，调用的子程序 change 的语句位于主程序 debug_ idbc 的第 10 行。

（15）指令 backtrace 给出的信息十分详尽，这对于追踪大型复杂的程序是十分有用的。如果只希望给出目前断点所处的位置，而不希望给出调用信息则可输入

```
frame
```

执行结果如下：

```
#0   0x0000000000402c4e in change ( x = 1 , y = 10 , z = 110 , u = 127 ) at /home/leihong/di. f ;26
26              u = 1000 * x + y + z
```

（16）如果希望显示断点附近 10 行程序代码，可输入

```
list
```

执行结果如下：

```
19        C-------------------------------------------------------
20              subroutine change( x , y , z , u )
21              implicit none
22              integer : :x , y , z , u
23
24              y = 10 * x
25              z = 100 * x + y
26              u = 1000 * x + y + z
27
28              return
```

由于程序已经执行到断点处，因此输出结果是以断点 26 行为中心的 10 行代码。如果程序没有执行到断点处，则输出结果是断点 26 行前面的 10 行代码。

（17）继续执行到程序结束，即输入

```
continue
```

执行结果如下：

```
Continuing.
a,b,c,d =            1          − 1         − 1120        1120
Program exited normally.
```

输出结果表明，程序正常执行完毕。

（18）退出 idbc 命令行调试器，回到 Linux 命令行状态。

```
quit
```

10.7　程序热点的确定

对源程序的所有代码均进行优化是不现实也是不必要的。在实际应用中，针对程序热点（计算耗时较长的程序代码段）进行优化是实现高性能计算最简捷最有效的方法。这就要求编程人员在进行程序优化过程中忽略次要矛盾，抓住主要矛盾，这句话包含如下含义：

（1）程序热点是指程序中最耗时的代码。通常，80%的程序计算量分布在20%的代码中，而对这20%的程序热点进行分析和优化则需要花费80%的编程时间。这就是软件开发中著名的"二八原则"。

（2）部分代码块的计算工作量不大，并行后的效率不明显。如果考虑线程创建、同步等并行开销，并行的执行时间可能比串行时间更长。因此，不必要对这样的代码块进行并行化。

（3）部分代码块的语句或循环迭代次序存在依赖性，如果强制进行并行则会给出不同的结果。因此，部分代码块只能串行，不能并行。

程序热点一般指的是热点循环、热点函数和热点子程序。这些热点循环、热点函数和热点子程序所占比例以及算法的并行性和可扩展性是在程序设计过程中需要考虑的重点问题。程序热点的确定有静态分析和动态分析两种方法。

静态分析是通过分析数学模型和相应算法来确定程序的热点。这种方法要求编程人员熟悉科学问题的物理背景、数学模型和数值算法。静态分析的优点是可以用较小的时间代价，针对程序的重要结构做出多种可能的性能选择，缺点是准确性较差。

动态分析是采用硬件和软件测量的方法收集并分析程序运行中的各种性能参数从而确定程序的热点，如 Intel 公司的 VTune 工具、AMD 的 CodeAnalyst 和开源的系统全局的性能监视工具 oProfile。

在实际的应用过程中，通常采用静态分析和动态分析相结合的方法。具体而言，先分析数学模型和相应算法，选出可能成为程序热点的代码段，然后采用动态分析方法分析特定代码段的性能特征。

静态分析的主要工作如下：

（1）如果是计算力学或电磁学问题，通常离散后代数方程组的求解是程序的热点。

（2）如果存在循环计算，则重点分析嵌套循环的计算量。

动态分析的主要工作如下：

（1）统计程序中各疑似热点部分的调用次数和总执行时间。

（2）分析热点程序段，确定程序性能瓶颈取决于计算部分、通信部分还是 I/O 部分。

（3）根据程序的运行时间，分析计算粒度大小、负载平衡情况、通信开销、存储访问冲突以及 Cache 命中率等。

（4）从效率和可扩展性角度分析结构与算法的最佳组合等。

10.7.1　编译器热点分析报告

编译器可以通过跟踪程序代码的执行，记录代码的性能，进而确定那些最耗时的热点函数、热点子程序和热点循环。函数分析报告中各项含义见表 10-1，建议编程人员重点关注以下内容：

（1）函数自身运行耗时占程序总耗时百分比 self（％）；

（2）函数内部循环总耗时占程序总耗时百分比 loop_ticks(％)。

如果函数自身运行耗时占程序总耗时百分比 self（％）超过了 10％，则表明此函数为程序热点函数，有必要进行优化。

表 10-1　函数分析报告中各项含义

名　　称	含　　义
Time/abs	函数计算总耗时
Time/％	函数计算总耗时占程序总耗时百分比
Self/abs	函数自身运行耗时，即函数计算总耗时减去调用其他函数的总耗时
Self/％	函数自身运行耗时占程序总耗时百分比
Call_count	函数被调用次数
Exit_count	退出函数次数
Loop_ticks/％	函数内部循环总耗时占程序总耗时百分比，此项仅在打开开关-profile-loops 时起作用
Function	函数名称
File：line	包含函数的源代码程序名和函数的初始行号

循环分析报告中各项含义见表 10-2，建议编程人员重点关注以下内容：

（1）循环自身运行耗时占程序总耗时百分比 self（％）；

（2）循环内部循环总耗时占程序总耗时百分比 loop_ticks（％）。

如果函数内部循环总耗时占程序总耗时百分比 loop_ticks（％）接近该函数自身运行耗时占程序总耗时百分比 self（％），表明此循环是该函数中的热点循环。

表 10-2　循环分析报告中各项含义

名　　称	含　　义
Time/abs	循环总耗时
Time/％	循环总耗时占程序总耗时百分比
Self/abs	循环自身运行耗时，即函数计算总耗时减去调用其他函数（或循环）的总耗时
Self/％	循环自身运行耗时占程序总耗时百分比
Loop_entries	循环被调用次数
Loop_exits	退出循环次数
Min_iterations	循环体最少循环次数，此项仅在打开开关-profile-loops-report＝2 时起作用
Avg_iterations	循环体平均循环次数，此项仅在打开开关-profile-loops-report＝2 时起作用
Max_iterations	循环体最多循环次数，此项仅在打开开关-profile-loops-report＝2 时起作用
Function	执行循环的函数名，如果循环被内嵌到其他函数时，执行循环的函数不一定就是包含循环代码的函数
Function_file：line	执行循环的函数所在的源代码文件名和函数的初始行号
Loop_file：line	循环体所在的源代码文件名和循环体的初始行号

程序 hotspot. f 在主程序和子程序中存在多个循环，下面以此为例进行分析。

```fortran
! File：hotspot. f
      program hot_spot
      implicit none
      integer(kind = 4)::i,m
      real(kind = 8)::x,y,z

      m = 1000000
      x = 0. 0
      y = 0. 0
      z = 0. 0

      do i = 1,m
          x = x + sin(log(dble(m)))
          y = y - cos(log(dble(i)))
          z = x + y + cos(log(dble(m))) - sin(log(dble(m)))
      end do

      call func1(x,y,z,m)

      call func2(x,y,z,m)

      call func3(x,y,z,m)

      print * ,'x,y,z = ',x,y,z

      end program hot_spot
C-------------------------------------------------
      subroutine func1(x,y,z,m)
      implicit none
      integer(kind = 4)::i,m
      real(kind = 8)::x,y,z

      do i = 1,m
          x = x + sin(log(dble(m)))
          y = y - cos(log(dble(i)))
          z = x + y + cos(log(dble(m))) - exp(sin(log(dble(m))))
      end do

      return
      end subroutine func1
C-------------------------------------------------
      subroutine func2(x,y,z,m)
```

```
implicit none
integer(kind =4)::i,m
real(kind =8)::x,y,z

do i =1,m
    x = x + sin(log(dble(m)))
    y = y - cos(log(dble(i)))
    z = x + y + cos(log(dble(m))) - sin(log(dble(m)))
end do

call func1( -x,y,z,m)

return
end subroutine func2
```

C--

```
subroutine func3(x,y,z,m)
implicit none
integer(kind =4)::i,m
real(kind =8)::x,y,z

do i =1,m
    x = x + sin(log(dble(m)))
    y = y - cos(log(dble(i)))
    z = x + y + exp(sin(cos(log(dble(m))))) - cos(sin(log(dble(m))))
end do

call func1( -x,y,z,m)

return
end subroutine func3
```

如果采用的是 Intel Fortran 编辑器的话，可以利用 profile-loops-report 报告对程序的热点循环进行预估。即在 Linux 环境中输入以下命令：

```
ifort -O1 -profile-functions -profile-loops = all -profile-loops-report =2 hotspot. f -o cpi
./cpi
```

上述代码运行后，结果如下：

```
x,y,z =    3794852. 29389951      - 3794555. 46629003      - 6640696. 95292835
```

从程序执行过程可以看出，上述程序输出的报告具有如下特点：

（1）可执行文件 cpi 在运行后，会产生三个文件，且这三个文件名中的数字序号相同。第一个文件是以 loop_prof_ 为前缀以 .xml 为后缀的文件，可以用 Excel 软件打开，对程序热点确定有意义的部分表格见表 10-3；第二个文件是以 loop_prof_funcs_ 为前缀、以 .dump 为后缀的文本文件，相关信息见表 10-4；第三个文件是以 loop_prof_loops_ 为前缀、以 .dump 为后缀的文本文件，相关信息见表 10-5。其中，第一个文件的内容与第二、三个文件中的内容是重复的。由于第一个文件太长，不方便打开，因此，重点分析第二、三个文件中的内容。对于第二、三个文件，可以将扩展名 dump 改为文本文件扩展名 txt，然后用任意的文本编辑器打开。

（2）表 10-4 表明，行号 29 对应的函数 func1 自身运行耗时占程序总耗时的百分比为 50.06%，因此函数 func1 为最重要的热点函数。而函数中的循环计算耗时占程序总耗时百分比为 50.06%，等于函数 func1 自身运行耗时占程序总耗时百分比。这说明热点函数 func1 的计算耗时主要花费在循环计算上，须对循环进行优化。主程序 MAIN、函数 func2 和 func3 的自身运行耗时占程序总耗时百分比分别为 100%、33.29% 和 33.28%，但它们均在内部涉及了对其他函数的调用，因此这些函数自身运行耗时数据并不能真实反映这些函数是否为热点函数；进一步查看报告项目 loop_ticks（%）可知，这些函数中循环计算耗时分别为 16.90%、16.49% 和 16.49%，均超过了 10%，因此有必要对这些函数中的循环进行优化。

（3）表 10-5 表明，行号 29 对应的函数中行号 35 对应的循环占程序总耗时百分比 self（%）为 50.1%，表明此循环为程序热点循环，有必要进行优化；而其他循环占程序总耗时百分比 self（%）分别为 16.9%、16.5% 和 16.5%，均超过了 10%，表明了这些循环也值得优化。

表 10-3　文件 loop_prof_1386808875.xml 信息

ticks_perc	ticks_abs	self_perc	self_abs	call_cnt	exit_cnt	loops_perc	function	name	line	path
33.29	231377436	16.49	114635715	1	1	16.49	func3_	hotspot.f	61	/home/cal/hotspot.f
33.28	231329979	16.49	114601623	1	1	16.49	func2_	hotspot.f	44	/home/cal/hotspot.f
50.06	347937831	50.06	347937831	3	3	50.06	func1_	hotspot.f	29	/home/cal/hotspot.f
100	695033709	16.96	117858540	1	1	16.9	MAIN__	hotspot.f	2	/home/cal/hotspot.f

loop_cnt	path 9	name10	line11	path12	avg_trip_cnt	min_trip_cnt	max_trip_cnt	exit_cnt13
1	/home/cal/hotspot.f	hotspot.f	61	/home/cal/hotspot.f	1000000	1000000	1000000	1
1	/home/cal/hotspot.f	hotspot.f	44	/home/cal/hotspot.f	1000000	1000000	1000000	1
1	/home/cal/hotspot.f	hotspot.f	29	/home/cal/hotspot.f	1000000	1000000	1000000	3
1	/home/cal/hotspot.f	hotspot.f	2	/home/cal/hotspot.f	1000000	1000000	1000000	1

表 10-4　文件 loop_prof_funcs_1386808875. dump 信息

time/abs	time/%	self/abs	self/%	call_count	exit_count	loop_ticks/%	function	file:line
347937831	50. 06	347937831	50. 06	3	3	50. 06	func1_	hotspot. f:29
695033709	100. 00	117858540	16. 96	1	1	16. 90	MAIN__	hotspot. f:2
231377436	33. 29	114635715	16. 49	1	1	16. 49	func3_	hotspot. f:61
231329979	33. 28	114601623	16. 49	1	1	16. 49	func2_	hotspot. f:44

表 10-5　文件 loop_prof_loops_1386808875. dump 信息

time/abs	time/%	self/abs	self/%	loop_entries	loop_exits	min_iterations	avg_iterations	max_iterations	function	function_file:line	loop_file:line
347936148	50. 1	347936148	50. 1	3	3	1000000	1000000	1000000	func1_	hotspot. f:29	hotspot. f:35
117428691	16. 9	117428691	16. 9	1	1	1000000	1000000	1000000	MAIN__	hotspot. f:2	hotspot. f:13
114630906	16. 5	114630906	16. 5	1	1	1000000	1000000	1000000	func3_	hotspot. f:61	hotspot. f:67
114601377	16. 5	114601377	16. 5	1	1	1000000	1000000	1000000	func2_	hotspot. f:44	hotspot. f:50

10.7.2　手动热点分析报告

通常，计算程序中会存在大量的循环结构，且这些循环结构会被多次调用，因此 Intel Fortran 中的报告开关 profile-loops-report 生成的报告会非常长，不利于热点循环数据的分析整理；并且在编译执行中利用-O1 编译选项才能插入所需的测试代码，执行速度较慢。

实际上，编程人员进行程序热点分析时只需关注两个参数：调用次数和总耗时。这样，程序热点分析完全可以通过编程来完成。为了减少工作量，建议编程人员首先分析数学模型及其算法，从中挑选出 4~5 个可能的热点循环或热点函数，然后进行分析评价。

在 7.2.3 节中所列的时间函数并不是被所有的 Fortran 编译器所支持，而且部分时间函数使用起来并不方便。这里，仅以函数 cpu_time 为例分析 10.7.1 节中程序 hotspot. f，确定程序中的热点循环和热点函数。具体程序如下：

```
! File:chs. f
        module check_hot
        integer,save ::loop1_times = 0
        integer,save ::fun1_times = 0,fun2_times = 0
        integer,save ::fun3_times = 0
        real(kind = 4),save ::loop1_cal_time = 0. 0
        real(kind = 4),save ::fun1_cal_time = 0. 0,fun2_cal_time = 0. 0
        real(kind = 4),save ::fun3_cal_time = 0. 0
        real(kind = 4),save ::t0,t1,t00,t01,tsum = 0
        end module check_hot
C------------------------------------------------------
```

```
      program check_hot_spot
      use check_hot
      implicit none
      integer(kind=4)::i,m
      real(kind=8)::x,y,z

C   Calculation time for whole program,t00:reference time
      call cpu_time(t00)

      m = 1000000
      x = 0.0
      y = 0.0
      z = 0.0


C   Loop1 frequency and calculation_time,t0:reference time
      call cpu_time(t0)

      do i = 1,m
          x = x + sin(log(dble(m)))
          y = y - cos(log(dble(i)))
          z = x + y + cos(log(dble(m))) - sin(log(dble(m)))
      end do

      call cpu_time(t1)
      loop1_times = loop1_times + 1
      loop1_cal_time = loop1_cal_time + (t1 - t0)

      call func1(x,y,z,m)

      do i = 1,10
          call func2(x,y,z,m)
      end do

      do i = 1,20
          call func3(x,y,z,m)
      end do

      print *,'x,y,z =',x,y,z
C Statistic for calculational time
C   Calculation time for whole program,t00:reference time
      call cpu_time(t01)
      tsum = t01 - t00

      print *
```

```
      print * ,'--------analysis result--------'
      print * ,'Total calculatal time = ',tsum,'seconds'
      print *

      print * ,'loop&func   frequency,cal_time( % )'
      print * ,'loop 1',loop1_times,loop1_cal_time/tsum * 100.
      print * ,'func 1',fun1_times,fun1_cal_time/tsum * 100.
      print * ,'func 2',fun2_times,fun2_cal_time/tsum * 100.
      print * ,'func 3',fun3_times,fun3_cal_time/tsum * 100.

      end program check_hot_spot

C-----------------------------------------------------
      subroutine func1( x,y,z,m)
      use check_hot
      implicit none
      integer( kind =4) ::i,m
      real( kind =8) ::x,y,z

C   Fun1 frequency and calculation_time,t0:reference time
      call cpu_time(t0)

      do i =1,m
          x = x + sin( log( dble( m)))
          y = y – cos( log( dble( i)))
          z = x + y + cos( log( dble( m))) – exp( sin( log( dble( m))))
      end do

      call cpu_time(t1)
      fun1_times = fun1_times +1
      fun1_cal_time = fun1_cal_time + ( t1 – t0)

      return
      end subroutine func1

C-----------------------------------------------------
      subroutine func2( x,y,z,m)
      use check_hot
      implicit none
      integer( kind =4) ::i,m
      real( kind =8) ::x,y,z

C   Fun2 frequency and calculation_time,t0:reference time
```

```
         call cpu_time(t0)

         do i = 1,m
            x = x + sin(log(dble(m)))
            y = y - cos(log(dble(i)))
            z = x + y + cos(log(dble(m))) - sin(log(dble(m)))
         end do

         call func1( - x,y,z,m)

         call cpu_time(t1)
         fun2_times = fun2_times + 1
         fun2_cal_time = fun2_cal_time + (t1 - t0)

         return
         end subroutine func2
C--------------------------------------------------
         subroutine func3(x,y,z,m)
         use check_hot
         implicit none
         integer(kind = 4)::i,m
         real(kind = 8)::x,y,z
C    Fun3 frequency and calculation_time,t0:reference time
         call cpu_time(t0)

         do i = 1,m
            x = x + sin(log(dble(m)))
            y = y - cos(log(dble(i)))
            z = x + y + exp(sin(cos(log(dble(m))))) - cos(sin(log(dble(m))))
         end do

         call func2(x, - y,z,m)

         call cpu_time(t1)
         fun3_times = fun3_times + 1
         fun3_cal_time = fun3_cal_time + (t1 - t0)

         return
         end subroutine func3
```

采用串行方式编译并执行上述代码后，运行结果如下：

x,y,z =　　49333079.7808422　　　 - 26561888.2640280　　　 - 23087332.5335126

---------analysis result---------

Total calculatal time =	1.878714		seconds
loop&func	frequency,	cal_time(%)	
loop 1	1	1.170801	
func 1	31	40.97928	
func 2	30	39.80843	
func 3	20	28.10008	

从程序和输出结果可以看出，上述程序具有如下特点：

（1）采用 module 定义，将热点统计分析所涉及的时间参数、循环调用频率、循环耗时这些变量定义成具有 save 属性的全局变量。这样在不改变原程序中函数和子程序的参数表的情况下，就能将统计结果带回主程序。

（2）函数 fun1 的总耗时为 41%，与利用编译器热点分析报告给出的总耗时 50.6% 存在较大差异。这是因为在本例中使用的优化开关为-O2，而编译器热点分析报告中使用的优化开关为-O1。

（3）函数 fun1 调用次数最高，且其总耗时高达 41%。这是由于函数 fun3 调用函数 fun2，函数 fun2 调用函数 fun1 造成的。因此函数 fun1 是程序优化的热点。

（4）在优化过程中，函数 fun3 的耗时应该减去函数 fun2 调用的影响，函数 fun2 的耗时应该减去函数 fun1 调用的影响，这样才能正解评估函数 fun2 和函数 fun3 的实际耗时。

（5）在确定热点函数后，还可根据需要，采用循环 loop1 的分析方法确定热点函数中的热点循环。

10.8　串行程序的优化

当串行代码的正确性得到确认以后，可以按照如下步骤进行优化：

（1）充分利用现有的高性能程序库能够简化编程调试，并提高编程人员的工作效率。常用的函数库有 BLAS 库（向量和矩阵的基本运算）、LAPACK 库（线性方程组的求解）、ScaLAPACK 库（并行版的 LAPACK 库）、IMSL 库（国际数学和统计链接库）、PETSc 库（LAPACK 库的并行扩展）、MKL 库（Intel 数学核心库）等。

（2）调整嵌套循环的循环次序，提高缓存的命中率。

（3）生成向量化报告，检查并调整程序的向量化代码，提高程序的向量化程度。

（4）针对特定处理器进行优化。一般通过利用 Intel Fortran 编译器中-xHost 开关自动探测处理器支持的最新指令集，从而更好地支持-O2 或-O3 开关中的向量化。

（5）选择合适的编译开关。合适的编译开关可以帮助编程人员对代码进行优化，自动实现向量化和并行化，从而提高程序代码的执行效率。通常采用-O2 优化开关是最安全的，并能满足一般程序编译要求。如果要对程序进行深度优化编译，则需要查阅所使用的编译器手册。但是现有的资料要么过于简单，要么过于繁琐，无法满足用户需要。因此在本章、附录 5 和附录 6 对有关编译开关的使用方法作了详细介绍。

10.8.1　循环变换

通常，程序访问内存的时间消耗绝大多数集中在对少数区域的访问[35]。大量实践表明：在程序执行过程中，90%的内存访问实际上集中于10%的内存区域，这就是程序的局部性原理。而程序的局部性可分为如下两种情况：

（1）时间的局部性：如果一个区域被访问，那么它将被再次访问的概率也较大，这主要是指那些需要频繁访问的热点数据。

（2）空间的局部性：如果一个区域被访问，那么与它相邻的区域被访问的概率也较大。这是因为 CPU 对内存的访问通常是将一个连续区域内的所有数据均读取到缓存中。

提高缓存命中率的一个简单原则是尽量改善数据访问的局部性，使 CPU 需要访问的数据尽可能连续地存放在同一个内存区域，或者长时间地驻留缓存。这样，编程人员可以通过循环变换来改变指令执行顺序从而提高缓存命中率。循环变换的优点在于：实施循环变换后的程序可以在不同平台上运行，具有很好的通用性。这是因为循环变换是通过改变程序自身的局部性来提高缓存性能，与平台无关，也不需要特定硬件的支持。循环变换的难点在于：在进行循环变换的过程中，既要保证变换前后程序代码的正确性，还要保证变换前后程序可执行语义的等价。

10.8.1.1　循环的交换

循环的交换是在嵌套循环中，通过改变循环嵌套的次序来改变数据的访问方式，从而提高数组访问的空间局部性。为了提高缓存命中率，循环嵌套次序的确定通常取决于不同语言中数据在内存中的存放规则。

在 Fortran 语言中，数组在内存中是按列优先顺序存放的。对于数组 a(i,j,k) 的访问，应尽量将循环指标变量 i 作为内层循环的循环指标变量从而实现数据访问的连续性。因此，推荐的循环次序为 kji 顺序，其次是 jki 顺序，最糟糕的是 ijk 顺序。其中，循环的 kji 访问顺序为：

```
do k = 1,n
do j = 1,m
do i = 1,l
        a(i,j,k) = b(i,j,k) + 3
    end do
    end do
    end do
```

10.8.1.2　循环的合并

循环的合并是将多个小循环合并成为一个大循环的代码变换方法。循环合并的目标是实现同一数据在多个循环中的多次使用转变为在一个循环的一次迭代中的多次使用，从而改善这些数据的时间局部性。同时，循环的合并可以扩大循环体，增加循环的粒度，有利于多线程的并行执行。在循环的合并过程中，如果合并前的不同循环之间存在依赖关系，那么在合并后得到的大循环也不能违反这些依赖关系，这是进行循环合并的重点和难点。

例如，下述循环的第二个循环中变量 c(i) 的计算依赖于第一个循环中 b(i) 的计算结果。

```
do i = 1,m
    b(i) = a(i) + 3
end do
do i = 1,m
    c(i) = b(i) * 3
end do
```

这样，对于同一个循环指标 i，只需先执行第一个循环的代码块，再执行第二个循环的代码块，就能保证不破坏以前循环间的依赖关系。即：

```
do i = 1,m
    b(i) = a(i) + 3
    c(i) = b(i) * 3
end do
```

10.8.1.3　循环的分解

循环的分解是将一个大循环拆分为多个小循环的代码优化方法，它是循环合并的逆向操作。如果一个大循环中的数据之间存在依赖关系，那么通过循环分解方法将这些数据分配到不同的循环中。通过消除或减弱这些循环依赖关系，改善数据的空间局部性。这样，对于存在循环依赖的小循环，可以采用串行方式；对于不存在循环依赖的小循环，可以采用并行方式，从而提高程序的性能。

例如，下述循环存在着复杂的循环依赖关系。

```
do i = 1,m
    b(i) = a(i-1) + b(i)
    a(i) = c(i-1) * x + y
    c(i) = 1./a(i)
    d(i) = c(i) * *3 + b(i)
end do
```

但是，通过分析可以看出，在不改变循环迭代次序的前提下，在同一次迭代中，d(i)的计算依赖于 b(i)和 c(i)的计算，因此 b(i)和 c(i)的计算语句的执行应该在 d(i)的计算语句前面；而 b(i)在循环中使用的是 a(i-1)的更新值。这样，分解后的循环如下：

```
do i = 1,m
    a(i) = c(i-1) * x + y
    c(i) = 1./a(i)
end do
do i = 1,m
    b(i) = a(i-1) + b(i)
    d(i) = c(i) * *3 + b(i)
end do
```

10.8.1.4　循环的分块

循环的分块是根据循环访问特性将一个循环分解为多个嵌套循环的代码优化方法。通过分块，循环可以在完成对某一个数据集的处理后再进行下一个数据集的处理，从而提高了循环访问数据的时间局部性[35,36]。这种循环分块一般根据 Cache 大小来确定分块的大小，充分利用 Cache 的性能来提高程序中大型数组的运算性能。在分块的过程中，一定是关注"尾巴"的处理。例如：

```
do i = 1,m
do j = 1,n
   x(i) = x(i) * y(j)
end do
end do
```

如果对数组 y 进行分块，则可将循环改写为如下形式：

```
do j = 1,n,dn
do i = 1,m
  do jj = j,min(j + dn − 1,n)
     x(i) = x(i) * y(jj)
  end do
end do
end do
```

程序中引入的临时变量 dn 是分块的大小。其值需根据缓存的大小来确定，要求 y(j:j + dn − 1)能够被容纳在缓存中，从而改善对数组 y 访问的时间局部性。如果 dn ≥ n，则分块后的程序等效为原始程序；如果 dn = 1，则分块后的程序等效为将原始程序的循环指标变量 i 和 j 交换了循环次序。

循环分块是一项比较复杂的优化技术，其分块方式和分场参数通常需要根据实际代码和缓存结构经过细致的分析和大量的数值实验来确定。这种优化方式一般仅用于需要深度优化的场合。

10.8.1.5　循环的展开

循环的展开是一种牺牲程序的尺寸来加快程序执行速度的优化方法。它通过将循环体代码进行多次复制从而增大指令调度的空间，减少循环分支指令的开销，有助于充分发挥 CPU 性能[36]。

例如，对于一维数组 x(i)的求和计算如下：

```
do i = 1,m
    sum = sum + x(i)
end do
```

如果对其进行 4 步循环展开，则相关程序如下：

```
do i = 1,mod(m,4)
    sum = sum + x(i)
end do
do i = mod(m,4) + 1,m,4
    sum = sum + x(i) + x(i+1) + x(i+2) + x(i+3)
end do
```

在上面循环展开代码中，如果 m 不是 4 的倍数，则利用第 1 个循环来处理 m 除以 4 的余数情况。如果 m 是 4 的倍数，则可直接利用第 2 个循环，第 2 个循环就是展开后的循环。

但是，对嵌套循环进行手工展开十分麻烦，因此在实际应用中通常使用编译器的相关编译开关进行循环的自动展开。例如 Intel Fortran 提供了 – unroll 开关，用于指定对代码中的循环进行展开。

10.8.2 向量化

向量化（Automatic Vectorization）是根据处理器的特点采用向量处理单元进行单指令多数据流（Single Instruction Mutiple Data，简称 SIMD）的批量计算方法。具体而言，它是利用 SIMD 编译器特点通过循环展开、数据依赖分析、指令重排等方式充分挖掘程序中的并行性，将程序中可以并行化的部分合成处理器支持的向量指令，通过复制多个操作数并把它们直接打包在寄存器中，从而完成在同一时间内采用同步方式对多个数据执行同一条指令，有效提高程序性能。

一般来说，向量化特别适合于具有大量浮点运算的循环结构。如果函数序中存在大量的循环，并且在这些循环中频繁地进行浮点数运算，那么利用向量化编译器使用 SIMD 指令就能较大幅度地提高程序的性能。由于向量化会提供等同于使用底层汇编的效率完成循环的计算，因此一个向量化的循环比一个同样方式的标量循环可能会有 25% ~ 40% 的性能提高。例如：

```
integer,parameter ::m = 400
real (kind = 4),dimension(1:m)::a,b,c
do i = 1,m
    a(i) = b(i) + c(i)
end do
```

在上述循环中，数组 a、b、c 和 d 是 4 个字节即 32 位的单精度实数数组。如果不采用向量化，这个循环需要经过 400 次浮点加法运算。如果在 128 位寄存器中采用 SSE 指令，一条指令能同时完成 4 次浮点加法运算。这样，上述循环采用 100 次浮点加法就能完成。

但是，向量化并不等同于并行化。一个循环的向量化意味着对循环体内每条语句进行向量化，即根据不同的硬件条件和指令集，一条指令同时处理 4 个（或 8 个）单精度实数的简单运算；而循环的并行化意味着对循环次数进行并行化，即一定数量的线程采用同步或异步的方式执行循环体，且循环体可以包含函数、分支等复杂运算方式。

　　现在，设置一个包含 10 个子线程的线程组采用静态调度方式对上面的循环同时进行并行化和向量化操作。在这个过程中，循环的并行操作要求每个线程均要执行循环体内每条语句；同时，向量化操作可以实现执行 1 条指令就处理 4 次循环迭代，即每个线程执行 1 次迭代事实上能够完成 4 次迭代任务。这样，线程组内每个线程只需依次进行 10 次迭代就能完成全部任务。那么从理论上来讲，计算时间缩短为非向量化时串行计算时间的 1/4/10 = 1/40。

　　向量化的实现通常可采用两种方式：

　　（1）自动向量化：向量化编译器通过分析程序中控制流和数据流的特征，识别并选出可以向量化执行的代码，并将标量指令自动转换为相应的 SIMD 指令的过程。

　　（2）手动向量化：通过内嵌手写的汇编代码或目标处理器的内部函数来添加 SIMD 指令，从而实现代码的向量化。

　　需要注意的是，影响向量化执行效率的因素有两个：代码风格和硬件条件。

10.8.2.1　代码风格

　　代码风格是指源程序代码必须符合实现向量化的规则。对代码进行向量化的开关为 -vec，但是此开关通常已经隐含在高级别优化开关 -O2 和 -O3 中。可实现向量化的循环具有如下特点：

　　（1）循环内任何语句均不依赖于其他语句并且不存在循环依赖关系，那么这个循环是可以被向量化的循环。换言之，循环内任何一个语句必须能够独立执行，这样应要求读写数据的操作必须中立于循环内的每次迭代。

　　（2）对于嵌套循环，向量化只能作用于最内层的循环。

　　（3）向量化处理的数据类型应尽量保持一致。例如，在同一表达式中尽量避免同时出现单精度变量和双精度变量。

10.8.2.2　硬件条件

　　计算机硬件发展十分迅速，目前使用的处理器可能是早期的 Pentium 3、Pentium 4 到现在的 Core i7 处理器。这些处理器可能采用不同的体系结构，支持不同的单指令多数据流（SIMD）扩展（如 SSE、SSE2、SSE3、SSSE3、SSE4、AVX 等）。表 10-6 给出了硬件 SIMD 技术在发展过程中指令集的演变[37]。

表 10-6　SIMD 技术的发展历程

年份	指令集	特　点
1996	MMX	57 条指令（算术、移位、逻辑、比较和置位等）
1999	SSE	70 条指令（单精度浮点运算和整数的 SIMD 运算，向量处理能力由 64 位扩展到 128 位）
2002	SSE2	144 条指令（128 位 SIMD 整数运算和 64 位双精度浮点运算）
2004	SSE3	13 条指令（线程同步、浮点到整数的转换、SIMD 浮点运算）
2006	SSSE3	32 条指令（多媒体应用、图形图像处理）
2007	SSE4.1	47 条指令（向量绘图运算、3D 游戏加速、视频编码加速及协同处理的加速）
2008	SSE4.2	7 条指令（文本和字符串操作、存储检验）
2008	AVX	约 100 条新指令，约 300 条已有的 SSE 指令的更新升级，向量处理能力从 128 位扩展到 256 位
2011	AVX2	融合了乘加操作、256 位跨通道数据重排、寄存器间的广播等，引入了对 256 位整数向量指令
2014	AVX512	推出 512 位指令集

为了获得更好的性能，需要打开和处理器相关的开关从而充分利用处理器的特定性能。针对不同的处理器，不同的 Fortran 编译器给出了不同的开关。这样处理器在运行时，可以充分利用这些新的扩展功能。Intel Fortran 编译器针对不同的硬件系统开发了不同的指令集。如果能预知硬件类型，则只需在程序编译时打开相应的向量化开关，具体如下：

（1）-axSSE2。

（2）-axSSE3。

（3）-axSSSE3。

（4）-axSSE4.1。

（5）-axSSE4.2。

（6）-axAVX。

如果编程人员对计算机硬件比较了解，那么建议使用-x 或-ax 选项。它们的特点如下：

（1）如果仅希望针对特定 Intel 处理器进行优化，可以采用-x 开关。这样优化后生成的代码量相对较小且执行时间较短。如果存在多个-x 选项，则从这些处理器选项中挑选一个性能最好的处理器。由于此选项只能针对一个特定的处理器进行优化，所以执行程序由于兼容性问题就无法在比此处理器老旧的机器上运行。

（2）如果希望针对 Intel 处理器进行优化，同时也希望代码能够在其他非 Intel 处理器上运行，则可以采用-ax 开关。这样除了生成一个针对特定 Intel 处理器优化的代码外，还会包含一个可以运行在其他处理器上的相对较慢但是通用的代码。这样生成的代码不但可以在特定优化的处理器上运行，还可以在其他处理器上运行，代码的兼容性好。但是生成的代码量会有所增加同时执行时间较长。如果存在多个-ax 开关，则会分别针对这些处理器生成对应的优化代码。

但是，要求普通科技人员深入了解计算系统的硬件基本上是一件不可能完成的任务，因此在 Intel Fortran 编译器编译过程中采用-xHost 开关。这样，编译器会自动探测当前计算系统的处理器所支持的最新指令集，从而更好地支持自动向量化。

10.8.2.3　自动向量化

自动向量化能够将编程人员从单调乏味的程序优化工作解脱出来。它既为编程人员屏蔽了底层 CPU 的工作细节，又能通过底层 CPU 支持的 SIMD 指令获得有效的性能提升。因此，自动向量化一直是计算机科学的研究热点。

目前，实现自动向量化主要有如下两种方式：

（1）基于循环的自动向量化：它通过循环分析，针对无数据依赖的循环迭代采取直接生成对应的向量指令方式实现向量化。

（2）基于代码块的自动向量化：它通过循环展开得到较大的代码块，然后收集循环中的相同操作，合并成后端 CPU 支持的 SIMD 操作，实现向量化。

自动向量化与循环结构、循环次数、循环内条件执行、数据依赖的相关性、数据对齐、数据类型、数据结构的设计等密切相关。自动向量化的实现，必须遵循如下规则：

（1）尽量采用纯粹的赋值数组语句。例如，采用循环完成对数组的赋值。

```
do i = 1, m
    a(i) = i
end do
```

（2）尽量采用数组赋值或数组表达式的书写形式。Fortran 90 可以将整个数组作为一个操作数进行操作，允许采用赋值语句对整个数组进行赋值，也允许数组与数组、数组与标量进行运算，同时也允许对数组求内部函数。这些数组操作均可被向量化。例如：

```
integer,parameter ::m=500
real (kind=8),dimension(1:m)::a,b,c,d
a=1.0
c=3.0
d=a+c
b=sqrt(c)
```

（3）避免在循环体中出现循环依赖。如果循环体内每一个语句都不依赖于另一个语句，并且没有循环的依赖关系，那么这个循环可以被向量化。换言之，循环内的每个语句均能独立执行，且数据的读写操作与循环迭代次序无关。例如，下述循环：

```
do i=2,200
    a(i)=b(i)*m+d(i)
    b(i)=(a(i)+b(i))/2.
    e=e+b(i)
end do
```

可以改写为：

```
do i=2,200
    a(i)=b(i)*m+d(i)
end do
do i=2,200
    b(i)=(a(i)+b(i))/2.
end do
do i=2,200
    e=e+b(i)
end do
```

这个改写后的循环是可以被向量化的。

然而，在下面的循环中：

```
do i=2,200
    a(i+1)=a(i)+e
end do
```

在每次迭代中，a(i+1)都要读取前一次迭代 a(i)的值，这样就形成了数据依赖。因此，这样的循环不能被向量化。

（4）只能对嵌套循环中最内层的循环进行向量化。在一个嵌套的循环中，向量化操作只能尝试作用于最内层的循环。如果影响性能的关键循环没有被向量化，那么可以通过添加额外的指令来帮助编译器做出正确的向量化决定。

（5）在循环入口处就已经确定循环次数，且循环次数在循环执行期间不变。

如果循环次数不能确定，也不能实现向量化。例如：

```
do while ( i < 10 − i )
    a( i ) = d( i ) + c( i + 1 )
    if ( a( i ) < 0 ) then
      a( i ) = 0
    end if
    i = i + 1
end do
```

因为循环次数依赖于 i，不能事先确定其具体次数，所以不能被向量化。

（6）循环是单入口单出口的循环。对于需要退出条件的循环，如果要向量化的话，必须保证只有一个循环入口和一个循环出口，并且循环退出条件必须是可以确定循环次数的表达式。例如：

```
do while ( i < 10 )
    a( i ) = d( i ) ∗ c( i + 1 )
    if ( a( i ) < 0 ) then
      a( i ) = 0
    end if
    i = i + 1
end do
```

此循环只有一个入口和一个出口，且拥有确定的退出条件，因此可以被向量化。

然而，有些循环存在多个出口，则不能被向量化。例如：

```
do while ( i > 200 )
    a( i ) = b( i ) + c( i + 1 )
    if ( a( i ) > 0 ) then
      exit
    end if
    i = i − 1
end do
```

（7）进行数据对齐。数据对齐要求进行向量化处理的语句中所包含的数据类型尽量一致。例如，要尽量避免在同一表达式中同时出现单精度变量和双精度变量。它通过强制编译器在特定字节边界的内存中创建数据对象从而提高处理器进行数据加载和数据存储的效率。这样既可以提高数据吞吐量又可以减少不必要的条件判断代码。

对齐数组数据最简单的方式是使用编译器开关（例如-align array64byte），这样，所有数组会在 64 位边界上对齐。当然，如果在程序中使用指令！dir $attributes align 在声明变量的代码中直接调用数据对齐，那么就不必使用-align array64byte 编译器开关。例如：

```
real :;A(1000)
! dir $attributes align:64::A
```

（8）对数据的访问进行合理规划，尽量采用顺序访问方式。Fortran 语言中的数组在内存中是按列优先顺序存放的。因此，对于多维数组的读写操作，例如对数组 a(i,j,k) 的访问，应尽量将 do i 作为内层循环，从而提高数据的缓存命中率。因此，推荐的循环次序为 kji 顺序。例如

```
do k = 1,m
do j = 1,m
do i = 1,m
    a(i,j,k) = i + j - k
end do
end do
end do
```

（9）避免循环内的条件跳转、条件判断和函数调用，但是可以使用 Fortran 的标准内部函数。

10.8.2.4　手动向量化和禁止向量化

为了更准确地实施自动向量化，编程人员有时需要利用一些控制指令来实现强制向量化或禁止向量化。

出于安全的需要，编译器通常会把一些可能存在也可能不存在数据依赖的代码块全部识别为数据依赖。如果编程人员确信没有数据依赖，那么可以通过 IVDEP 指令建议编译器忽略可能存在的依赖关系进行向量化。例如

```
do i = 0,10
    a(i) = a(i + j)
end do
```

编译器会认为变量 j 是不确定的，可能会出现 j < 0，那么就会假定该循环存在数据依赖而不能进行向量化，如果编程人员确信 j > 0，那么就可以加入 IVDEP 指令建议编译器进行向量化。

```
! DEC $IVDEP
    do i = 0,10
        a(i) = a(i + j)
    end do
```

此时，代码是否自动向量化仍取决于编译器的判断。

手动向量化是帮助实现代码向量化的一个有效途径。编译指令!DEC$IVDEP 仅对紧跟的单个循环起作用，而不是对后续的所有循环起作用。在应用编译指令!DEC$IVDEP 以后，编译器仅忽略它不确定的数据依赖，而不会忽略可以确认的数据依赖。换言之，编译器仍会检查编译指令!DEC$IVDEP 后面的循环中的数据依赖关系。如果发现代码向量化条件不满足，那么编译器可以不根据编译指令来进行自动向量化。

手动向量化的极端情况是 SIMD 向量化。它是指利用 SIMD 编译开关强制编译器对程序中!DIR$SIMD 指令下的循环进行向量化操作。换言之，无论代码向量化条件是否满足，编译器必须对!DIR$SIMD 指令下的循环进行向量化。SIMD 指令使编程人员可以更自由地控制程序的向量化。如果编程人员发现现有的编译指令无法满足语义的需要或者向量化性能无法满足期望，就可以尝试使用 SIMD 指令。需要指出的是，SIMD 指令使用的前提是编程人员必须保证程序向量化语义的正确性，它是对自动向量化的一种补充，而不是替代。因此，我们并不建议使用 SIMD 向量化这个不安全的指令。

如果编程人员对循环进行测试认为向量化会损失性能，就可以加入!DEC$NOVECTOR 指令强制编译器禁止对循环进行向量化。例如：

```
! DEC $NOVECTOR
    do i = 1,100
      a(i) = b(i) + c(i)
    end do
```

10.8.2.5 自动向量化的开启

自动向量化的启动被隐式地包含在一些常用编译开关中，而另一些开关则隐式地关闭了此功能。以下是有关自动向量化的开启和关闭的常用方式：

（1）编译开关-O2 和-O3 会默认打开自动向量化开关；而-no-vec 加入到编译器的命令行中则会覆盖这些默认的开关，实现自动向量化的关闭。

（2）编译开关-O1 将关闭自动向量化功能，即使在编译器的命令行中使用-vec 选项也不能开启自动向量化。

10.8.2.6 向量化优化报告

对于具有一定标准格式的代码，Intel 编译器才能实现自动向量化。因此，编程人员往往希望检查程序代码被向量化编译后的状况。这时，可通过开启-vec-report 开关，由向量化编译器生成向量化报告。相关指令如下：

```
-vec-report[ n]
```

其中，n 是可选项，默认值是 1。当 n =0 时，不显示诊断信息；当 n =1 时，只显示已向量化的循环；当 n =2 时，显示已向量化和未向量化的循环；当 n =3 时，显示已向量化和未向量化的循环以及数据依赖信息；当 n =4 时，只显示未向量化的循环；当 n =5 时，显示未向量化的循环以及数据依赖信息。

下面给出了循环不能进行向量化时的常见信息：

（1）太少的循环次数：该循环的循环次数太少，不值得进行向量化。

（2）非标准循环：循环的结构不正确。例如，循环存在多个出口。

（3）非内部循环：在嵌套循环的情况下，只对内部循环进行向量化。当然也可以采用优化手段实现对外部循环进行向量化，但是这种情况不会产生此提示信息。

（4）语句无法向量化：循环中存在条件跳转、条件判断、打印语句或函数调用。

（5）存在向量相关：在连续两次迭代中存在数据相关。

（6）向量化后程序效率较低：对循环进行向量化无助于程序性能的提升。

（7）下标太复杂：数组下标过于复杂导致编译器不能处理。

下面以 vector. f 为例产生向量化报告并进行说明。

```fortran
! File：vector. f
      program vector
      integer,parameter ：：m = 500
      integer ：：i

      real （kind = 8）,dimension(1：m)：：a,b,c,d,x
      real （kind = 8）：：e

c------loop 1--------
      do i = 1,m
         a(i) = 1. 0
         b(i) = 2. 0
      end do

      a = 1. 0
      c = 3. 0
      d = a + c
      b = sqrt（c）

c------loop 2--------
      do i = 2,200
         a(i) = b(i) * m + d(i)
         b(i) = （a(i) + b(i)）/2.
         e = e + b(i)
      end do

c------loop 3--------
      do i = 2,200
         a(i) = b(i) * m + d(i)
      end do

c------loop 4--------
      do i = 2,200
         b(i) = （a(i) + b(i)）/2.
```

```
            end do

c------loop 5--------
        do i = 2,200
            e = e + b(i)
        end do

c------loop 6--------
        do i = 2,200
            a(i + 1) = a(i) + e
        end do

c------loop 7--------
        i = 0
        do while(i < 10)
            a(i) = d(i) * c(i + 1)
            if (a(i) < 0)then
                a(i) = 0
            end if
            i = i + 1
        end do

c------loop 8--------
        i = 300
        do while(i > 200)
            a(i) = b(i) + c(i + 1)
            if (a(i) > 0)then
                exit
            end if
            i = i - 1
        end do

c------loop 9--------
        i = 0
        do while(i < 10 - i)
            a(i) = d(i) + c(i + 1)
            if (a(i) < 0)then
                a(i) = 0
            end if
            i = i + 1
        end do

c------loop 10--------
```

```
        j = 100
        do i = 0,10
            a(i) = a(i + j)
        end do

c------loop 11--------
        j = 100
!DEC$IVDEP
        do i = 0,10
            a(i) = a(i + j)
        end do

c------loop 12--------
        j = 100
!DIR$SIMD
        do i = 0,10
            a(i) = a(i + j)
        end do

c------loop 13--------
!DEC$NOVECTOR
        do i = 1,100
            a(i) = b(i) + c(i)
        end do

        end program vector
```

在 Linux 环境中，向量化报告的编译命令为：

```
ifort -vec-report3 vector. f
```

或

```
ifort -vec_report3 vector. f
```

可得到如下的输出内容：

```
vector. f(10):(col.  7)remark:LOOP WAS VECTORIZED.
vector. f(15):(col.  7)remark:LOOP WAS VECTORIZED.
vector. f(16):(col.  7)remark:LOOP WAS VECTORIZED.
vector. f(17):(col.  7)remark:LOOP WAS VECTORIZED.
vector. f(18):(col.  7)remark:LOOP WAS VECTORIZED.
vector. f(22):(col.  10)remark:LOOP WAS VECTORIZED.
```

vector. f(28):(col. 7)remark:LOOP WAS VECTORIZED.

vector. f(32):(col. 7)remark:LOOP WAS VECTORIZED.

vector. f(36):(col. 7)remark:LOOP WAS VECTORIZED.

vector. f(41):(col. 7)remark:loop was not vectorized:existence of vector dependence.

vector. f(42):(col. 10)remark:vector dependence:assumed FLOW dependence between a line 42 and a line 42.

vector. f(47):(col. 7)remark:LOOP WAS VECTORIZED.

vector. f(57):(col. 7)remark:loop was not vectorized:nonstandard loop is not a vectorization candidate.

vector. f(77):(col. 7)remark:loop was not vectorized:vectorization possible but seems inefficient.

vector. f(84):(col. 7)remark:loop was not vectorized:vectorization possible but seems inefficient.

vector. f(91):(col. 7)remark:SIMD LOOP WAS VECTORIZED.

vector. f(97):(col. 7)remark:loop was not vectorized:#pragma novector used.

vector. f(67):(col. 7)remark:loop was not vectorized:nonstandard loop is not a vectorization candidate.

从向量化报告可以得到如下信息：

（1）第 1 条报告表明：第 10 行程序对应的是第 1 个循环 do i = 1，m，此循环中所有代码均被向量化。

（2）第 2 ~ 5 条报告表明：第 15 ~ 18 行程序对应的数组赋值和数组表达式均被向量化。

（3）第 6 条报告表明：第 22 行程序对应的第 2 个循环 do i = 2，200 中第一条语句 a(i) = b(i) * m + d(i) 被向量化，而对第 23 行程序和第 24 行程序则没给出被向量化的信息。这是因为第 23 行的执行依赖于第 22 行程序的执行结果，第 24 行的执行依赖于第 23 行程序的执行结果。这样，要实现向量化，须将此循环进行分解为循环 3、循环 4 和循环 5。

（4）第 7 ~ 9 条报告表明：第 28 行、第 32 行和第 36 行程序对应的第 3、4 和 5 个循环内的语句分别实现了向量化。这是因为将第 2 个循环进行了循环拆分消除了数据依赖关系。

（5）第 10 和 11 条报告表明：由于第 42 行存在流依赖，因此第 6 个循环未被向量化。

（6）第 12 条报告表明：第 47 行程序对应的第 7 个循环被向量化。这是因为 do while 循环的循环次数确定且仅有一个循环入口和一个循环出口。

（7）第 13 条报告表明：由于第 57 行程序对应第 8 个循环具有多个出口，不是一个标准的循环，因此此循环未被向量化。

（8）第 14 条报告表明：第 77 行程序对应的第 10 个循环可以被向量化，但是由于循环次数的不确定，造成编译器认为向量化的条件不充分而不能肯定地下这个判断，因此未被向量化。

（9）第 15 条报告表明：虽然编程人员对第 84 行程序对应的第 11 个循环应用了 !DEC$IVDEP 指令，但是编译器认为向量化实施条件不充分而不能肯定地下这个判断，因此未被向量化。

（10）第 16 条报告表明：第 91 行程序对应的第 12 个循环通过!DIR$SIMD 被强制向量化。

（11）第 17 条报告表明：因为加上了控制指令!DEC$NOVECTOR，因此第 97 行程序对应的第 12 个循环未被向量化。

（12）第 18 条报告表明：第 67 行程序对应的第 9 个循环不能被向量化。这是因为在此循环中循环次数不是一个确定值。

向量化可以大幅度提高程序的计算速度，但是在实际应用中仍存在很多问题：

（1）发现可向量化的操作十分困难。分支是科学计算程序中的一个常见结构，但是编译器无法对包含分支结构的循环进行向量化。

（2）数据对齐要求严格。对于非数据对齐的情况，要么出错，要么执行效率很低。由于编译器在编译时不能得到所有对齐信息，因此为了保证正确性，编译器往往放弃了许多潜在的优化机会。

（3）可移植性差。由于知识产权保护和技术演进，各个处理器的 SIMD 扩展指令支持的操作、数据长度和类型都不尽相同。因此，如果自动向量化针对各个不同的指令集进行针对性的配置和调试，那么程序的可移植性会变得很差；如果努力提高可移植性，兼容尽可能多的后端扩展指令，那么某些后端特有的指令就不能有效利用。

10.8.3　Intel Fortran 常用优化策略

Intel Fortran 是一款强大的编译器，因此本章中所用的例子均是在 Linux 系统下利用 Intel Fortran 编译器进行调试和优化，并且部分附录内容也是针对 Intel Fortran 编译器的。但是，这并不表示 Intel Fortran 是最优秀的编译器，而是因为 Intel 提供的 Linux 系统下免费的 Fortran 编译器可用于非商业应用目的，而且通过各种渠道收集的 Intel Fortran 材料比较齐全。

10.8.3.1　高级别优化（HLO）

高级别优化（High-Level Optimizations，简称 HLO）是根据源代码的结构特征进行优化，优化内容包括函数内联、常数传播、向量化、循环展开和数据预取等方面。它是最常用也是最简单的优化选项。一般而言，高级别优化有 4 种目的：

（1）使用开关-O0 生成调试版本，相当于 Visual Fortran 中的 Debug（禁止高级别优化）选项。这个选项不进行任何优化，主要用于程序的调试过程，有时也用于仅进行某些指定的优化。通过一系列编译开关的配合，编译的结果通常包含调试信息，帮助编程人员判断程序的运行异常是优化的结果还是代码本身的问题。此开关生成的可执行程序可以让编程人员通过单步调试的方式来检查应用程序如何进入异常状态，但同时此开关也会降低程序的运行性能，造成应用程序的运行时间较长。因此，调试版本的编译时间较短，运行时间较长。

（2）使用开关-O2 生成发布版本，相当于 Visual Fortran 中的 Release（开启高级别优化）选项。此开关可以明显提高执行速度，从而满足大部分的应用要求。它开启了能够提供更快执行速度的优化功能，如内联、常数传播、不执行的函数和变量的移除、不执行的代码移除、同一个文件内部函数和子程序之间的过程间优化、向量化、循环展开等。通过一系列编译开关的配合，应用程序能够较快速地生成，并以合理的速度运行。通常情况下，编程人员会在程序开发过程中多次生成并运行应用程序，这就要求编译器的编译时间不能过长，同时要求应用程序的运行时间也不能太长。因此，发布版本在程序的编译时间和运行时间之间取得了较好的平衡。

（3）使用开关-O3 或-fast 生成激进的优化版本。此开关-O3 适合于运算量主要集中在循环体且循环体内部存在大量浮点计算或者需要处理大量数据的情况。此选项除了包含-O2开关中的优化内容之外，还包含部分对于循环和内存访问的更加激进的优化，比如数据预取、循环优化、通过复制代码来消除分支等。这些更加激进的优化可能会造成程序的最终性能不如-O2 开关，因此必需通过比较才能确定最终的优化开关。在最后的应用阶段，编程人员往往需要评估对应用程序进行更积极的优化编译能否更进一步地提升性能。如果采用更高级别的优化开关对程序进行编译不能进一步提高性能甚至造成性能的下降，则无需进行更高级别优化。但是如果更高级别优化能够显著提高性能，则可以忍受较长的编译时间来获得好的运算性能。

（4）部分应用除了要求更快的执行速度，还对代码大小也提出了要求，这时应该采用-O1 开关。-O1 开关包含了大部分-O2 开关中的速度优化选项。但是为了避免增加代码量，关闭那些可能会导致代码大小增加较大的选项，例如函数的内联展开等。此开关-O1 兼顾了速度和代码大小，因此适合于代码量较大、主要的执行时间不依赖于循环体的应用，比如数据库的应用。需要注意的是，在应用-O1 开关时，自动向量化是关闭的。

综上，优化级别越高，生成的代码性能可能越好。但是优化级别过高会需要更多的编译时间并且可能导致错误的结果。如果编译一般的程序，开关-O2 是推荐方案。

10.8.3.2　过程间优化（IPO）

过程间优化（Interprocedural Optimizations，简称 IPO）是对文件中存在的函数和子程序进行的静态的拓扑分析，适用于存在频繁调用中小型函数的程序。大型的计算程序通常由多个函数和子程序组成，或者由多个文件组成。IPO 优化技术不是关注各个独立的函数，而是分析多个文件或整个程序的拓扑结构并进行优化。

IPO 优化内容包括如下方面：

（1）内联：在函数（或子程序）调用点插入函数（或子程序），减少函数（或子程序）调用带来的开销。但是，编译器并不会将全部的函数（或子程序）的调用均进行内联。这是因为内联操作也存在开销；同时内嵌后生成的代码变大了，过大的代码可能会导致缓存的缺失。因此，编译器需要分析源代码的拓扑结构，根据具体情况来决定是否需要进行内联，或者仅做部分内联。

（2）常数扩散：当一个常量被赋值给一个变量时，编译器通过常量扩散这种方式可以将该变量的使用替换为对应常量的使用。这样的常量扩散的使用范围可以跨越函数边界甚至跨越文件。

（3）死函数的消除：通过分析整个程序，发现未被调用过的函数，从而在生成的二进制代码中不包含这些函数。

（4）全文件分析：在多个文件之间进行跨文件的分析和优化。

（5）数组填充：向数组内填充空字节，减少缓存冲突，提高缓存利用率，并且使数组访问能与缓存行边界对齐来提高缓存命中率。

（6）结构分解和重新排序：将一个结构分解成两个或多个较小的结构，让较小且被频繁访问的结构尽可能地保留在缓存中，从而提高缓存命中率。

（7）寄存器内参数传递：在调用函数时利用寄存器进行参数传递，从而减少对内存的访问。

图 10-3 给出了 IPO 优化的具体编译过程。

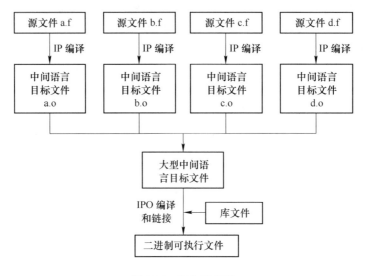

图 10-3　IPO 流程图

（1）采用 IP 编译将每个源代码文件单独地转换成中间语言目标文件。这些文件是"虚拟的二进制文件"，包含了第二次编译所需要的额外信息。中间语言目标文件的大小是真实二进制文件大小的数十倍。因此，在编译过程中，编译器实际上并没有做任何优化，只是将源代码转换成中间语言。

（2）在第二次编译过程中，利用 IPO 编译开关，在"链接"时将所有的中间语言文件合并为一个较大的中间语言文件，由于此文件包含了所有源文件的代码信息，这样编译器就能跨越文件对所有源代码（合并后的中间语言文件）进行综合的分析和优化。

（3）编译器将此中间语言文件与库文件进行链接生成优化的二进制可执行文件。

因此在实际应用中，"编译"速度很快，但是"链接"速度比没有使用 IPO 时要慢得多。这里给"编译"和"链接"打上引号，是特指 IPO 优化步骤中的两个阶段。

在使用 IPO 优化大型应用程序的时候，在"链接"阶段，IPO 优化后生成的单个二进制文件可能非常大，给系统的虚拟内存造成很大的压力，直接影响编译、链接的效率，甚至出现内存溢出信息。这样，编译器需要根据应用程序的大小来决定要生成一个还是多个二进制文件。通常，编译器的决定能够满足实际需求。如果出现编译链接时间过长或内存溢出，则可采用如下方法：

（1）在-ipo（Linux 系统）或/Qipo（Windows 系统）开关后加上一个大于 0 的整数，如-ipoN 或/QipoN。这个整数 N 的作用是让编译器生成 N 个二进制文件。

（2）采用-ipo-separate（Linux 系统）或/Qipo-separate（Windows 系统）开关，编译器将产生与源文件个数相同的二进制文件。

IPO 优化的应用有两种方式：一步法和两步法。一步法是将编译和链接在一步内完成，见表 10-7。

表 10-7　IPO 一步法优化

操作系统	单文件	多文件
Linux	ifort -ip -o app a. f	ifort -ipo -o app a. f b. f c. cf
Windows	ifort /Qip /o app. exe a. f	ifort /Qipo /o app. exe a. f b. f c. f

在一些情况下，编程人员需要将编译和链接工作分开进行，这就是两步法，见表 10-8。

表 10-8　IPO 两步法优化

操作系统	单文件	多文件
Linux	ifort -ip -c a. f ifort -o app a. o	ifort -ipo -c a. f b. f c. f ifort -o app a. o b. o c. o
Windows	ifort /Qip /c a. f ifort /o app. exe a. f	ifort /Qipo /c a. f b. f c. f ifort /o app. exe a. f b. f c. f

在进行 IPO 优化时，需要注意的是：

（1）在单文件模式下，建议打开-ip 开关（或-ipo）进行此文件的内部过程间优化；在多文件模式下，建议打开-ipo 开关进行多个文件内的过程间优化。如果采用 ip 对多个文件（a. f 和 b. f）进行编译，

```
ifort -O2 -ip a. f b. f
```

那么由于-ip 只是对单个文件的过程间优化，因此只能分别在文件 a. f 和 b. f 内对函数调用进行内联，而对不同文件之间的函数调用（例如在文件 a. f 中调用文件 b. f 中的函数），则无法进行优化。

（2）IPO 优化和其他一些优化选项（PGO、HLO、向量化）结合一起使用效果会更好。这是因为 IPO 能为其他的优化提供必要信息，使其他的优化选项更高效更准确。

10.8.3.3　性能测试评估优化（PGO）

性能测试评估优化（Profile-Guided Optimization，简称 PGO）是指首先在编译生成的执行文件时插入 PGO 代码，接着在程序执行过程中利用插入的 PGO 代码收集有关变量、函数的使用情况等动态信息，最后根据这些收集的信息对程序进行重新优化编译。在性能测试评估的最后重新编译阶段，Intel Fortran 编译器掌握了程序的热点函数和热点分支，通过重新组织代码布局，能够更好地利用处理器的微体系结构，减少指令快取置换、缩减代码长度并降低分支预测失误，有效地提高应用程序性能。PGO 流程如图 10-4 所示。

PGO 的具体优化内容如下：

（1）将频繁执行的程序块和函数放置在一起，充分利用指令缓存空间。

（2）根据函数执行的情况，将频繁执行的函数进行内联。

（3）对循环次数较高和频繁执行的循环进行向量化。

（4）进行精确的分支预测，提高程序的性能。

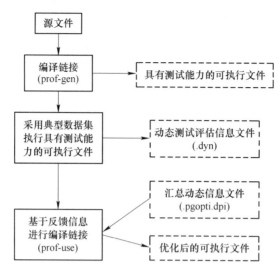

图 10-4　PGO 流程图

下面以源程序 a. f 的编译过程为例，说明图 10-4 所示的 PGO 优化的三个阶段：

（1）第一个阶段是通过选项-prof-gen 编译未经优化的代码，生成辅助性可执行文件 bb。在编译过程中，编译器会自动关闭部分优化开关，在此可执行文件中插入了收集概要信息的 PGO 代码。例如：

```
ifort -prof-gen a. f -o bb
```

（2）第二个阶段是输入几组不同的典型数据来运行第一阶段生成的可执行文件，每次运行可执行文件后都会自动生成一个后缀为 . dyn 的动态信息文件。这些文件具有不同的名称并默认保存在可执行文件所在目录，记录了在执行过程中收集的程序运行特征信息。

下面是执行上次生成的辅助性可执行文件 bb：

```
./bb
```

如果一个程序中包含许多的函数调用或者程序分支，在编译时往往无法预测哪些分支经常被执行。但是在实际运行时通过提供能代表典型应用的输入数据，追踪每次执行时程序的行为就可以得到常用的分支路径。这样，利用这些程序信息就可以了解哪些分支经常被使用，从而大幅度地提升程序性能。如果测试用的数据不具有典型性，那么测试评估数据给出的分支路径将不是优化路径，从而不利于提升最终可执行文件的整体性能。因此，在进行汇总前，必须删除不需要的 dyn 动态信息文件，避免错误的数据集产生的测试评估文件影响进行最终的优化编译时所使用的反馈信息。

（3）第三个阶段是最终的编译阶段。利用选项-prof-use 再次编译程序时，编译器首先将第二个阶段多次运行后生成的动态信息文件合并成一个汇总文件 pgopti. dpi（或利用 profmerge 命令将多个动态信息文件合并成一个汇总文件）；然后分析汇总文件中包含的概要信息。具体工作如下：将经常访问的"热点"代码放在一起，而将很少使用的"冷点"

代码放在最后，从而提高了指令缓存的利用率；将经常使用的变量放在一起，提高数据缓存的利用率；利用掌握的各个分支的使用频率信息，提高分支预测的成功率；根据函数的使用频率，将使用频率高的函数作内联扩展。最后编译链接得到优化后的可执行文件 cc。这个最终的执行文件 cc 不再包含 PGO 代码。

下面是第三步的编译指令：

```
ifort -prof-use a. f -o cc
```

在实际应用中，对于上述文件 a. f 进行 PGO 优化的实际步骤如下：

（1）建立临时子目录 temp。

```
mkdir temp
```

（2）通过开关-prof-gen 生成可执行文件 bb，并在此可执行文件中插入收集概要信息的 PGO 代码。在此步骤中，可以通过-O2 优化开关来进行一般的优化，提高可执行文件 bb 的运行性能。由于第二个阶段每次执行程序都会生成一个动态信息文件，这样多次执行会产生很多动态信息文件，造成在执行文件所在的目录中充斥着这些 . dyn 文件。这时编程人员可以使用开关-prof-dir 来通知编译器将以后运行时生成的信息文件保存到 dir 指定的目录 temp 中。

```
ifort -O2 -prof-gen -prof-dir temp a. f -o bb
```

（3）输入不同的典型数据，多次运行可执行文件 bb，得到动态信息文件 . dyn，并保存在 temp 子目录中。在此阶段，应尽量使用在大部分情况下可能出现的输入数据来运行辅助可执行文件。这样便于编译器了解程序调用最频繁的部分，帮助编译器进行准确的判断。这是因为对于不同的输入数据，可能导致某些程序不同的执行分支。

```
./bb
./bb
./bb
```

（4）调用 profmerge 命令合并动态信息文件 . dyn，并在 temp 目录下生成汇总文件 . dpi。同时，也在屏幕上输出所收集的相关信息。

```
profmerge -prof-dir temp -dump
```

（5）将子目录中的汇总文件 pgopti. dpi 拷贝到当前目录下。

```
cd temp
cp pgopti. dpi ..
cd ..
```

（6）根据汇总文件，通过开关-prof-use 进行 PGO 优化生成最后的可执行文件 cc。在第三个阶段可以选用一些更高级的优化开关，特别是-ipo 来进行编译。IPO 优化和 PGO 优化会互相影响，这样编译器在进行函数内联时可以作更好的决定。因为本例中只存在一个源文件，因此可以采用-ip 开关。

```
ifort -ip -prof-use a. f -o cc
```

10.9　并行程序的优化

与串行程序设计相比，程序的并行化设计必须考虑并行机的体系结构和物理机的模型，考虑同步、负载平衡和终止检测等问题。这就给算法的设计、程序调试和性能评估带来了很多困难。这些困难主要体现在程序错误出现了一些新的表现形式：

（1）错误可能出现在任意一个进程或线程上。

（2）错误可能与并行规模相关。

（3）错误可能与运行环境相关。

（4）错误可能与通讯相关。

10.9.1　性能提升的预估

程序并行化的首要步骤是对程序进行性能收益的预估。程序性能提升的预估分为两个部分：最大并行效率和扩展性。具体步骤如下：

（1）分析热点循环和热点函数，估计可并行的代码的串行运行时间比例，估计最大并行效率。例如：某个程序仅有2/3 的计算任务可以并行，那么进行程序并行化后，程序并行执行的最短时间约为原来串行执行时间的 $1 - \dfrac{1}{3} = \dfrac{2}{3}$。

（2）分析并行代码的可扩展性，获得可并行代码能够支持的并行度。随着处理器数量的增加，如果并行效率曲线保持不变或略微下降，那么此并行代码在目前运行的并行系统上具有良好的可扩展性；如果并行效率曲线下降很快，则此并行代码在目前运行的并行系统上的可扩展性差。影响并行代码的可扩展性的因素很多，主要有计算方法、并行粒度、并行开销和通信开销等。如果上述代码仅能扩展到8 个线程，那么程序进行并行化时，并行执行的最短时间约为原来串行执行时间的 $\dfrac{2}{3} \times \dfrac{1}{8} + \dfrac{1}{3} = \dfrac{5}{12}$。

10.9.2　并行优化步骤

串行程序的并行化看起来仿佛比较简单，编程人员只需要遵守一些规则并应用相应的常识就可以实现程序的并行化。但是这样得到的并行程序往往不能达到所期望的并行效率。即使所有的处理器核都参加运行，程序的并行化执行速度有时比串行执行速度还要慢。

OpenMP 并行计算的性能主要取决于以下几点：（1）单线程代码的潜在性能；（2）CPU 占用率、闲置线程和各线程负载的不均衡；（3）并行执行程序块的时间消耗占程序全部时间消耗的比例；（4）线程之间的同步和通信数量；（5）创建、管理、销毁和同步化线程所需的开销随子线程的派生和缩并的次数的增加而增大；（6）受内存、总线带宽和 CPU 执行单元等共享资源的性能限制；（7）由共享内存或错误共享内存引起的内存冲突。

因此，对串行程序进行并行优化建议遵循如下步骤：

（1）分析串行代码中可并行化部分，尤其是密切关注程序的热点代码（热点循环、热点函数和热点子程序），这是并行优化中最重要的一个步骤。围绕程序的热点代码进行并行化是减小编程工作量、实现高效并行的捷径。

（2）将现有的并行构造和 TASK 结构添加到热点代码中，实现串行程序的并行化。

（3）调试并排除数据竞争、伪共享、死锁等并行错误，实现并行程序的正确运行。

（4）对并行程序进行调优，减少并行带来的线程开销、同步开销等并行开销，实现负载均衡，达到期望的并行效率。

（5）小心地做适可而止的并行化工作。程序的并行优化没有止境，如果目前的并行化已经能够满足需要就可以停下来做其他的工作。但是，在代码的并行化过程中，一定要非常小心，因为一些无心的错误可能会极大地拖延并行优化调试时间。

10.9.3 向导自动并行化（GAP）

向导自动并行化（Guided Auto Palatalization，简称 GAP）是在程序编译过程中编译器给出程序在自动并行化、自动向量化和数据转换方面的建议，指导编程人员来对代码进行优化。

在编译的时候，编程人员可以使用开关-guide[= n]激活 GAP 功能。使用开关-guide的前提是使用了-O2 或-O3 等选项。当然，编程人员也可采用专用的编译器选项-guide-data-trans、-guide-vec 和-guide-par 来分别控制数据变换、向量化和并行化。这些编译开关中的任何一个在使用的时候，编译器并不会真的去"编译"代码，而只是在分析代码后给出优化建议。换言之，使用了上述开关后，GAP 在运行过程中不会产生 .obj 文件或可执行文件。

根据 GAP 的建议，可以更好地帮助编译器对程序进行优化。需要注意的是：

（1）GAP 只给出建议，本身不能更改代码。编程人员可以根据代码判断接受或者拒绝该建议。

（2）GAP 给出的建议与所使用的编译开关密切相关。通常，GAP 开始可能只给出一条建议，让用户考虑增加-parallel 选项，增加后，再次编译，会给出更多建议。

（3）GAP 给出的建议是对-vec-report 的重要补充。

例如，采用-guide 开关对程序 cpb. f 给出建议。

```
ifort -O2 -guide cpb. f
```

编译器给出的建议如下：

```
GAP REPORT LOG OPENED ON Tue Nov 26 14:23:40 2013

remark #30761:Add -parallel option if you want the compiler to generate recommendations for impro-
ving auto-parallelization.

Number of advice-messages emitted for this compilation session:0.
END OF GAP REPORT LOG
```

这时，在编译开关中增加-parallel 后，继续采用开关-guide 或其他专门开关-guide-vec 等请求编译器给出建议。

```
ifort -O2 -parallel -guide cpb. f
```

10.9.4 优化技术

相对于串行程序的优化而言，程序的并行化更加复杂，其中最主要的工作是选择好的并行算法和调度策略，实现负载平衡。在并行算法确定以后，影响并行效率的主要因素是通信开销、线程空闲等待等。下面给出了一些常用的并行程序优化技术[37]：

（1）减少通信时间。在消息传递并行程序中，通信时间花费是纯开销。一般可以通过减少通信量、减少通信次数从而提高通信粒度和并发度来实现。例如，当采用 MPI 求解偏微分方程时，为了减少通信量，尽量将通信限制在相邻的子区域之间，避免全局通信。

（2）挖掘算法的并行度，减少 CPU 的空闲等待。存在数据相关性的计算往往导致部分 CPU 处于空闲状态。在这种情况下，应该考虑改变算法来消除数据的相关性，甚至可以增加计算量来消除数据相关性。例如，对于三对角线性方程组的求解，可以采用循环约化法这样的并行解法来代替串行的追赶法。

（3）实现负载均衡。针对不同的计算内容，选择合理的调度方案实现负载平衡。例如，对于循环选择 DO 指令，调度方式建议为指导性调度（GUIDED）这种动态调度方式。

（4）消除循环依赖。建立写对象的副本或复制写对象的一个子集来实现不同线程将数据写入不同的内存地址，从而消除循环依赖。例如，反依赖和部分输出依赖可以通过引入临时变量来消除依赖关系，而部分流依赖则可通过数据重构来消除依赖关系。

（5）提高程序的可维护性。编程人员往往希望程序容易维护。这样，在程序中应该避免出现与底层、硬件相关的代码。代码的并行化应能够对大多数处理器均有效，尽量避免仅针对特定处理器进行优化。

10.9.5 自动并行化

通过多进程化或多线程化应用来提高程序性能是一件比较耗时的工作。对于多数计算集中在简单循环内执行的程序应用来说，许多编译器提供了可以自动生成多线程化的版本。借助自动化并行功能，编译器可以检测能够安全、高效地并行执行的循环，并生成多线程代码。在默认情况下，自动并行化选项处于关闭状态，但可以利用-parallel 开关打开此功能。一般而言，自动并行化会完成如下工作：

（1）寻找候选的循环。

（2）确定循环的计算量足够大。

（3）检查循环迭代的独立性。

（4）对并行代码的数据进行适当的划分。

自动并行化的突出优点是能够快速地确定需要并行化的循环，使用简单方便，且自动并行化后的循环与手动并行化的循环性能相似。但是自动并行化很难处理复杂的代码。

在自动并行化过程中，常用的编译开关见表10-9。

表 10-9 自动并行化的常用开关

开　关	解　释
-par-num-threads	指定并行区域代码使用的线程数
-par-report	产生自动并行化报告
-par-schedule	为循环变量指定调度算法
-parallel	对能安全并行执行的循环生成多线程代码

为了保证生成正确的可执行程序，编译器会将所有可能的循环依赖均假定为真的循环依赖处理，也就是不对这些可疑的循环进行自动并行化处理，而只对确定无循环依赖的循环进行自动并行化。

为了能够成功地实现自动并行化，建议在循环编程中遵循下面的规则：

（1）在编译时就能够计算确定循环次数，以便提前划分工作负载。

（2）避免在循环体中出现循环依赖。

（3）避免在循环体内使用条件跳转、条件判断和函数调用。

（4）不要使用-O0 或-g 开关。自动并行化要求高级别优化选项为-O1 或更高级别。

（5）在自动并行化之前使用-ipo，提高程序自动并行化的机会。

10.9.6　并行调试策略

在调试串行程序的过程中，通常增加一些代码来设置断点，通过观察变量取值来判断计算结果是否正确。但是这些方法对并行程序却不一定适用。在并行程序中，导致错误的原因很多，比较典型的错误有数据竞争、原子性违反、顺序违反等。当出现错误时，需要依次检查数据定义、数据分布和同步机制等，并且进行详细的错误分析。因此，并行程序的调试必须遵循一定的策略，逐步排除错误。具体而言，可分为如下 5 个步骤：

（1）确认串行程序正确无误。保证串行程序的正确执行是并行程序正确执行的基础。

（2）确保单机方式能正确执行并行程序。采用单线程方式运行并行程序，保证最简单的并行程序的正确执行。如果发现程序运行结果不正确，可通过单机调试工具来定位并改正错误。这种调试方法可以避免数据竞争对结果的影响。

（3）采用 OpenMP 编译器编译执行并行程序，将线程或进程数量逐步增大至正常水平，发现线程执行次序、数据竞争等导致的错误。采用双线程或双进程方式运行并行程序，如果出错，就比较容易查找；双线程或双进程方式运行正确后，可经过一次或两次将线程或进程数量增加到编程人员所希望的数目。

（4）逐步增加并行程序中的并行成分，进一步对并行程序进行性能调试。一个程序中可能有多个地方需要进行并行化，这样可以对循环或子程序逐个进行并行化。每增加一个并行成分应试运行一次，检查是否正确，从而准确地定位并行出错位置。当然，也可以运行全部并行化程序。如果出错，则将部分并行化区域替换为相应的串行程序。如果某区域经过串行程序替代后得到正确的运行结果，则并行化错误很可能出现在这部分并行区域内。

（5）针对负载重的程序代码测试多种优化算法，确定最终实施方案。最后，根据程序的实际运行时间，确定是否需要优化算法。

在实际操作中，Intel Fortran 编译器的并行调试方法如下：

（1）在 Linux 系统中，不使用-openmp 编译选项，而使用-openmp_stub 选项（在 Windows 系统中关闭/Qopenmp 编译选项，使用/Qopenmp_stub 选项）来编译程序；检查程序中的故障是否发生在串行执行的过程中，如果是，就进行串行调试。

（2）在 Linux 系统中，使用-openmp 编译选项来编译程序，并设置环境变量 OMP_NUM_THREADS = 1，检查程序中的故障是否发生在串行执行的过程中，如果是，就进行多线程代码的单线程调试。

（3）在 Linux 系统中，使用-openmp 编译选项来编译程序，并设置环境变量 OMP_NUM_THREADS = 2 ~ 4，检查程序中的故障是否发生在并行执行的过程中，如果是，就对各个并行区域分别进行多线程代码的多线程调试。

（4）根据程序的并行扩展性选择合适的线程数量运行程序。

10.9.7　IDBC 并行调试

OpenMP 程序与传统单线程程序的调试相比，非常不一样。因此，Intel C/Fortran 编译器中专门提供了 Parallel Debugger Extension 插件，控制 OpenMP 线程的执行，甚至将某段 OpenMP 代码串行化执行。如果编程人员使用的是 Windows 平台，这个工具集成到 Visual Studio IDE 中，有专门的工具条和菜单。如果编程人员使用的是 Linux 平台，会单独提供一个基于 X-Windows 的图形化调试工具 IDB，当然也保留了传统的命令行调试工具 IDBC（对应于 GDB）。

在并行程序的调试过程中，检查线程组、锁等的状态是常用的调试方法。下面在 Linux 系统下采用 Intel Fortran 编译器中的命令行调试器 IDBC 对程序 dps. f 进行编译和调试。

```fortran
! File:dps. f
      program debug_parallel_sum
      implicit none
      include 'omp_lib. h'

      integer,parameter : :n = 10

      integer : :i,tid

      integer : :sum

      call OMP_SET_NUM_THREADS(3)

      sum = 0. 0
!$OMP PARALLEL DO PRIVATE(i) REDUCTION( + :sum)
      do i = 1,n
         sum = sum + i
         print * ,'i,sum = ',i,sum
      end do
```

```
!$OMP END PARALLEL DO
    print *,'sum =',sum

    end program debug_parallel_sum
```

具体步骤如下：

（1）首先对程序 di. f 的所有输出行进行编号后，并输入到另外一个文件 dps. txt。

```
cat -n dps. f > dps. txt
```

这是一个文本文件，可采用 Linux 环境下文本编辑器 vi 或 emacs 打开，或打印出来。文件具体内容如下：

```
1   ! File:dps. f
2            program debug_parallel_sum

3            implicit none
4            include 'omp_lib. h'
5
6            integer,parameter : :n = 10
7
8            integer : :i,tid
9
10           integer : :sum
11
12           call OMP_SET_NUM_THREADS(3)
13
14           sum = 0. 0
15  !$OMP PARALLEL DO PRIVATE(i)REDUCTION( + :sum)
16           do i = 1,n
17              sum = sum + i
18           end do
19  !$OMP END PARALLEL DO
20           print *,'sum =',sum
21
22           end program debug_parallel_sum
```

（2）采用-g 和-o 开关将文件 di. f 生成调试模式的可执行文件 cpi。

```
ifort -openmp -g -o cpi dps. f
```

（3）利用调试器 idbc 采用 GDB 模式调试文件 cpi，进入 idbc 行命令环境。

```
idbc -gdb cpi
```

（4）在并行区域之前、中间和之后各行处分别设置一个断点。在本例中，在第14行、第17行和第20行各设置一个断点。其中，第18行的断点为临时断点。

```
break 14
tbreak 18
break 21
```

这是因为第18行位于一个循环内，如果设为常规的断点，则需在此断点处继续运行10次才能到达第3个断点。如果设为临时断点，则运行一次后，此断点会自动取消。

（5）检查这3个断点是否已经正确设置。

```
info breakpoints
```

输出结果如下：

Num	Type	Disp Enb Address	What
11	breakpoint	keep y	0x00000000004032fd in debug_parallel_sum at
/home/leihong/dps. f:14			
	breakpoint already hit 1 time(s)		
12	breakpoint	del y	0x000000000040371b in
debug_parallel_sum::L_MAIN___15__par_loop0_2_27 at /home/leihong/dps. f:18			
13	breakpoint	keep y	0x00000000004033cf in debug_parallel_sum at
/home/leihong/dps. f:21			

（6）运行程序到第1个断点处。

```
run
```

（7）检查线程组。

```
idb info team
```

输出结果如下：

```
OpenMP Team：1
Parent Team：-
Created At：unknown
Team members
  [0] Thread 1
```

由于第1个断点位于串行区，因此编号为1的线程组内只有1个线程，其在线程组内的编号为0，在系统中的编号为1。

（8）继续运行程序到第2个断点处。

```
continue
```

（9）检查线程组内成员关系。

```
idb info openmp thread tree
```

输出结果如下：

```
Team 1
`--[0] Thread 1
    #--Team 6
        |--[0] Thread 1
        |--[1] Thread 3
        `--[2] Thread 4
```

这表明，在并行区内只存在一个线程组，其组号为6。此线程组内有3个线程。其中，系统中编号为1、3和4的线程在线程组中的编号为0、1和2。

（10）检查线程1。

```
idb info thread 1
```

输出结果如下：

```
*    1 initial thread 16710（LWP 16710）［thawed］stopped at    0x40371b in
debug_parallel_sum::L_MAIN___15__par_loop0_2_27 at /home/leihong/dps.f:18 OpenMP team
memberships:（6,0）,（1,0）
```

这表明，系统中的线程1是主线程，在进程中的编号为16710。它在串行区域内线程组1内的编号为0；在并行区内线程组6内的编号也为0。

（11）检查线程4。

```
idb info thread 4
```

输出结果如下：

```
    4 openmp thread 16713（LWP 16713）［thawed］stopped at    0x40371b in
debug_parallel_sum::L_MAIN___15__par_loop0_2_27 at /home/leihong/dps.f:18 OpenMP team
memberships:（6,2）
```

这表明，系统中的线程4是子线程，在进程中的编号为16713。它在并行区内线程组6内的编号为2。

事实上，调试OpenMP并行程序最简单的方法是同时采用串行编译和并行编译，并对最终结果进行比较。例如，对于程序dps.f，采用串行编译和执行的命令如下：

```
ifort -O2 -o cpi_serial – openmp – stubs dps.f
./cpi_serial
```

执行结果如下：

i, sum =	1	1
i, sum =	2	3
i, sum =	3	6
i, sum =	4	10
i, sum =	5	15
i, sum =	6	21
i, sum =	7	28
i, sum =	8	36
i, sum =	9	45
i, sum =	10	55
sum =	55	

而采用 OpenMP 并行编译和执行的命令如下：

```
ifort -O2 -o cpi_parallel -openmp dps. f
. /cpi_parallel
```

执行结果如下：

i, sum =	1	1
i, sum =	2	3
i, sum =	3	6
i, sum =	4	10
i, sum =	5	5
i, sum =	6	11
i, sum =	7	18
i, sum =	8	8
i, sum =	9	17
i, sum =	10	27
sum =	55	

从输出结果可以看出，上述程序具有如下特点：

（1）并行区域内变量 i 的串行结果和并行结果相同，但 sum 的串行结果和并行结果却存在差异。这是因为在并行区域将变量 sum 定义为 REDUCTION 私有变量的结果。

（2）串行最终结果和并行最终结果均显示 sum = 55，这一结果表明并行程序是正确的。

（3）为了保证程序的稳定性，建议对运行环境操作函数 OMP_SET_NUM_THREADS 取不同的值，并比较最终的并行执行结果。

10.10 小　　结

　　程序的顶层设计是多性能计算的基础，也是最容易被编程人员忽视的控制性环节。选择一个充分简化并充分体现科学问题特征的数学模型和一个满足计算精度要求和稳定性要求的求解方法可以有效地减少编程难度和复杂性，并为并行化的实现创造条件。

　　程序的正确性检查不是一件容易的事。Intel Fortran 的静态和动态安全检查是两个功能强大的工具，可以指出程序的语法错误和语义错误。而对于逻辑错误，则必须由编程人员通过设置断点、显示变量值等调试手段进行确定。

　　程序的热点检查可以帮助找到程序的计算耗时瓶颈所在，然后进行循环变换等实现串行优化、增加并行执行语句实现并行计算、选择合理的编译开关这三种手段实现程序的高性能化。

　　在并行程序的调试过程中，大多数错误都是由数据竞争引起的。而大多数数据竞争条件则是由实际应被声明为私有变量的共享变量引起的。因此，应检查并行区域内的变量，确保这些变量在需要时被声明为私有。另一个常见错误是使用未经初始化的变量。应注意私有变量在进行并行结构时没有初始值，因此仅在需要时使用 FIRSTPRIVATE 和 LAST-PRIVATE 子句来对它们进行初始化，否则会增加大量额外的开销。

　　并行环境中的代码运行结果需要与单线程环境下的该程序运行结果进行校验，以确保并行化后的代码的正确性。

练 习 题

（1）简述在计算程序的调试过程中存在的常见错误。

（2）针对本学科的一个科学问题，建立数学模型，确定求解方法，编写串行程序，并在编译过程中进行高级别优化、过程间优化和性能测试优化。

（3）试列出 5 个在串行程序优化过程中常用的优化开关。

（4）试列出 5 个在并行程序优化过程中常用的优化开关。

（5）试编写程序实现双精度矩阵乘法，$C_{m \times n} = A_{m \times k} B_{k \times n}$，对其中的循环进行向量化，并给出程序热点分析报告。

（6）针对双精度矩阵乘法程序，进行并行程序优化，给出程序热点分析报告，并对并行代码的扩展性进行评估。

　　（提示：双精度矩阵乘法优化可参阅 LAPACK 函数库中 DGEMM 程序）

（7）试从循环次序、向量化、循环并行调度角度分析嵌套循环的优化方法。

（8）试在 Linux 和 Windows 系统下分别编译和执行同一个计算程序，并对程序运行耗时进行评价。

附　　录

附录 1　常用的 Linux 命令

Linux 操作系统是高性能计算常用的操作系统，许多 Linux 命令与 DOS 命令相类似，具体见附表 1-1。

附表 1-1　常用的 Linux 命令

名　称	说　　明	常用范例
cd	更改工作目录	跳转到/usr/bin cd /usr/bin
pwd	显示当前完整路径	pwd
ls	显示指定工作目录下的内容	显示目前目录下所有以 s 开头的文件 ls s * 显示文件的详细信息 ls -l /var/lib/dhcp/
cp	拷贝文件	将文件 filea 拷贝到上一级子目录,并改名为 fileb cp filea . . /fileb
mv	重新命名文件,或将文件移动到另一个目录	将文件 filea 更名为 fileb mv filea fileb
rm	删除文件或目录	在当前目录下删除所有后缀名为 tmp 的文件 rm ＊. tmp
		在当前目录下删除空目录 temp rm -r temp
		在当前目录下不作任何提示地删除非空目录 temp rm -rf temp
mkdir	建立新的子目录	在当前目录下建立一个名为 temp 的子目录 mkdir temp
rmdir	删除目录	在当前目录下删除空目录 temp rmdir temp
tar	备份文件或还原备份文件	将目录 test 下的文件进行备份,并命名为 test. tar tar -cvf test. tar test/
		将备份的 test. tar 文件解压缩 tar -xvf test. tar
		将目录 test 下的文件进行压缩后备份,并命名为 test. gz tar -zcvf test. gz test/
		将压缩后的备份文件 test. gz 解压缩 tar -zxvf test. gz

名　称	说　明	常用范例
ps	查看当前进程情况	查看进程所属的用户名、进程号、CPU 和内存占用情况、开始运行时刻和已经运行的时间、可执行文件名 ps -ua
kill	终止一个进程	终止进程号为 16791 的进程的运行 kill 16791
top	显示系统当前运行的进程	显示系统当前运行的进程 top
		退出 top 程序 q
cat	显示文件或将几个文件合并为一个文件	对文件 a. f 的所有输出行编号后显示出来 cat -n a. f
		将文件 a. f、b. f 和 c. f 合并为一个名为 dd. f 的文件 cat a. f b. f c. f > dd. f
		显示 linux 内核详细信息 cat /proc/version
		显示 CPU 详细信息 cat/proc/cpuinfo
more	逐屏显示文件	显示文件 a. f more a. f
less	逐行显示文件	显示文件 a. f less a. f
chmod	改变文件或目录权限。对于操作文件的用户可分为 4 类:文件的拥有者(u)、文件所属组的成员(g)、其他用户(o)和所有用户(a)。对于每一类用户,系统提供 3 种权限,读(r 或数字 4)、写(w 或数字 2)和执行(x 或数字 1)。操作符号有两种:添加某个权限(+)和取消某个权限(-)。如果采用数字表示,那么数字格式应为 3 个从 0 到 7 的 8 进制数,其顺序是(u)(g)(o)	取消所有用户对文件 a. f 的写权限 chmod -w a. f
		将当前目录 aaa 设置为本用户可写,其他用户权限不变 chmod + w aaa
		取消子目录 aaa 的写权限,不能在该目录下创建和删除文件和子目录 chmod -w aaa
		使同组成员和其他用户对文件 example 拥有读权限 chmod g + r,o + r example
		文件属主(u)对文件 text 增加写权限,同组用户(g)对文件 text 增加写权限,其他用户(o)删除执行权限 chmod ug + w,o-x text
		将子目录 aaa 下所有文件设置为本用户可读可写可执行,其他用户可读可执行 chmod 755 aaa/ *
free	查看内存大小	以兆为单位显示内存大小 free -m
ifconfig	设置网络设备的状态或显示当前设置	显示机器的 IP 地址 ifconfig

名　称	说　明	常　用　范　例
which	显示一个可执行文件的完整路径	显示 ifort 文件的完整路径 which ifort
find	从指定路径下递归向下搜索文件	从当前路径下查找以 ifort 作为文件名开头或以 . csh 作为文件名结尾的文件 find -name 'ifort * ' -o -name ' * . csh'
man	在线帮助文件,用于查找命令和函数的用法	man -k pwd man ifort
locate	locate 命令不搜索具体目录,而是搜索一个数据库(/var/lib/locatedb),这个数据库中含有本地所有文件信息。Linux 系统自动创建这个数据库,并且每天自动更新一次,所以使用 locate 命令查不到最新变动过的文件。为了避免这种情况,可以在使用 locate 之前,先使用 updatedb 命令,手动更新数据库	搜索 etc 目录下以 sh 开头的所有文件 locate /etc/sh 搜索用户主目录下以 my 开头的所有文件 locate ~ /my 搜索用户主目录下以 my 开头的所有文件,并且忽略大小写 locate -i ~ /my
whereis	定位可执行文件、源代码文件、帮助文件在文件系统中的位置	查找二进制文件 grep 的位置 whereis grep
type	区分某个命令到底是由 shell 自带的(build-in),还是由 shell 外部的独立二进制文件提供的(显示该命令的路径)	区分 cd 的命令类型 type cd 区分 grep 的命令类型 type grep
df	显示磁盘用量	列出各文件系统的磁盘空间使用情况 df
du	显示磁盘空间的使用情况,统计目录(或文件)所占磁盘空间的大小。参数-a 表示递归地显示指定目录中各文件及子目录中各文件占用的数据块数;参数-b 表示以字节为单位列出磁盘空间使用情况(系统默认以 k 字节为单位);参数-k 表示以 1024 字节为单位列出磁盘空间使用情况	查看/mnt 目录占用磁盘空间的情况 du -abk /mnt
vi	启动文本编辑器 vi	用文本编辑器 vi 打开文件 abc. f vi abc. f
su	用户身份切换	切换到 root 用户 su -root
reboot	重新启动系统	直接重启计算机 reboot
shutdown	关机	系统马上关机并且不重新启动 shutdown -h now 系统在十分钟后关机并且马上重新启动 shutdown -r + 10

附录 2　Linux 下的文本编辑器 vi

在 Unix 系统和 Linux 系统编写并行程序时，通常利用文本编辑器 vi 来完成代码的编写和修改工作；而在 Windows 系统下此编辑器的名称为 vim。这是一个十分强大的文本编辑器，下面仅简要介绍一些它的常用功能。

附录 2.1　vi 的基本概念

文本编辑器 vi 具有三种模式：命令模式（command mode）、插入模式（Insert mode）和底行模式（last line mode）。这些模式的功能可概括如下：

（1）命令行模式主要用于控制光标的移动，删除字符、词或行，移动复制某个区域，进入插入模式或者底行模式。

（2）插入模式用于输入文字。

（3）底行模式主要用于保存文件或退出 vi 编辑器，也可以用于编辑环境的设置，如寻找字符串、列出行号等。

在实际使用过程中，一般将命令模式和底行模式统称为正常（Normal）模式。

附录 2.2　vi 的主要操作

vi 的主要操作可概括如下：

（1）在系统提示符号输入 vi 及文件名称后，就进入 vi 全屏幕编辑画面：

```
vi 文件名
```

值得注意的是，进入 vi 之后，vi 是处于正常模式。如果需要输入文字，必须切换到插入模式才能够使用。在正常模式下常用指令见附表 2-1～附表 2-4。

附表 2-1　正常模式下光标移动命令

指　令	意　义
按 h 或向左箭头	光标向左移一格
按 j 或向下箭头	光标向下移一格
按 k 或向上箭头	光标向上移一格
按 l 或向右箭头	光标向右移一格
同时按 Ctrl 和 f	屏幕向"前"移动一页
同时按 Ctrl 和 b	屏幕向"后"移动一页
同时按 Ctrl 和 d	屏幕向"前"移动半页
同时按 Ctrl 和 u	屏幕向"后"移动半页
按 gg	移到文件的开头
按 nG	移到第 n 行
按 G	移到文件的最后一行
按 ^	移动到光标所在的行首
按 $	移动到光标所在行的行尾

附表 2-2　正常模式下文本的添加

指　　令	意　　义
按 i	在光标前添加文本
按 r	替换光标所在处的字符
按 R	替换光标所到之处的字符，直到按下 ESC 键为止
按字母 o	在当前光标所在行的下面插入新的一行，从行首开始添加文本

注：添加文本除 r 命令外，都使 vi 处于插入模式，必须按 ESC 键才能回到命令行模式。

附表 2-3　正常模式下复制与粘贴

指　　令	意　　义
按 v	开始标记文本，然后移动光标
按 y	复制被标记的文本
按 nyy	复制当前行开始的 n 行
按 y0	复制到行首，不包含光标所在处的字符
按 y$	复制到行尾，包含光标所在处的字符
按 yG	复制到文件尾，包含当前行
按 y1G	复制到文件首，包含当前行
按 x	剪切被标记的文本
按 p	粘贴到光标后，或整行复制后粘贴在当前行的下面
按 P	粘贴到光标前，或整行复制后粘贴在当前行的上面

附表 2-4　正常模式下其他命令

指　　令	意　　义
同时按 Ctrl 和 g	列出光标所在行的行号
按 n ~	改变从当前字符开始的 n 个字符的大小写
按 x	删除光标所在位置的"后面"一个字符
按 dd	删除光标所在行
按 ndd	删除当前行开始的 n 行
按 d0	删除到行首
按 D 或 d$	删除到行尾
按 u	撤销刚执行的命令，回到上一个操作
按 U	取消对整行的所有修改操作
按 .	重复上一次的有效命令
同时按 Ctrl 和 r	取消上一次的取消命令，可连续使用

（2）在插入模式下，编程人员才能输入文字。当处于命令行或底行模式下时，按字母"i"即切换进入插入模式。此时，从光标当前位置开始输入文件；如果按字母"o"则进入插入模式，并插入新的一行，从行首开始输入文字。

（3）在插入模式下，编程人员只能完成输入文字工作。如果输入的文字有误，想用光标键往回移动将相关文字删除，必须先按一下 ESC 键转到命令行模式才能删除文字。

（4）在命令行模式下，按冒号键（:）进入到底行模式。底行模式的一个重要特征是输入指令后必须按一下回车键（Enter）才能执行命令。常用的底行模式指令见附表 2-5 ~ 附表 2-7。

附表 2-5　底行模式下常用指令

指　令	意　义
: w	保存对文件的修改并以默认的文件名存盘，但并不退出 vi
: w 文件名	保存对文件的修改并以指定的文件名存盘，但并不退出 vi
: q	在未修改文件的情况下退出
: q!	放弃对文件的修改，不存盘强制退出 vi
: wq 文件名	将文件以指定的文件名存盘后退出 vi
: set nu	显示行号
: 数字	跳到数字行号所在的行

附表 2-6　底行模式下搜索字符串

指　令	意　义
: /字符串	向前搜索/后面的字符串
:? 字符串	向后搜索/? 后面的字符串
按 n	重复最近一次搜索
按 N	重复最近一次搜索，但搜索方向相反
/回车	向前重复最近一次的搜索
? 回车	向后重复最近一次的搜索

替换命令一般格式为：[address]s/old/new[/cg]。方括号内的参数是可选项，其用法见附表 2-7。

附表 2-7　底行模式下替换字符串

指　令	意　义
address 例：: . s/old/new 　　:% s/old/new/gc 　　: x, ys/old/new/gc	可以是一个搜索字符串、行编号或者一个由逗号分隔的两个行编号。其中，"."表示当前行，"%"表示整个文件，"x, y"表示从第 x 行到第 y 行
old	被替换的字符串
new	替换的字符串
c	替换前要求确认
g	指定一个全局替换，此时每行需替换的字符串不止一处

附录 3　Intel Fortran 安装

Intel Fortran Compiler 这个编译器的发行版本有 Windows 和 Linux 两种。这两种都分别提供 Non-Commercial 版免费下载，但不提供技术支持。其中 Windows 版本只有 30 天的免费试用期，而 Linux 版本则没有时间限制。下面仅介绍 Linux 系统下 Intel Fortran 11.1×××× 的安装过程。

（1）下载非商业版的 Fortran 编译器。利用 http：//www. google. com 上搜索关键词 Intel Fortran Linux Non-Commercial，可以链接到 Intel 公司软件下载主页，或访问主页 http：//software. intel. com/en-us/non-commercial-software-development。接着填写相关注册表格，选择 Intel Fortran Linux 版；Intel 公司随后会给用户发一封电子邮件，其中包含序列号和一个协议附件 NCOM_L_CMP_FOR_××××. lic；然后收取邮件，并根据邮件中提供的地址下载软件 l_ fcompxe_ 2011.××××. tgz。需要注意的是，请直接利用浏览器的保存功能，不要使用下载软件。

（2）以 root 用户进行以下的安装工作。如果前面的两个文件（ ∗. tgz 和 ∗. lic）均存放在/opt/intel 目录下，那么先对安装文件解压缩，然后进入安装目录。

```
tar -xzvf l_fcompxe_2011. × × × ×. tgz
cd l_fcompxe_2011. × × × ×
```

（3）安装 Intel Fortran 编译器。

```
. /install. sh
```

Intel Fortran 的安装共分为如下 6 个步骤：

```
---------------------------------------------------------------
You will complete the steps below during this installation：
Step 1 ：Welcome
Step 2 ：License
Step 3 ：Activation
Step 4 ：Options
Step 5 ：Installation
Step 6 ：Complete
---------------------------------------------------------------
```

根据提示，按回车键进行确认。

（4）在安装过程中，根据提示按空格键进行阅读终端用户许可协议，最后在是否同意此协议时键入 accept 选择同意。

```
Type "accept" to continue or "decline" to back to the previous menu：
```

（5）在第 3 步 Step 3 ：Activation 时，会出现如下选项：

```
Step no:3 of 6 | Activation
-----------------------------------------------------------------------------
If you have purchased this product and have the serial number and a connection
to the internet you can choose to activate the product at this time. Activation
is a secure and anonymous one-time process that verifies your software licensing
rights to use the product. Alternatively, you can choose to evaluate the
product or defer activation by choosing the evaluate option. Evaluation software
will time out in about one month. Also you can use license file, license
manager, or the system you are installing on does not have internet access
activation options.
-----------------------------------------------------------------------------
1. I want to activate my product using a serial number [default]

2. I want to evaluate my product or activate later

3. I want to activate either remotely, or by using a license file, or by using a
   license manager

h. Help

b. Back to the previous menu

q. Quit
-----------------------------------------------------------------------------
Please type a selection or press "Enter" to accept default choice [1]:
```

  如果输入 1 并按回车键，则通过序列号方式激活。此序列号在电子邮件中可找到，但在安装过程中需访问 Intel 公司网页得到一个验证码，比较麻烦。如果输入 3 并按回车键，则选择远程方式、协议文件协议管理器 3 种方式激活。其中，协议文件就是电子邮件中收到协议附件 NCOM_L_CMP_FOR_×××× . lic。

  通常，建议输入 3 并按回车键，则会出现激活方式的选择。

```
Step no:3 of 6 | Activation > Advanced activation
-----------------------------------------------------------------------------
You can use license file, license manager, or the system you are installing on
does not have internet access activation options.
-----------------------------------------------------------------------------
1. Use a different computer with internet access [default]

2. Use a license file

3. Use a license server

h. Help

b. Back to the previous menu

q. Quit
```

```
-----------------------------------------------------------------------------
Please type a selection or press "Enter" to accept default choice [1]：
```

此时选择 2 并按回车键，然后要求给出协议文件路径。

```
Note：Press "Enter" key to back to the previous menu.
Please type the full path to your license file(s)：
```

在本例中，输入如下路径：

```
/opt/intel/NCOM_L_CMP_FOR_××××.lic
```

（6）如果安装正常，就会提示安装成功。但是如果希望删除 ifort 编译器，不能够直接删除。在/opt/intel/composer_xe_2011××××/bin/目录下面有一个 uninstall. sh 文件，应该执行这个文件来完成卸载。

（7）设置相关的环境变量。Intel Fortran 编译器设置环境变量的方式目前就只有以下两种：

```
source /opt/intel/bin/compilervars. sh intel64
source /opt/intel/bin/compilervars. csh intel64
```

其中第一种针对的是 Linux 系统的用户界面 csh 或 tcsh，而第二种针对的是 Linux 系统的用户界面 bash。

这样，首先可以采用如下命令来分辨目前 Linux 系统使用的用户界面。

```
echo $SHELL
```

系统输出如下：

```
/bin/bash
```

如果只是偶尔使用 Fortran 编译器，可直接执行命令：

```
source /opt/intel/bin/compilervars. sh intel64
```

即可开始编译程序。命令中的 intel64 表示的是安装的是 64 位 Fortran 编辑器。这种设置环境变量方式虽然方便，但是每次开启窗口均需要重新设置环境变量。

如果需长期频繁地使用 Fortran 编译器，则可在/etc/profile 文件的最后一行添加以下路径解决环境变量的设置问题。

```
source /opt/intel/bin/compilervars. sh intel64
```

需要注意的是，对于不同的系统，需要改写的文件是不同的，例如在 Ubuntu 系统下，涉

及的文件是 ~/. bashrc，而有些 Linux 系统则是 ~/. bash_ profile 文件。

（8）简单测试。在 Linux 命令行方式下键入命令：

```
ifort -v
```

或

```
ifort -help
```

如果系统能够给出对应的信息，则表示软件安装和相应的环境变量设置成功。

（9）帮助信息。为了快速了解编译开关，可采用如下命令：

```
$man ifort
```

完整的文本信息可参阅：

```
/opt/intel/Compiler/11. 1/056/Documentation/en_US/getting_started_f. pdf
/opt/intel/Compiler/11. 1/056/Documentation/en_US/documentation_f. htm
```

附录 4　常用的 GDB 命令

GDB 是一个由 GNU 开源组织发布在 Unix/Linux 操作系统下基于命令行的程序调试工具。GDB 有很多功能强大的命令，可完成如下的调试任务：

(1) 运行程序；

(2) 设置断点，确保程序在指定的条件下暂停运行；

(3) 监视和修改程序中变量的值；

(4) 单步执行程序。

在 GDB 调试程序的过程中，常用的命令见附表 4-1～附表 4-4。

附表 4-1　文件操作命令

名　称	说　明
gdb	运行 GDB 软件
file	装载指定的可执行文件进行调试
kill	异常终止在 gdb 控制下运行的程序
quit	退出 GDB 软件。用法：file 文件名
help	给出帮助信息。用法：help 命令名（显示指定命令的详细信息）
start	从主函数开始运行调试
run	运行被调试的程序。在程序还没有运行前使用。如果程序中没有设置断点，则将整个程序执行完毕；如果存在断点，则程序暂停在第一个断点处
continue	断续执行被调试的程序，直到运行到下一个断点或程序结束。用法：(1) continue（跳过当前断点继续运行）；(2) continue n（跳过 n 次断点，继续运行）
jump	跳到指定行开始运行。用法：jump 行号
step	执行一行源程序代码。如果此行代码中有函数调用，则单步跟踪进入此函数。用法：(1) step（执行一条语句）；(2) step n（执行 n 条语句）
next	执行下一行源程序代码。如果此行代码中有函数调用，则直接跳过此函数。用法：(1) next（执行一条语句）；(2) next n（执行 n 条语句）
list	显示代码行，一次显示 10 行。用法：(1) list 行号；(2) list 开始行号 终止行号；(3) list 函数名
finish	完成当前函数调用，一直执行到返回处，并打印返回值
until	一直执行到当前行或指定位置，或是当前函数返回
tab	命令补全
info	显示与该程序有关的各种信息
backtrace	查看函数堆栈。该命令可用来显示函数的调用顺序
where	显示所有的调用栈帧。该命令可用来显示函数的调用顺序
search	从当前行向后查找匹配某个字符串的程序行。用法：search 字符串
reverse-search	从当前行向前查找匹配某个字符串的程序行。使用格式与 forward/search 相同

附表 4-2　断点设置和维护命令

名　称	说　　明
break	在指定位置设置断点。用法:(1)break 函数名;(2)break 行号;(3)break 文件名:行号(或函数名);(4)break 行号(或函数名)if 表达式
tbreak	设置临时断点。中断一次后断点会被删除。用法:tbreak 行号
delete	删除指定编号的断点。用法:delete 断点号
clear	删除断点。用法:(1)delete 函数名(清除指定函数处的断点);(2)delete 行号(清除指定行号处的断点)
disable	使断点失效。用法:disable 断点号列表(断点号之间用空格间隔开)
enable	恢复断点。用法:enable 断点号列表(断点号之间用空格间隔开)
ignore	忽略断点。用法:ignore 断点号 数目(忽略断点 n 次)
condition	设置断点在一定条件下才能生效。用法:(1)condition 断点号 条件表达式(增加断点条件);(2)condition 断点号(删除断点条件)
info break	查看某个断点或所有断点信息

附表 4-3　观察点设置和变量显示命令

名　称	说　　明
display	程序停止时显示表达式的值。用法:display 表达式
print	显示指定变量或表达式的当前值。用法:print 变量或表达式(表达式中有两个符号有特殊含义:$ 和 $$。$ 表示给定序号的前一个序号,$$表示给定序号的前两个序号;如果 $ 和 $$ 后面不带数字,则给定序号为当前序号)
info display	显示当前所有的要显示值的表达式
delete display	删除要显示值的表达式。用法:delete display 表达式编号
disable display	暂时不显示一个表达式的值。用法:disable display 表达式编号
enable display	恢复显示一个表达式。用法:enable display 表达式编号
watch	当表达式的值发生改变时,程序停止运行。用法:watch 变量或表达式
awatch	当表达式的值被读或被写时,程序停止运行。用法:awatch 变量或表达式
rwatch	当表达式的值被读时,程序停止运行。用法:rwatch 变量或表达式
info watchpoints	列出当前所设置的所有观察点
whatis	查看变量类型
whereis	显示变量声明位置
show	查看变量历史。用法:(1)show values 变量名 数目(显示变量的上次显示历史,显示 n 条);(2)show values 变量名 +(继续上次显示内容)

附表 4-4　多线程程序调试命令

名　称	说　明
info threads	获取所有线程信息
thread	切换到指定线程。用法：thread 线程号
break	对指定线程设置断点。用法：(1)break 行号 thread all(对所有线程在相应的行上设置断点)；(2)break 行号 thread 线程号 if 表达式(当满足条件时对指定线程在相应的行上设置断点)
thread apply	让指定线程执行 GDB 命令。(1)thread apply 线程号 GDB 命令(让一个或多个线程执行 GDB 命令)；(2)thread apply all GDB 命令(让所有被调试线程执行 GDB 命令)
scheduler-locking	让指定线程执行程序。set scheduler-locking off(或 on 或 step)(off 不锁定任何线程,也就是所有线程都执行。on 只允许当前被调试程序执行。step 只有当前线程会单步执行)

附录 5　Linux 环境下 Intel Fortran 常用编译方案

（1）单文件串行编译。将一个 Fortran 源文件 myprog. f 编译成为目标文件 myprog. o，并链接为可执行文件 myprog。

```
ifort -c myprog. f
ifort -o myprog myprog. o
```

或者

```
ifort -o myprog myprog. f
```

需要指出的是，如果不指定可执行文件名，即：

```
ifort -o myprog. f
```

那么生成的可执行文件的默认名称为 a. out，可采用如下命令就可以执行此文件：

```
. ∕a. out
```

（2）单文件并行编译。将一个 Fortran 源文件 myprog. f 采用 O2 优化开关编译成为目标文件 myprog. o，并链接为并行可执行文件 cpi。

```
ifort -parallel -O2 -o myprog a. f
```

（3）多文件并行编译。将多个 Fortran 源文件 a. f 和 b. f 采用 O2 优化开关进行编译，得到并行可执行文件 myprog。

```
ifort -parallel -O2 -o myprog a. f bf
```

（4）针对特定处理器进行向量化，生成向量化报告，并生成可执行文件 myprog。

```
ifort -O3 -xHost -vec-report2 -o myprog a. f
```

（5）将调用 lapack 库的 Fortran 程序 a. f 采用 O2 优化开关编译，生成可执行文件 myprog。

```
ifort -o myprog -L∕opt∕lib -llapack a. f
```

（6）将 Fortran 源文件 a. f 静态编译成 O2 优化的可执行文件 myprog。

```
ifort -O2 -static -o myprog a. f
```

（7）针对特定处理器进行向量化，进行 IPO 优化并产生相应报告，得到可执行文件 myprog。

```
ifort -O2 -ipo -xHost -opt-report-phase = ipo a. f -o myprog
```

（8）对程序进行最大化运算速度编译，优化后的可执行文件为 myprog。

```
ifort -fast -vec-report2 a. f -o myprog
```

或者

```
ifort -ipo -O3 -no-prec-div -static -xHost -vec-report2 a. f -o myprog
```

（9）对程序 a. f 进行 PGO 优化，优化后的可执行文件为 myprog。

```
ifort -prof-gen a. f -o myprog
. / myprog
. / myprog
ifort -O3 -xHost -prof-use a. f -o myprog
. / myprog
```

（10）对程序 myprog. f 进行 IPO 和 PGO 优化，优化后的并行可执行文件为 myprog。

```
ifort -prof-gen a. f -o myprog
. / myprog
. / myprog
ifort -O3 -ipo -xHost -parallel -prof-use a. f -o myprog
. / myprog
```

附录 6　Intel Fortran 常用编译开关

Intel Fortran 是一个很优秀的编译器，包含很多的编译开关。这些开关可以分为自动优化开关、高级优化选项、代码生成、语言和兼容性、编译器诊断、内联控制、过程间优化、性能测试评估优化、优化报告、OpenMP 和并行处理、浮点数、预处理、输出控制和调试、连接等。附表 6-1 ~ 附表 6-6 给出了一些常用的编译器开关。但是需要注意的是，有些选项是可以关闭的，Intel 编译器一般采用在原有的选项后面添加一个 "-" 来表示关闭对应的选项，比如-ipo-表示关闭过程间优化开关。

附表 6-1　常用优化开关

Windows	Linux	解　释
/Od	-O0	不进行优化,主要用于调试
/O1	-O1	包含了-O2 中大部分速度的优化,但是禁用通过增加代码体积来提高速度的优化,同时关闭自动向量化
/O2	-O2	缺省优化方式,包括标题优化、向量化、循环的展开和函数的内嵌
/O3	-O3	包含了-O2 的优化内容,且对内存访问和循环作了更激进的优化,例如标量替换、循环展开、数据预取等。此开关建议在对存在大量浮点运算或大量数据处理的循环时的程序使用
/fast	-fast	对整个程序的运算速度进行最大程序优化。它开关在 Window 环境中等价于/O3 /Qipo /Qprec-div- /QxHost -static,在 linux 环境中,等价于-ipo -O3 -no-prec-div -static -xHost
/Qopt-report[:n]	-opt-report[n]	产生优化报告。n = 0 ~ 3 代表报告的信息详细度,0 是禁止输出优化报告,3 是最详细的优化报告。缺省值为n = 0
/Qopt-report-routine:string	-opt-report-routine = string	对名称中含有字符串 string 的所有子程序和函数给出报告。默认值是对所有子程序和函数给出报告
/Qopt-report-file:name	-opt-report-file = name	产生优化报告,并将结果输出到文件 name 中
/Qopt-report-phase:name	-opt-report-phase = name	针对 name 方案给出优化报告阶段。name 的常用取值为: ipo:过程间优化; ipo_inl:过程间优化阶段的内联展开优化; hlo:包含循环和内存优化的高级别优化; hpo:包括向量化和并行化的高性能优化; pgo:性能测试评估优化; all:全部优化报告
/Qopt-report-help	-opt-report-help	给出/Qopt-report-phase (或-opt-report-phase)中所有可能取值

262

续附表 6-1

Windows	Linux	解　释
/Qguide[:n]	-guide[= n]	设置针对自动向量化和数据变换的建议级别。如果要获得自动并行化建议,需使用/Qparallel 或-parallel 开关。n = 1 ~ 4 代表报告的信息详细度,缺省值为 n = 4
/Qguide-data-trans[:n]	-guide-data-trans[= n]	设置针对数据变换的建议级别。n = 1 ~ 4 代表报告的信息详细度,缺省值为 n = 4
/Qguide-file[:name]	-guide-file[= name]	产生 GAP 建议报告,并将结果输出到文件 name 中。如果没有指定文件名,那么生成与命令行下的第一个源文件同名且扩展名为 guide 的文件。如果文件没有指定扩展名,那么文件扩展名为 . guide
/Qguide-file-append[:name]	-guide-file-append[= name]	收集所有 GAP 建议报告并添加到指定的文件

附表 6-2　IPO 优化和 PGO 优化开关

Windows	Linux	解　释
/Qip	-ip	开启单个文件中不同函数和子程序间的优化
/Qipo[n]	-ipo[n]	开启多个文件中不同函数和子程序间的优化。非负整数 n 是可生成的目标文件数
/Qipo-separate	-ipo-separate	开启多个文件中不同函数和子程序间的优化,且每个源文件产生一个目标文件
/Qprof-gen	-prof-gen	编译时插入相应的代码来收集性能测试评估优化信息
/Qprof-use	-prof-use	采用收集的性能测试评估优化信息进行优化
/Qprof-dir dir	-prof-dir dir	指定用于输出性能测试评估优化信息文件(∗ . dyn 和 ∗ . dpi)的目录

附表 6-3　自动向量化优化开关

Windows	Linux	解　释
/Qvec	-vec	对程序进行向量化。一般采用 1 条指令对 4 个单精度实数或 2 个双精度实数或 4 个 32 位整数或 8 个 16 位整数同时进行处理。如果编译中已采用 O2 或 O3 选项,则此开关被隐式地打开。如果关闭此开关,则为/Qvec-或-no-vec
/Qsimd	-simd	允许用户指定向量化
/Qvec-report[n]	-vec-report[n]	产生程序的向量化报告。选项 n = 0 ~ 5 代表报告的信息详尽度。n = 0 不输出向量化信息;n = 1 指出向量化的循环;n = 2 指出向量化和未向量化的循环;n = 3 指出向量化的循环并指出循环向量化的失败原因;n = 4 指出未向量化的循环。n = 5 提出未向量化的循环和相关信息。缺省值为 n = 1

续附表 6-3

Windows	Linux	解　释
/Qguide-vec[:n]	-guide-vec[= n]	设置针对自动向量化的建议级别。n = 1 ~ 4 代表报告的信息详细度,缺省值为 n = 4
/Qxtarget	-xtarget	针对指定的 Intel 处理器生成最高指令集的代码。target 的选项包括 AVX2、AVX、SSE4. 2、SSE4. 1、SSSE3、SSE3 和 SSE2。但是生成的代码不能在非 Intel 处理器上运行
/Qaxtarget	-axtarget	针对指定的 Intel 处理器生成代码,也同时生成通用的 IA-32 指令。target 的选项包括 AVX2、AVX、SSE4. 2、SSE4. 1、SSSE3、SSE3 和 SSE2。生成的代码可以在 Intel 和非 Intel 处理器上运行
/arch:target	-mtarget	针对非 Intel 处理器生成代码。target 的选项包括 SSE4. 1、SSSE3、SSE3、SSE2 和 ia32。生成的代码可以在 Intel 处理器和非 Intel 处理器上运行

附表 6-4　调试开关

Windows	Linux	解　释
/debug:full	-g	生成包含供调试器使用的类型信息和符号化调试信息的可执行文件
/debug:none	/debug none	不输出调试信息
/Qtraceback	-traceback	当程序在调试过程中遇到一个严重错误时,告诉编译器产生额外的信息来允许显示源文件的跟踪信息
/Qdiag-enable:sc [n]	-diag-enable sc[n]	允许进行程序的静态安全检查。n = 1 ~ 3 代表报告错误的等级。1 表示只显示严重错误,2 表示显示所有错误,3 表示显示所有错误和警告。缺省值为 n = 2
/Qdiag-enable:sc-include	-diag-enable sc-include	允许进行包括头文件在内的程序静态安全检查
/Qprofile-functions	-profile-functions	在函数的入口和出口插入辅助代码来跟踪函数的运行时间
/Qprofile-loops:[targe]	-profile-loops = [targe]	在循环的入口和出口插入辅助代码来跟踪循环的运行时间。targe 的选项包括 inner、outer 和 all,分别表示循环的类型为内层循环、外层循环和所有循环
/Qprofile-loops-report:[n]	-profile-loops-report = [n]	给出循环跟踪报告。n = 1、2 代表报告的信息详尽程度。n = 1 表示报告循环入口和出口的计数器值;n = 2 表示报告循环入口和出口的计数器的最大值、最小值和平均值。缺省值为 n = 1

附表 6-5 并行开关

Windows	Linux	解 释
/Qopenmp	-openmp	根据 OpenMP 指导语句生成多线程代码
/Qopenmp-report[n]	-openmp-report[n]	控制显示 OpenMP 诊断消息的详细程度。n=0～2 代表报告的信息详尽程度。n=0 表示禁止输出报告;n=1 表示输出除 SINGLE 以外的并行构造报告;n=2 表示输出并行构造和线程同步的报告。缺省值为 n=1
/Qparallel	-parallel	对可并行执行的循环自动生成多线程代码。此开关必须在-O2 或 -O3 开启的情况才有效
/Qpar-report[:n]	-par-report[n]	控制显示循环自动并行化的诊断消息的详细程度。n=0～3 代表报告的信息详尽程度。n=0 表示禁止输出报告;n=1 表示输出成功并行化的循环信息;n=2 表示输出成功进行并行化和没有成功进行并行化的循环信息;n=3 表示输出成功并行化和没有成功进行并行化的循环信息,以及不能进行自动并行化的循环依赖信息。缺省值为 n=1
/Qguide-par[:n]	-guide-par[=n]	设置针对自动并行化的建议级别。如果要获得自动并行化建议,需使用/Qparallel 或-parallel 开关。n=1～4 代表报告的信息详细度,缺省值为 n=4
/Qpar-num-threads:n	-par-num-threads=n	指定并行区域内使用的线程数。n 是线程的数量。其作用相当于环境变量 OMP_NUM_THREADS
/Qpar-schedule-name	-par-schedule-name	为循环迭代指定调度算法。name 的常用取值一般为 auto、static、static-balanced、dynamic 和 guided。缺省值为 static-balanced
/Qpar-threshold[:n]	-par-threshold[n]	控制循环自动并行化的阀值。n=0～100 表示阀值。0 表示始终并行化安全的循环,而不考虑成本模型;100 表示编译器只并行化那些很可能获得高性能的循环。缺省值为 n=100
/Qmkl:name	-mkl=name	连接 Intel MKL 库。缺省值为关闭。name 的可能取值为 parallel、sequential 和 cluster。parallel 表示链接多线程的 Intel MKL 库;sequential 表示链接串行的 Intel MKL 库;cluster 表示链接集群和串行的 Intel MKL 库

附表 6-6 浮点运算开关

Windows	Linux	解 释
/fp:name	-fp-model name	通过限制一定的优化条件来提高浮点结果的相容性。name 的取值为 precise、fast=[1|2]、strict、source 和 except。precise 表示不执行任何干扰浮点计算精确性的优化。编译器在执行赋值、类型转换和函数调用时将始终正确地进行舍入,可启用化简等安全优化。fast=[1|2] 表示允许牺牲浮点运算精度为代价来进行更激进的优化。部分激进的优化仅适用于 Intel 处理器;默认值是 fast=1。strict 要求在优化浮点运算时将遵守 precise 使用的所有规则,启用浮点异常语义,并禁用化简等特定的优化,是最严格的运算模式。source 用于指定浮点表达式赋值时使用的精度。except 激活严格的浮点溢出模式。缺省值为 fast=1

Windows	Linux	解　释
/Qprec-div[-]	-[no-]prec-div	通过提高（或降低）浮点除法运算的精度实现程序性能的降低（或提高）
/Qprec-sqrt[-]	-[no-]prec-sqrt	通过提高（或降低）浮点平方根运算的精度实现程序性能的降低（或提高）

注意：对于大部分选项，Intel 编译器在 Windows 上的格式为：/Qopt，而对应于 Linux 上的选项是：-opt。禁用某一个选项的方式是/Qopt-和-opt-。希望了解更多的 ifort 编译开关，可采用如下命令：

```
man ifort
```

或

```
ifort -help
```

附录7　C 和 C++语言中 OpenMP 常见用法

C 语言中的 OpenMP 的写法、指令、子句、函数、环境变量和运行命令与 Fortran 语言中的 OpenMP 基本相似，其常见用法如下所示。

附录7.1　语法格式

```
#pragma omp 指令[子句列表]
```

如果子句列表太长，一行写不完，则需用续行符 \，具体写法如下所示：

```
#pragma omp 指令 子句 \
     子句 …
```

附录7.2　头文件

```
#include <omp.h>
```

附录7.3　指令类

（1）parallel 指令。

```
#pragma omp parallel [子句列表]
    代码块
子句:if(标量逻辑表达式)
      num_thread(整型表达式)
      default(shared|none)
      private(变量列表)
      firstprivate(变量列表)
      shared(变量列表)
      copyin(变量列表)
      reduction(运算符:变量列表)
```

（2）for 指令。

```
#pragma omp for [子句列表]
      for 循环
      schedule (类型 [,循环迭代次数])
      ordered
      private (变量列表)
      firstprivate (变量列表)
```

```
        lastprivate（变量列表）
        shared（变量列表）
        reduction（运算符:变量列表）
        collapse(n)
        nowait
```

（3）sections 指令。

```
#pragma omp sections［子句列表］
        {
            #progma omp section
            代码块
            #progma omp section
            代码块
        }
子句:private（变量列表）
    firstprivate（变量列表）
    lastprivate（变量列表）
    reduction（运算符:变量列表）
    nowait
```

（4）single 指令。

```
#pragma omp single［子句列表］
    代码块
子句:private（变量列表）
    firstprivate（变量列表）
    copyprivate（变量列表）
    nowait
```

（5）master 指令。

```
#pragma omp master
    代码块
```

（6）critical 指令。

```
#pragma omp critical［名称］
    代码块
```

（7）barrier 指令。

```
#pragma omp barrier
```

（8）atomic 指令。

> #pragma omp atomic
> 　　表达式语句

表达式类型可以为如下形式：（1）x binop = 表达式；（2）x + +；（3） + +x；（4）x--；（5）--x。其中，binop 为 + 、-、＊、／、&、^、| 、< <或 > >。

（9）flush 指令。

> #pragma omp flush（变量列表）

（10）ordered 指令。

> #pragma omp ordered
> 　　代码块

（11）threadprivate 指令。

> #pragma omp threadprivate（变量列表）

（12）task 指令。

> #pragma omp task［子句列表］
> 　　　　if(标量表达式)
> 　　　　untied
> 　　　　default（shared | none）
> 　　　　private（变量列表）
> 　　　　firstprivate（变量列表）
> 　　　　shared（变量列表）
> 　　代码块
> ! omp end task

（13）taskwait 指令。

> #pragma omp taskwait

附录7.4　子句类

（1）数据共享属性。

1）default 子句。

> default（shared | none）

2）shared 子句。

shared（变量列表）

3）private 子句。

private（变量列表）

4）firstprivate 子句。

firstprivate（变量列表）

5）lastprivate 子句。

lastprivate（变量列表）

6）reduction 子句。

reduction（运算符:变量列表）

reduction 指令中涉及的运算符及相关初始值见附表 7-1。

附表 7-1　reduction 指令中使用的运算符和变量初始值

运算符	+	-	*	&			^	&&	‖
初始值	0	0	1	~0	0	0	1	0

（2）数据拷贝。

1）copyin 子句。

copyin（变量列表）

2）copyprivate 子句。

copyprivate（变量列表）

附录7.5　库函数

（1）运行环境。

```
void omp_set_num_threads( int num_threads)
int omp_get_num_threads( void)
int omp_get_max_threads( void)
int omp_get_thread_num( void)
int omp_get_num_procs( void)
int omp_in_parallel( void)
void omp_set_dynamic( int dynamic_threads)
int omp_get_dynamic( void)
void omp_set_nested( int nested)
int omp_get_nested( void)
```

（2）锁函数。

```
void omp_init_lock( omp_lock_t * lock)
void omp_set_lock( omp_lock_t * lock)
int omp_test_lock( omp_lock_t * lock)
void omp_unset_lock( omp_lock_t * lock)
void omp_destroy_lock( omp_lock_t * lock)
void omp_init_nest_lock( omp_nest_lock_t * lock)
void omp_set_nest_lock( omp_nest_lock_t * lock)
int omp_test_nest_lock( omp_nest_lock_t * lock)
void omp_unset_nest_lock( omp_nest_lock_t * lock)
void omp_destroy_nest_lock( omp_nest_lock_t * lock)
```

（3）时间函数。

```
double omp_get_wtime( void)
double omp_get_wtick( void)
```

附录 7.6　最简单的 C/C++ 并行程序

```
void loop_para( int n, float * a, float * b)
{
int i;
#pragma omp parallel for
for ( i = 1; i < n; i + + )/ * i is private by default * /
b[ i] = ( a[ i] + a[ i-1])/ 2.0;
}
```

附录 7.7　OpenMP 并行程序的编译和执行

在 Linux 环境下，可用多种编译平台对 OpenMP 程序进行编译。实际编译时，只需根据所使用的不同编译器采用不同的 OpenMP 编译开关即可。常见编译器的 OpenMP 开关见附表 7-2。

附表 7-2　**Linux** 操作系统下常见的 C/C++ 语言编译器和 OpenMP 编译开关

编译平台	编译器	编译开关
Intel	icc（C 语言） icpc（C++语言）	-openmp
PGI	pgcc（C 语言） pgCC（C++语言）	-mp
GNU	gcc（C 语言） g++（C++语言）	-fopenmp

参 考 文 献

[1] 赵煜辉，周兵．并行程序设计基础教程[M]．北京：北京理工大学出版社，2008．

[2] 武汉大学多核多架构与编程技术课程组．多核架构与编程技术[M]．武汉：武汉大学出版社，2010．

[3] 英特尔软件学院教材编写组．多核多线程技术[M]．上海：上海交通大学出版社，2011．

[4] 英特尔亚太研发有限公司，北京并行科技公司．释放多核潜能——英特尔 Parallel Studio 并行开发指南[M]．北京：清华大学出版社，2010．

[5] 李建江，薛巍，张武生，等．并行计算机及编程基础[M]．北京：清华大学出版社，2011．

[6] 陈国良．并行算法的设计与分析[M]．北京：高等教育出版社，2009．

[7] 陈国良，安虹，陈崚，等．并行算法实践[M]．北京：高等教育出版社，2004．

[8] 陈国良．并行计算—结构算法编程[M]．北京：高等教育出版社，2011．

[9] Peter S Pacheco 著．并行程序设计导论[M]．邓倩妮，等译．北京：机械工业出版社，2013．

[10] 多核系列教材编写组．多核程序设计[M]．北京：清华大学出版社，2007．

[11] Jack Dongarra, Geoffrey Fox, Ken Kennedy, 等编著．并行计算综论[M]．莫则尧，陈军，曹小林，等译．北京：电子工业出版社，2005．

[12] 罗秋明，明仲，刘刚，等．OpenMP 编译原理及实现技术[M]．北京：清华大学出版社，2012．

[13] 钟联波．GPU 与 CPU 的比较分析[J]．技术与市场，2009，16(9)：13-14．

[14] Quinn M J 著．MPI 与 OpenMP 并行程序设计：C 语言版[M]．奎因，陈文光，武永卫译．北京：清华大学出版社，2004．

[15] 靳鹏．并行技术基础[M]．长春：吉林大学出版社，2011．

[16] Cameron Hughes, Tracey Hughes 著．C + + 多核高级编程[M]．齐宁译．北京：清华大学出版社，2010．

[17] 周伟明．多核计算与程序设计[M]．武汉：华中科技大学出版社，2009．

[18] Calvin Lin, Lawrence Snyder 著．并行程序设计原理[M]．陆鑫达，林新华译．北京：机械工业出版社，2009．

[19] Xavier C, Iyengar S S 著．并行算法导论[M]．张云泉，陈英译．北京：机械工业出版社，2004．

[20] Barry Wilkinson, Michael Allen 著．并行程序设计[M]．陆鑫达，等译．北京：机械工业出版社，2002．

[21] 金杉，麦丰，任波．基于模拟退火算法的资源负载均衡方案[J]．计算机工程与应用，2011，47(17)：69-73．

[22] Shameem Akhter, Jason Roberts 著．多核程序设计技术——通过软件多线程提升性能[M]．李宝峰，富弘毅，李韬译．北京：电子工业出版社，2007．

[23] 蒋弘山，田金兰，张素琴，等．OpenMP 中隐式数据并行编译策略[J]．清华大学学报，2004，44(1)：54-57．

[24] 宋克庆．OpenMP Task 调度算法实现及优化[D]．北京：国防科学技术大学硕士论文，2009．

[25] Ayguade E, Copty N, Duran A, et al. The design of OpenMP tasks[J]. IEEE transactions on parallel and distribuited systems, 2009, 20(3)：404-418.

[26] 雷洪．结晶器冶金学[M]．北京：冶金工业出版社，2011．

[27] 宋云超，王春海，宁智．求解不可压缩两相流的复合 Level Set-VOF 方法[J]．燃烧科学与技术，2011，17(5)：443-450．

[28] 张健，方杰，范波芹．VOF 方法理论与应用综述[J]．水利水电科技进展，2005，25(4)：67-70．

[29] 王志东，汪德爌．VOF 方法中自由液面重构的方法研究[J]．水动力学研究与进展，2003，18(1)：52-56．

［30］ 杨强，周进，吴海燕，等．界面捕捉中耦合 Level_set 与 VOF 算法［J］．航空计算技术，2012，42（4）：14-19.

［31］ 毛在砂．颗粒群研究：多相流多尺度数值模拟的基础［J］．过程工程学报，2008，8(4)：645-659.

［32］ 王峰，冯鑫，毛在砂，等．搅拌槽内多相流动数值模拟研究进展［J］．南京工业大学学报（自然科学版），2009，31(4)：103-110.

［33］ 陶文铨．计算传热学的近代进展［M］．北京：科学出版社，2001.

［34］ 徐士良．FORTRAN 常用算法程序集［M］．北京：清华大学出版社，1997.

［35］ 王恩东，张清，沈铂，等．MIC 高性能计算编程指南［M］．北京：中国水利水电出版社，2012.

［36］ 张林波，迟学斌，莫则尧，等．并行计算导论［M］．北京：清华大学出版社，2006.

［37］ 高伟，赵荣彩，韩林，等．SIMD 自动向量化编译优化概述［J］．软件学报，2015，26（6）：1265-1284.